KILLER SUDOKU

TABLE OF CONTENTS

HOW TO START?

Simple Killer Sudoku solving techniques

Killer Sudoku adds a new dimension to standard Sudoku, requiring arithmetic to solve. You will need new specialised Killer Sudoku solving techniques to progress in these puzzles besides the standard Sudoku techniques you will already know.

The 45 Rule

An essential Killer Sudoku solving technique is the "45 rule". This uses the fact that every row, column and block must contain each of the numbers 1 to 9 once. Therefore, the total of all numbers in one row, column or block will always be 45.

Take the first column of the Killer Sudoku shown in Figure 1. The numbers in this column will add up to 45. Additionally, because the first four cages in this column (the 15 cage, the two 9 cages and the 7 cage) lie completely within the column, the numbers in the first eight squares total 15 + 9 + 9 + 7 = 40. Call this the 'inside total', because it is the total of all cages which lie completely inside the column. Now, as the whole column must add up to 45, the ninth square (the 'inside' square in this case as it is inside the column) must be 45 - 40 = 5. The 14 cage can now be completed by solving the other square as a 9.

This could also have been solved another way, by finding the 'outside' total - the total of all cages within the column, including the one lying partly outside. This is 15 + 9 + 9 + 7 + 14 = 54. Again, as all the squares within the column must add up to 45, the 'outside' square is 54 – 45 = 9. In the case, it was easier to calculate the inside total, but if the cage lying partly outside has one square outside and more than one square inside, the outside total should be used to calculate the outside square.

In general, to use the 45 rule, look for a row, column or block where all cages except one lie completely inside.
For an inside square, the solution is always 45 – the inside total. For an outside square, the solution is always the outside total – 45.

EASY # 1

12	8	13	10	17		9	5	14
					5			
12			13			18	13	
13		7		5			12	8
15		5			15			
10	20	13		12		10		
			7	10	6	14		8
	10					14		
6		11		16			9	

EASY # 2

13	9		3		15	6	12	
	6		9				17	
15		16		16		14	4	
8	7				15		11	
	24	8				15		
4			6		13		11	
	19		22			6		11
11			9		13			
12				8		17		

EASY # 3

12	7	12	16	8	10	9	5	
							11	
21	9		9	5	10	12		12
	8	10				13	3	
			13	8				16
8	10	8		11		9		
			19		9		12	
4	13	24			8		10	
					9		12	

EASY # 4

10	10	6	7		14		12	13
			13		13			
16	7	12		6			16	
		17			19			11
16				6	11		5	
5	30		7			19		4
				11			7	
11	5		5	14				17
	13			10		7		

EASY # 5

6	13		9		12	12		8
	15	16				12		
10			15	9	10	13		
	10						19	
12			10		10		15	
15			4		13	20		
20		10						
	16		14			15	18	
8			16					

EASY # 6

13		10		9	7	13	13	
18		13	17				12	6
				14		3		
	12			9	7		30	
18		10						
	6	5	15	15		12	12	
				14			11	
12	11	20		7	16			
					4		11	

EASY # 7

17			6		22	7		15
7		11	12				7	
3	15			18		20		12
		8						
20		7	12		10		8	
16			13	8		9	20	
	11			9				
		17	16		10		17	
10				12				

EASY # 8

13		26	13		9			10
			15			15	15	
11	8	9		12				
		6			7		11	
12	12		12		8	6		14
		10	14			14	14	
11	12		20					
				11		10		
4		8		11		22		

EASY # 9

6	14	10	11	9		9		11
					13		14	
15			15	15				12
18	7			16		11		
	8		8				13	
	13		12		5	8		
15			13			8		11
23				8		14		
		11		17		12		

EASY # 10

5		13			12	12	7	17
13	17		8					
	9		10		5	8	5	
22		17						15
4		12		10		7		
	7		22	9		22	22	
5								
14		7		9		17		12
10		9		12				

EASY # 11

15		13		13	8		14	
5		17	21		13			
	16			16		26		8
				5				
	19				9	11		
17		6	8			9		14
9	14		9	14	23		10	
		8						
10					12		13	

EASY # 12

9		7		10		13	14	
	10		11		11		8	10
12	15		12					
	15	9	13		11	5	15	6
4			8					
	11	15		13		15		10
15		6	11			13	6	
			7	10				10
15				10		10		

EASY # 13

17	14	12		3		15		5
			18		10	13	9	
7		11						18
	20		20			8		
7		12	16		8	9		
	6			14			22	
12		4				10	11	
	20	7		22	11			
							14	

EASY # 14

9		12		15			9	
13		8		9		15		
21				8	7	11		10
16		11	9			6		
8				15	15		16	
18					13	10		
	11	20	4			11		13
6				12	11	10		
		12					11	

EASY # 15

10		7	10		17			13
14			16		3			
10		13	4	15		9	13	11
15					12			
21		14		11		14		5
	6	6			14			
		10		11		11		8
7		9			17	12	14	
7		16						

EASY # 16

11	16		9		6		10	14
			12		12			
14		9		15	11	7	14	
	14		17				10	
14				9	3	10		
16		7				20		
4			26		16		8	6
	11				10	11		
20							13	

EASY # 17

6		22			11		15	
18	14		11		9	11		9
			11				11	
14		11			20			
16				9			16	
7		14		8				16
20	6		13	14		10		
	4	15			13	6	6	14
			5					

EASY # 18

10	11		9		14		9	
	6		8	10		15		
7	12			17	10	8		13
	23					15		
14			13	11			17	8
	7			3				
20	14	11	17		12	8	12	
							17	
			11		9		4	

EASY # 19

17	11	4	5		13		13	
			12		6		12	10
	13		8		13	11		
15	10		3				19	
	10		11	11		16		8
	19			15				
13			13		10	15		
	11	15		12		10		12
					9			

EASY # 20

11	11	5	9	8	7	28		
							11	
22		15		18	18	4		7
3		12					8	
		11			9			17
14		16		4		6		
12				18		14	11	
5		14	14					10
14				9		10		

EASY # 21

12		13		11		14	7	12
7	10	9	9	11				
					9		11	
5		10			12	17	18	
12		17	16					
9				16	6		6	
15	14		17		6		31	
		6		5	9			
10						13		

EASY # 22

10	10		14	15		8		14
	12				10		6	
8	8	14		10		12		
		4	8	11			14	
17				11	9		8	
19		10				17		
14		11		10		12	10	
		13			14		23	
	9		10					

EASY # 23

12		12	20				9	
22	10		13			6		19
		10		16	7			
		3			14		14	
	11		13			7	17	
9		15		9				8
11		12		15	8	12		
15	12					16		
			10		13		5	

EASY # 24

16	16			9		8		18
		5	14			8		
9	14		16	15			11	
				7		10		10
4	14	14		11		10		
			13	7	20		11	
10						12		16
9		9		17			6	
17			6		13			

EASY # 25

9			17	13		12	13	12
8				12				
10	15				14			13
	17	7	10		11	12		
15			14			6		
	17	10	7		14		12	9
			27			11		
13		5					11	11
		8			10			

EASY # 26

7	12	15		11		14	5	5
			17		6			
9		10	4			22	14	
9			12				15	12
12	14	9	10		14			
						13	10	
6	16		6				10	15
	14	15			15			
		15				12		

EASY # 27

11		11	6	11		22		3
16	11			10	19		9	
		14	5					15
				16	9	14		
10			14				18	
10		11		13	6			
8					13		13	
13	3	17	11	7			13	
				10			13	

EASY # 28

12	13	4		7		8	10	12
		14		16				
9		15				14	10	
7		12		13			5	
5	11		16				15	
	17		10	10			9	
26		9		12	12		10	
			5		10		12	7
	10			18				

EASY # 29

28		7	5		23		5	
			15				7	
8	7		23		6		8	11
	10			10		13		
13			9				17	
14		12		13	13	7	3	
10	9		10				15	
	8			12			9	
10		10		10			15	

EASY # 30

11	13	9	10		14	15		
			13			16		
12				14	11			15
10			14			14	6	
18		17						10
			10	13	17			
14	10				11		11	
		11		15		10		
8		13		3		17		

EASY # 31

15			16		21	9		11
8		18				8		
7			11	8	7	9	9	
	13						13	
16		11	6		10			10
11			10	11		12		
	7			11		11	12	8
18			13		13			
3		15					14	

EASY # 32

15	11		7	14		21		11
	19				4			
			7	17	16	11	10	11
7		19						
14					21		4	
	13	15		5			21	11
			11					
5	24	21			4		9	
			13		7		7	

EASY # 33

15		4		13			23	
7	11	20	14		7			
			6	11	9		24	5
5					18			
8	9		15			20		
	21	8	3			9		
			17	6		13	15	
	8			7			9	7
17		11			10			

EASY # 34

19			14	18	8	12	5	
4	6						15	
	19				6		11	16
17			12		9			
9		22		11	12	17		
16			21			5		
11							11	6
	15		10		15	13		
			6				14	

EASY # 35

9	16	9	7	13		10	11	
				5	16		11	
10		5					8	10
14		16	18		3	13		
4	9		15				5	
		15		9	18	12	13	14
16	7							
			11			10	18	
9			16					

EASY # 36

19	3	13	13		9		11	8
			7		14			
	10		13			9		18
10	11	12		18		11	11	
					11			
11	13		11			10		10
	10		18	3		8		
18				24		12	8	
10							8	

EASY # 37

8	8		14		17	6	18	16
	11	9						
7		24	3		12			
	16				16			8
6		16		17	5		18	
	8							13
19		3		13		12		
16		18		12	9	13	14	

EASY # 38

10	12		9	9		8	9	
	12			12			12	
3		16		14	13		12	
7			10		6	15	11	
13	8			16			14	
		11			16		4	10
8	7		9					
	20	19		18	14		9	
							9	

EASY # 39

11		7		9		6	13	
14	4	12	20	16			11	
							12	
11		23			10		5	
4		21	9	19		13		5
						15		
16			15		8		17	
12	14	5			20			
		3		12			13	

EASY # 40

9	10	16		5		19	15	
		11		5				
21	10			15		10		19
		12	10		8			
8	12		13			12		15
		7	14		16			
15				9		15		13
12		6			15			
		11				17		

EASY # 41

11	13	16	9	10		15	9	
				24			10	6
5						8		
11	15		12	12			6	15
	8			11		9		
	8	12	9	9			21	
15				7		14		9
	3		11				14	
18			7		13			

EASY # 42

7	9	12	19		9		9	14
					11			
14		5		3	12		13	
5	8		17		11		12	
	13	11		11		9		
12			9		8	17	9	
	5		20				18	
12	9			14	8			
	16					14		

EASY # 43

17	26				10		5	15
			8		9			
14				11		18		7
12		10	14		11			
12			14		7		10	
	10	14			8	13		15
8		12		11				
		14			13		21	
18			9		9			

EASY # 44

10	10	16	13		14		8	
				16			27	
13	11		3		5			
	12		9			6		15
9		7		17		13		
16		5		10		3	12	11
11		17	8		11			
	8			12		18		
		13			7		9	

EASY # 45

21	17			10		7		7
	7		7	15		7		
		9		13	14		20	
9	12				10	17		
		15				10	5	
12		13		5			15	
3		12	8		14			12
21			3		15		14	
		16		10				

EASY # 46

16	17		10	12		11	14	
		9			17		20	
20			6					
	8		14		6		11	
		11		13		10		
12		6		5		11	16	
14	11		17		21		5	10
		20	10	3				
					11		8	

EASY # 47

12		14	8		11		4	6
5	8		19	25	8			
							15	
8	23	12		15	7		10	
						12		9
13	9		10		14	12		
		12				13		14
15	8	3		16		5		
		5		12			13	

EASY # 48

8		18	13		12		4	
15			8		11		9	
		9	8	11	9	10	11	9
15								
13	10		6	14		10	14	
		11		13			14	
18	5				9		13	7
		13	11	15	7			
					22			

EASY # 49

17		9		8		17	9	9
13	8		25					
		14			9	20		
9			13	14		9		
13					12	17		
	13		10			11	15	
22				9				4
6		7		26	15			
		9					13	

EASY # 50

13		16	13		6		10	10
10			19	8	5	23		
		10					14	
18				6			14	
	12	9		15		3		12
26				11	20			
			7				13	10
9	10	14		10	12			
					17			

EASY # 51

12	23	12		11		22		
					5		3	10
13	4		14		14	14		
	7		12				11	
8		13		7			17	
10			13	11	12		9	3
	8				18			
13		13	10			9	8	
9			11				16	

EASY # 52

14	11		7	15		25	5	
		12		14				
8			9		8	13	14	
14	12							14
	6		18			10	7	
23	13		11	6				22
	11			12		15		
		12		10			10	
		11			13			

EASY # 53

11		7	11	18	9		11	
11						13		14
12		6		11		11		
7	12		13	11		4		
		12		15		16	9	8
15	10		12	6	4			
		20				10		7
6	6			10		14		
			19			14		

EASY # 54

14			15		8	11	10	
9	16			10			15	
		15			12	9	8	
16		14	12				6	
	14		5	9			14	10
				11		11		
7		9	18				11	
18			8		9		4	12
	11		9		15			

EASY # 55

17			6		11		20	8
9		13	11		9			
18			18	10	16			12
							13	
13				17		7		
13		9		6			14	
13		16	15	11		16	11	10
5	11			10	9			
						8		

EASY # 56

20			14	14		11	7	6
4	10			5	14			
		6	9			15		15
15	15			12		5		
		7	11			9	11	11
7			17	8				
7		17		17		13		5
9			16			13		
12					9		9	

EASY # 57

26	7	9		6	12		15	
		8	13			11	8	
				16	13		9	13
7	10	16						
			14	12		9		8
12					11		16	
10	9	13		4		16		
			9	14	14		10	8
	17							

EASY # 58

14	13		12	17			9	8
	5			10		21		
	17	19					5	
13				18			9	7
	16		9	20	6	9		
7							27	
10		7			18	5		
12		9					25	
12			11		5			

EASY # 59

9	13	14	9	17		16		
				6	13	3		17
4	20					9		
		13	16	13	9		4	8
					12			
19	12		7	16			11	
	8			9		17	12	
		7	11	16				6
16				3		10		

EASY # 60

18			14		5	10		17
18	10	3		17		9		
		11			17		9	
	13					9		
9	7		11	13	8		14	
	18				16			12
5		14				17	9	
	15			12				
10		18			5		12	

EASY # 61

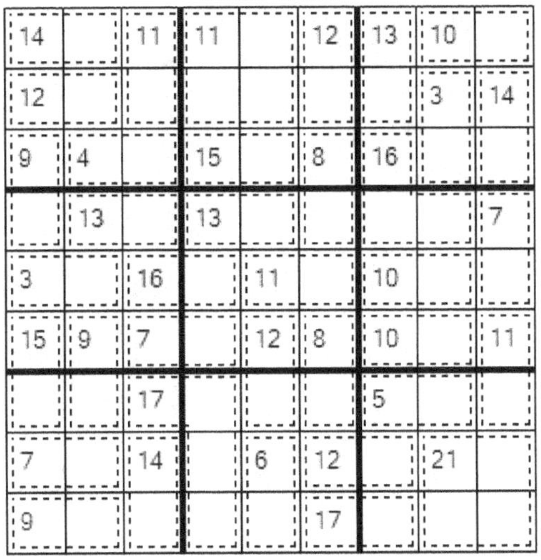

EASY # 62

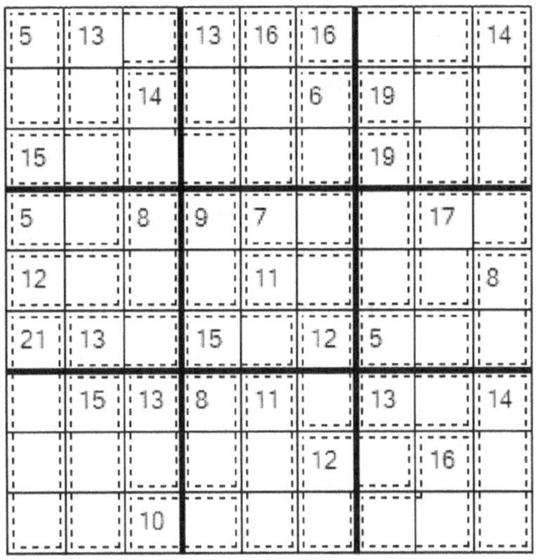

EASY # 63

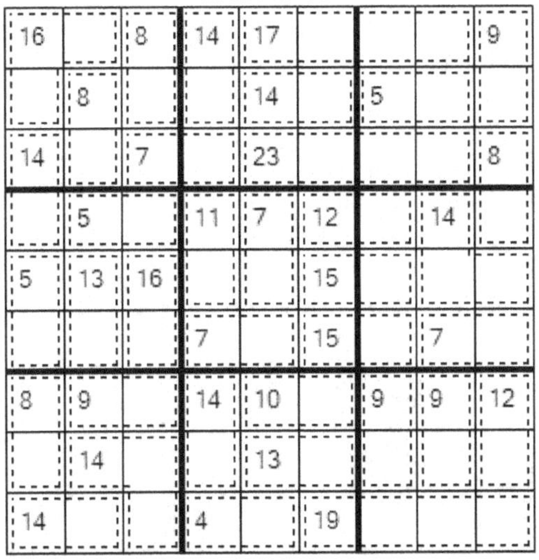

EASY # 64

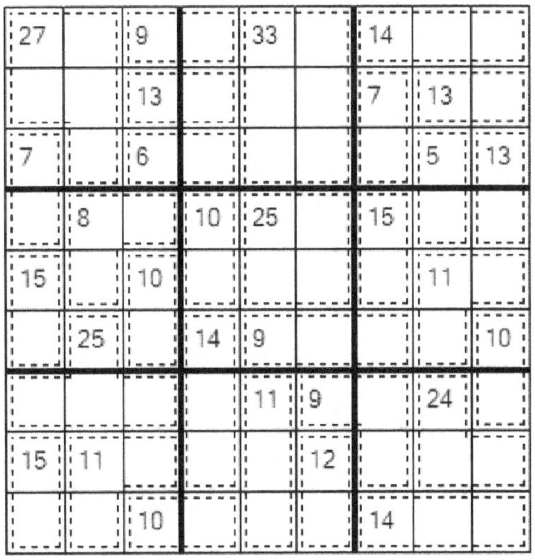

EASY # 65

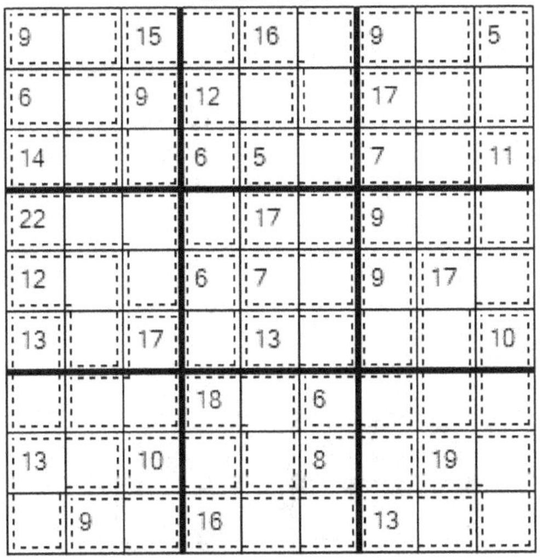

EASY # 66

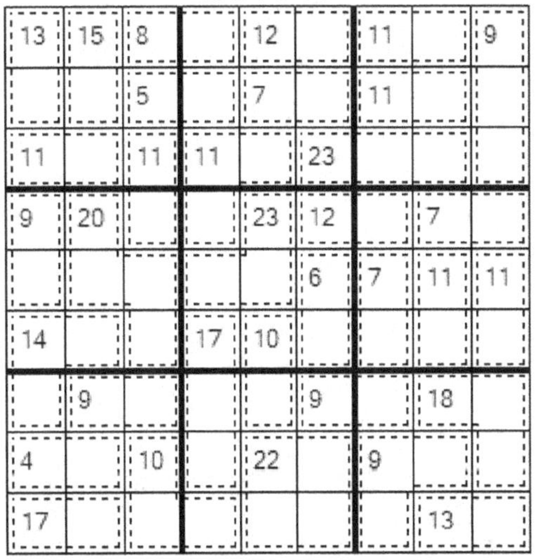

EASY # 67

9	12	15	24				9	
			6	4		15	18	
9				8	17			
13	20		6			12		9
				19				
9	7	8		10	12		11	
		6	15			22		
14				13	8	12		11
15		7						

EASY # 68

7	16		17	11		21	5	
	13	3		8				12
15			6		11			
	8		8		14		9	13
9		9	8	15		18		
10							12	10
9		13		14				
16		11		11			9	9
			11		14			

EASY # 69

11		12	12		16			16
14				15	7		12	
	8				11	14		
10	4		12				20	11
	22	9	15	6				
10				9			5	
		10	10		20		14	7
10				21				
8		15				9		

EASY # 70

6		16		13		9	18	
15			13					
21				6		19		
8	17	10		19			16	10
		6			24			
7		9				12	11	5
14		9	21					
13					15		12	
		10		11		10		

EASY # 71

13	7			14		9	18	
	17		10		17			
7	12		22			17	9	
		12		5			8	
20					12	10	9	10
		11	9					
8			16		15	9	17	8
12	7	13						
			11				11	

EASY # 72

10	23		14	7	5		8	
					11		9	12
21	13	15		12		26		
		11	7					
	3		9	5			17	
		4		17		11		5
22			12	14		10		
	7			14			15	14
	15			7				

EASY # 73

5	9	9		13		13		9
		14			13		14	
12		12	17			8		
14			15		4		8	10
	7		15	7		17		
18		9			6		12	17
7			11	10				
	7				14	10		
20			8			11		

EASY # 74

20	7		9	16		15		
		18		6	10		7	7
16					13	14		
13			11				10	
	17		15				21	10
	5		14	11	11	3		
22	7							16
				16		8		
16			10			11		

EASY # 75

13	10			5		20		16
	10		5	15				
8		19		15		9	3	
6			18	11			15	
	20				9		9	
		16	11		22			10
6			11		17			
	14		15				17	
16				7			7	

EASY # 76

10	10		13	20		22		18
	11			9				
6	10				8			
	10		11	12		15		
11				11		14		17
31	14		13	13	5		11	
		12				8		
	3			10			11	5
		31						

EASY # 77

16	10	8	6	8		9		13
				13	15		11	
	11		10		5			5
17		11		5		13		
	9		13		14		9	
9		12		10	8		23	19
	17				12			
16		17		16			6	
					9			

EASY # 78

15	4		20	14		12	14	
	15			3	18			
		5					15	
11		8		13			13	
11		19	9		13		7	
6				8	5	10	16	
	16		17				6	9
7	20			13		14		
			9				10	

EASY # 79

6		4		21			14	15
31				6				
13			10		11		11	
7		21			7			12
9		11		8	13			
23	10		18		5	13		
	5	16				10		8
				22		14		
	15		3			13		

EASY # 80

18	6	18	9		15	18		
						4	9	23
	18	9	3	9				
13				14		9		
		8	8	18		11		9
11					11			
	6	20		9	12		8	
26			13		10	14		
						16		

EASY # 81

30		14		8	15	7		9
	4	10					25	
		10		12				
11	16		7		10			4
	11		7	12	17			
12					16		26	
6		15	11			7		
	13		17	7	7	19		
							10	

EASY # 82

20				14	11	13		
5		9				5	16	
22	7	12	11				18	
			20			15		
	11			9			7	
7		11		19			8	
12		13			10		10	
8	12	12	10		21			14
			3		10			

EASY # 83

19		3	5		16		17	
15			22	9			8	
	10	13			10		3	
8			17	10				9
		18		7	10	14		
10						19	21	19
	10		7	15				
9		15			14	6		
10							7	

EASY # 84

7		6		9		24		15
7		17		13				
13		20			9		6	
25				9		15		8
	14		9	17	12			
	17				21			
		6			6		10	
7		16		7	14	8	22	
16								

EASY # 85

13	20	10		13	3		14	9
			12		12	9		
14	9						11	
	14		12		14		13	
		20			12		15	
			7	17	4			7
15					16			
11	14		9	5		15	3	15
	5			13				

EASY # 86

5	8	21			11	11	13	
		12		6			4	
18	15		8		12		16	
	8			11	10			
	13				10		17	
10		7		15		12		
9		12			10		11	
13	9	7		12	8	4	15	11
		11						

EASY # 87

11	14		7		12		16	
		11	20	14		6	8	12
11	5							
		16	7	12	17			
10					13		14	
	26		15	23		6		
13							15	
	13			12		10		18
		10		8				

EASY # 88

5		14	13	12			9	15
16				6				
14			13		13		9	
20		13	8	7	9		7	
					18	15		11
	20	6	15					
8			10		3		17	
		8		11	21			
9		12			9		9	

EASY # 89

10		17	15		13	15	15	3
12	14		4					
				13		8		10
7			6	16	9	10		
19	8					9		16
		19		6		9		
	15	20		7	3	12	18	
8								
	7		14		10		8	

EASY # 90

20			12		5		8	
11	9		7		17		9	
	7	12		7	18		19	
5		11				11		
	12	9	8		12		19	
11			15			4		
	19			9			13	
9	5		8		12		14	10
	14			14				

EASY # 91

7	9		11	22	10		20	
	19				7			
10		5			14			6
	14		8		16	11		
17		4				18	7	16
12		21	10					
	20			13	14	3		17
9			10			14		
							11	

EASY # 92

18			13		10	13	19	13
10		10		17				
17		6						11
	15		8		9	7		
6				15			14	
16	5	12			14		10	3
		17	17		14			
7						15	9	12
	9		14					

EASY # 93

6		19		10	9	15	15	
8							14	
13		17	9		10	8		
13	9		15	13			10	
		10			14	11		7
11						10	9	
	12		19	14				7
17						7	22	
	10		12					

EASY # 94

12			9	12		19		
7	18			13		12	7	
		14		5	7		18	
11		8					10	
4		9		21				12
20	15		6		19	6		
		3				18		
13		4	20	7		19		3
12					12			

EASY # 95

9			11	10	20	12		20
21	8					3		
		11					10	23
10		9	14	12	6	9		
14	15							
			8	11	12		13	
	14					20		11
9	10	9	12				6	
			8		15			

EASY # 96

12		17	11		12	14		
9			11			16		
7				15	19			
13	11		12		10	5	26	
	13	8						
			12	13		9	13	
12	7			4			17	6
		20		25				
12						14		

EASY # 97

6	12	8	12	5	14	26		
						8		5
11		13	13	11			9	
7					13			11
8		13		14	9	11		
9	9		11				14	
	8			12		18		
17	10		14		3		12	
	8			7		14		

EASY # 98

10	14	7	17	15		12	16	19
	14		7	16	5			
15	10					13		11
	11	5			17	5	15	
		15						3
16	10		25				6	
	13		17		9	12		19
	6							

EASY # 99

8		24	25			11	14	
							11	
15	7	8		17		11		
		13		3		24		
9		9			19	8		
8	22						11	
	15	6	12	9		14	18	
13				16				12
		6			7			

EASY # 100

10	12	5		15	17		7	
		4				18	12	11
18			13	13				
17		6			8	15		
16			9	5			12	
	11	10			11	7		19
6			9					
	9	15		7	11		14	
		17				16		

EASY # 101

25		14		14	10		16	9
		15	8		8			
						9		9
13		21	10	4		13	8	
				15				7
10		5		12		15		
15	19		7	8	17		14	
		11				5		17
			16		6			

EASY # 102

7		13		10	15		7	14
14		11			8	8		
7			15				7	8
	15	11	11		12			
			6		17		9	
9	16		12	13	3	9		21
	10					6	11	
16	7	4	10	11				
				7		15		

EASY # 103

10	15	7	9	16	12	6		18
						14		
7		13			10		7	
10	20		10			12		
				7	10	12	8	14
9	15	10	14					
				12			12	
11		18			8		21	
	10			9		9		

EASY # 104

10	8		14		19	12		14
		15					7	
10		10		8		20		
15	22						11	
	12			13	10		10	
	10	14				12	9	
16			14	13	6		8	
	5					10		12
	14		5		17			

EASY # 105

22			8	9		12		14
	11			11		3		
5	4	13	11		17		10	12
			15	17		5		
18							22	5
13		15	4		8			
11	13		13			14		
			6	14	20		4	
10							16	

EASY # 106

18			11		9		7	
9	12	7		11		14		
		8		11	20			14
25			7		9			
	9				20	10		6
6		15	11			7	15	
11			6	15				19
16					8			
		19			9		11	

EASY # 107

15	11	3	8	5	24	13	8	
							12	
7	9	11		10		11	8	
		12			5		9	14
7		13	7			12		
17			11		16		17	
16	7		10	12				12
	22					8		
			12			11		

EASY # 108

17	9	5	17		16		10	11
					17			
7		16		14		14	6	
18					4			15
	16		11	13		19		
10					7			12
	9			8	11	12		
9	15	22				4		7
				24				

EASY # 109

6		9	11	15	13			13
14					11		8	
10		11		9	13			
	12		7		8		11	
8	12			13		31		
	12		7		14			
11		5	10				10	9
16			13		17			
11		9		7			9	

EASY # 110

7		10		19	7		21	
16		13	11			11		10
				10				
15		9		6		11		6
13				17		22		
24		9		6		8		19
			13		13		9	
12	11		13	9				
	13				8		4	

EASY # 111

13	11		13		14		6	11
		18	13		5			
7			12			8		19
13			4	13		6		
9	12			12			9	12
	17	6	11		13			
			9		16	6	15	
10		11	9					12
8				11		11		

EASY # 112

16			8		6	5	12	15
10	10	9	7					
			17	21		18	16	
10		18		9				
13							5	
9		11	9	14		15	9	
14				12			7	
	14	9		12	15		10	9
					11			

EASY # 113

23		12		16		15	21	21
	9							
6			13		10	13		
5	10		8				9	
	15		12		7			9
12		10		14		5		
	13				12		15	
20		17	16	10		3		9
					15			

EASY # 114

11	15	10		20	8		12	
		9			4		16	
10			11		9	12		17
	9	8	3					
13			12		16	15	8	
	11		9				3	15
15			20					
9		16		15		10		
8					11		15	

EASY # 115

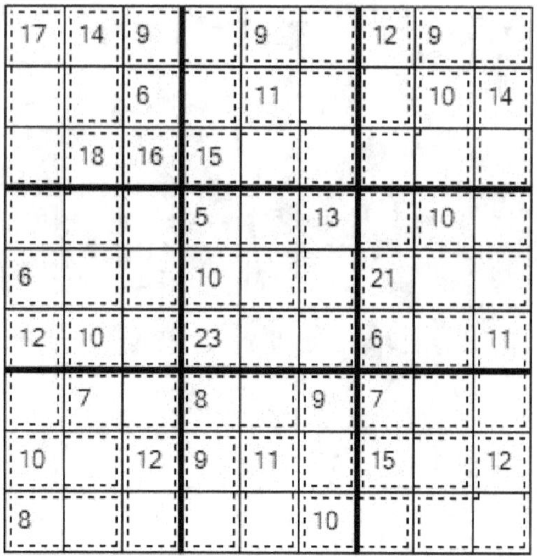

EASY # 116

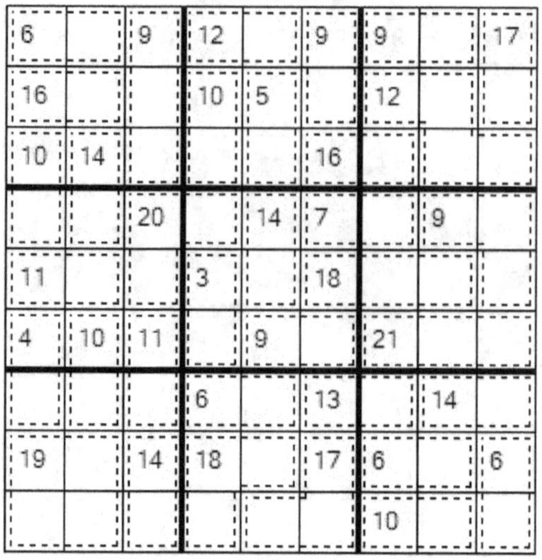

EASY # 117

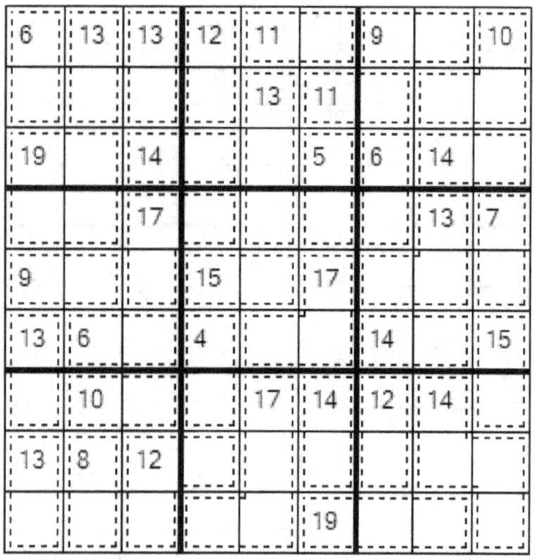

EASY # 118

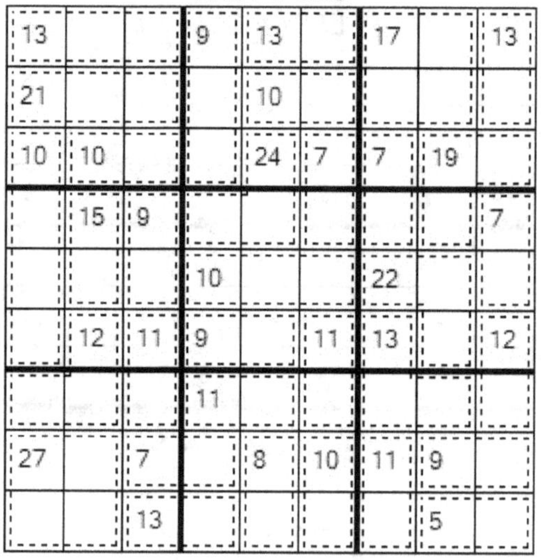

EASY # 119

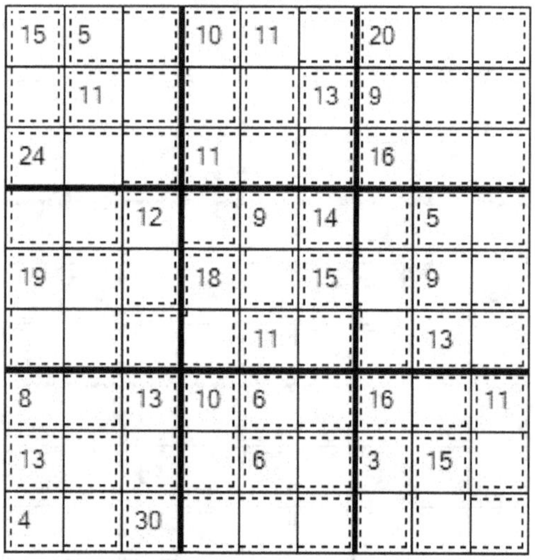

EASY # 120

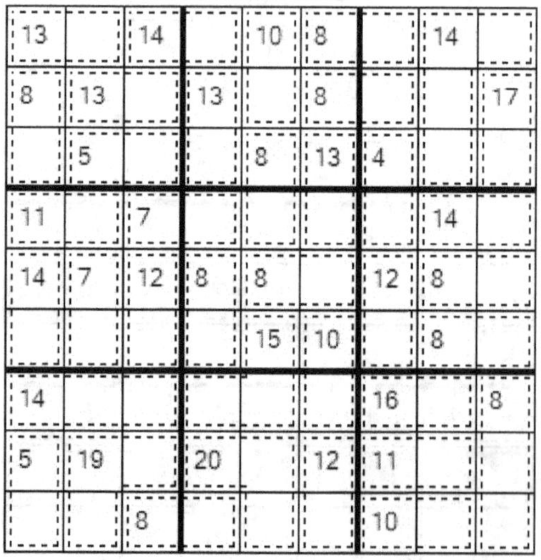

EASY # 121

16	10		11		14			11
	11	12	15			12		
			16		9		9	15
13				13	12			
5		10			11		11	
13				12	11			19
7		21	15		9		17	
6				10				
11				10		8		

EASY # 122

14	13		7		7		9	
	10			10	13		6	12
	17				17			
6		8		12		10	24	
17			16	8				
10	17	13		3		11		
			11	12	3		17	11
10	7				7			
	10			15		12		

EASY # 123

21			3		7		14	
5	14		15		10		12	13
	19			11	10	11		
6	10						11	
		15		5	10	10		4
14	11	13				11		
		10		20	11	11	10	7
13		14	6					
					7		11	

EASY # 124

16			12		10		23	8
7		23	17	14		12		
5					11			
4				10		17		
13		9			16		14	5
28		20	11					
			6		7		12	
				15		13	9	10
17			11					

EASY # 125

19		10		6		26	12	
		12	15				11	
17				7	15			12
	9		6				9	
11	15			20				10
		4	14	10		10		
14				16		13		
	15		11		5		14	10
	11			16				

EASY # 126

23		10	10		13	13		
			12			13		11
17	17			8	16	11		
		9	12				9	
	10			14		11		
		11		9			17	13
7			5	16	12			
	16				9	7		13
11		11				9		

EASY # 127

12	17	11		9	17			6
			15			9		
5		12		10	11		8	16
24						12		
		4	12		18		14	
7	20		10	10			6	
					15	5	15	13
13		11	5					
7				14		12		

EASY # 128

17		10	14		6	12		10
			10	10		15		
18					13			
10		13		10		9		5
19			16			16		
5	13	10	6		13	13		13
				11				
10	13	7			6		23	
		12		11		6		

EASY # 129

9	9	6		11		12	12	11
		20						
9	12		7	10	9		9	
	13				19	24		7
22		5	14				9	
			10			11		
15	8		14				4	15
	13		15	3	13			
5						20		

EASY # 130

27	11		6	15			8	
		6		5	19		15	13
	12		15			4		
12				9			18	15
	5		9		11			
6	20		9		4	15		
		15	15				6	10
11			8		12			
10			12		17			

EASY # 131

5		10		11	15	18		
8	8		20			9	12	6
	16			4				
18				10	13		17	8
8		9			9			
13	10		15			7		12
		13	6	7	11			
15						14	9	17
7			15					

EASY # 132

10		15	10	12	10	12		7
9						14		
14	5		17					15
	8			11		11		
9		14	11		16	9	11	7
5	16		6					
			13	9	5	8		16
19		21				9	12	
				9				

EASY # 133

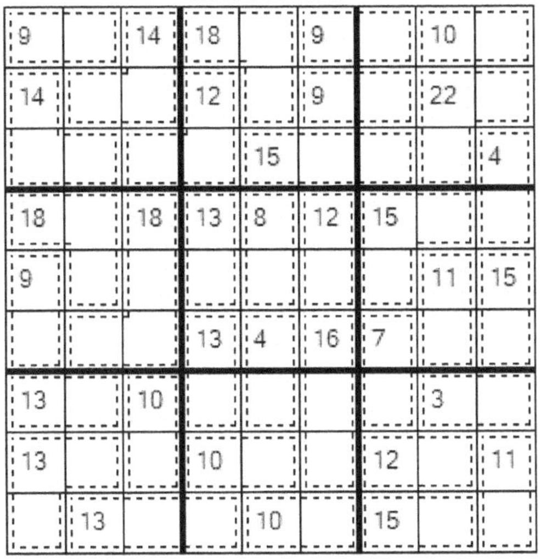

EASY # 134

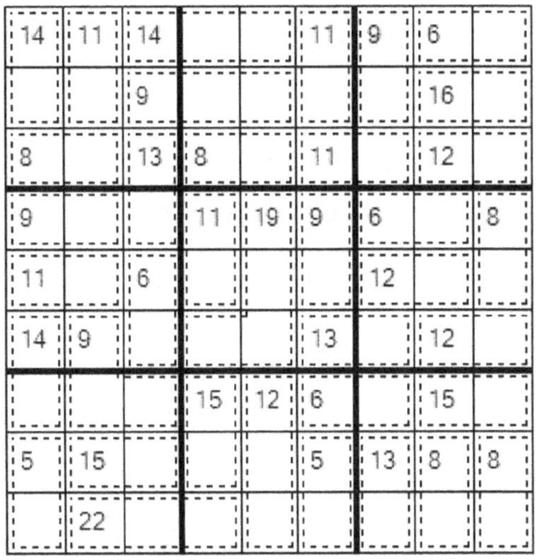

EASY # 135

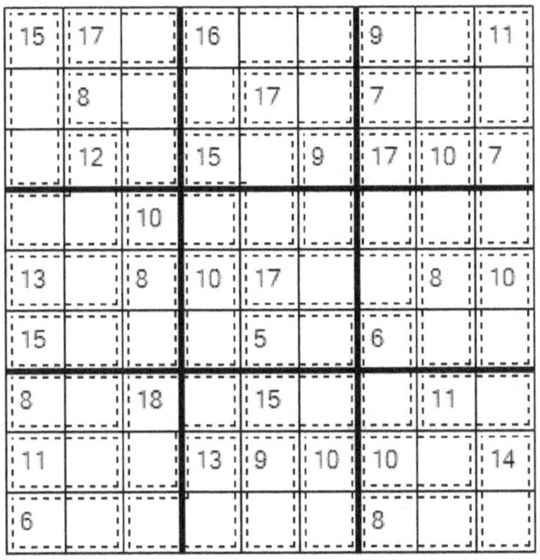

EASY # 136

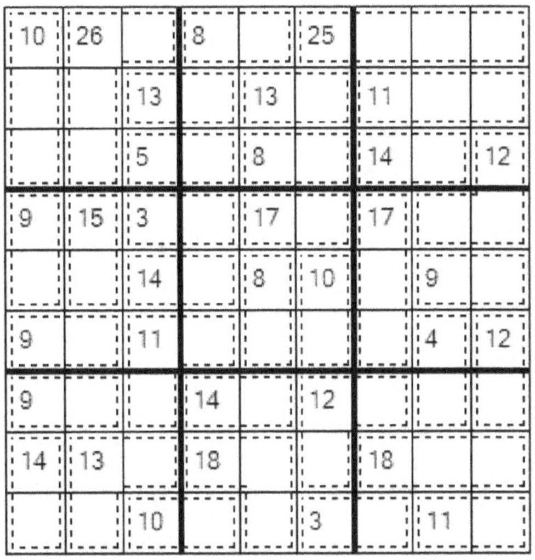

EASY # 137

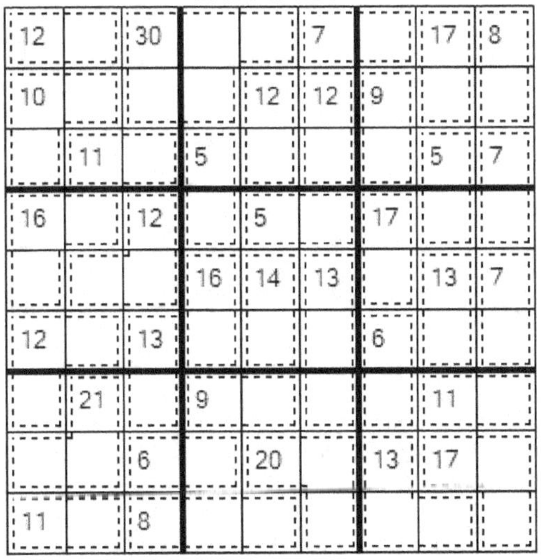

EASY # 138

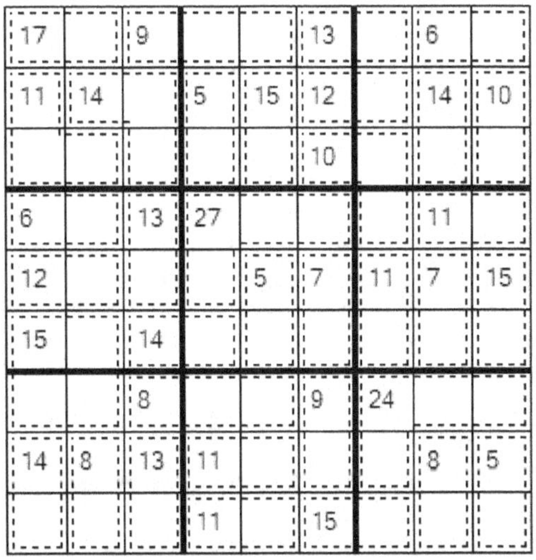

EASY # 139

9		14	11	11		9		17
11					14		9	
9		3		19		16		5
9		11			10		28	
16		10						
	13		19			5		
11				11		23	11	
6	17	11	16				11	
				10				

EASY # 140

14			22	8		21		
10	12			18		5		
		16			14		11	
13				12		13		14
	14		6	10				
7	20			9		18	14	4
				15				
23		9		7			9	
		14			12		11	

EASY # 141

6	15	10	17	5		9		18
					12		11	
11		4		13		13		
12			11		15		4	14
14	16	14						
		11		3	19			
23			17		24			6
				16	10		9	
		14			9			

EASY # 142

15		3	10		12		7	
11			5	14		15	19	
9	11			8				
	15	14		5		13		5
6		15	14		8		15	
			11		10			
13			10		14	20	13	
13		10		10				
8		12					12	

EASY # 143

12		8		13		14		7
10	10		11			8		
		13		13		13		12
13		19		7	20			
16						8	11	
	7	13	12		13		10	
			7	16			10	
9	13	10			12		15	
			9			11		

EASY # 144

11		13	7		13	16	7	
			12				11	
18		8	10	11	17		10	
16							10	
		22		4		15	11	
11	8			9	10			10
	14	11				7		
12		7	13	9	9		10	11
					12			

EASY # 145

15			29			9		7
13		14			7	26	19	
	9			16				
12	5	6	15					
				10		14	15	9
15		13	19		6			
9								11
28		3		17		13	12	
			9					

EASY # 146

10		9	15			10		16
18			18			8		
7		11		13	10			12
	14	12				20		
11				15				
	14			6	9	17		7
13		16				12		
11	5		20				15	
	9			12		10		

EASY # 147

9	11			16	16			12
	17		6			6		
11	5			22	22			
	12	9				24		
			22	8	7		11	
17	10	9			3			7
				13	21			
7		22			12	14		6
			7			11		

EASY # 148

12	17			17				9
	8		16		11	9	6	
9	8		15	8				21
	12	10			14			
			16			11	10	
12		19		14				12
4			5		11			
	12	14	11	8	11		21	
					12			

EASY # 149

12		8		15		10	7	11
16		7	6	10				
	15			9		16	8	
15		10		6			9	
		14		11		6	11	
5		18		11	11		21	
6						11		
9		10	13		12	11	14	
12			9					

EASY # 150

12		10		19		11		8
15		11	10			12		
			12	16	3		12	
9	9				10		9	
	24			7		10		18
9		6			8			
8		11	14		11		14	
11			11		7		6	9
15				18				

EASY # 151

5		16		14		8		17
8		14	11		16			
11				4	10		9	
21		9	10			19		11
10				15				
	7	10		14		9	6	
13		7					20	12
	16		6	11	17	11		
8								

EASY # 152

21			20	5		3	14	
3	9				9		9	
	12	10	11			24		
10			10		9		13	7
	10		8			25		
15			11					14
20		14	10		10			
			13			24		
11				16		5		

EASY # 153

16		19		23			8	
14			9		16			17
			9			16		
13			3			17		
21	8			12		6	13	
	14		12		11		4	
	16	20	16	12		7		18
3						12		
				12		8		

EASY # 154

12	7	20			9		10	3
		8	16		17			
12					7	12	6	14
	8	12	9	10				
19					8	12		16
		6	14			9		
16			14		6		19	
13	14		11	3		14		
				12			7	

EASY # 155

14	11	16	6		13		5	
			26			5		21
	4			10	12		15	
14	11		13		19			
	16						4	
4				15	18		10	6
16		11						
10		4		15	14	9		13
11		3				11		

EASY # 156

9		11			16		14	
12		21	10		8			10
19			14	5	8		10	
					17			11
33						13	23	
	9		11					
13		15		8	11			
	9	14				13		11
			12			15		

EASY # 157

12	10	14	13		17	19		
			5				5	
	9		6	13			13	
14				17		8	11	
	15		7	12	8		10	12
8		14				12		
15	6		14	11			4	
				3	8	20		13
11		16						

EASY # 158

6		17			11		15	4
7		8		6	17			
19			10		7		11	
16		11		7		18		
13			14			10		
13		6		16		9		12
	12		25				16	
18		6			8			
			17		13		7	

EASY # 159

10	23			15	10		9	
					14	8	26	
7		13						
14			19		7	12	12	
19	9	23						
				8		13	14	
	7	8	15		14			12
			6			23		
21				14				

EASY # 160

11	5		14			8	7	11
	13		13		15			
8	14	4				18	10	
		12		29			17	
11		5						15
10		10			10			
6	7		15		10		16	
	22	10	12			8		5
				16		8		

EASY # 161

17	15		15	10	4		20	9
					10			
5		15	8	10		15		
11	13			9			9	
		3		20	13	6	7	
10	9		13				17	
	7				10	21	5	
16			8					14
14			12			5		

EASY # 162

13		5		14			25	
16		13	7		16			
7			7			12		13
	8	11		7		12	18	
20		11		7				
	9	12	13	11			6	
				17	19			
7	14				21		12	
	15						7	

EASY # 163

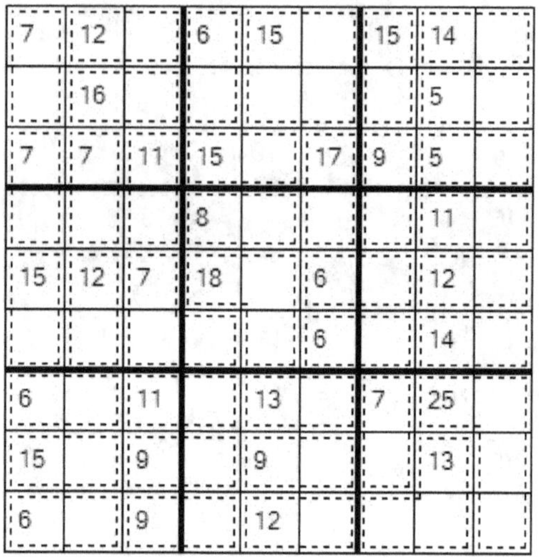

EASY # 164

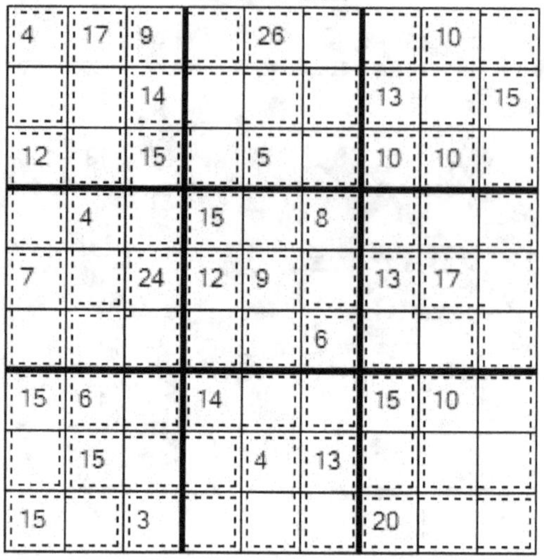

EASY # 165

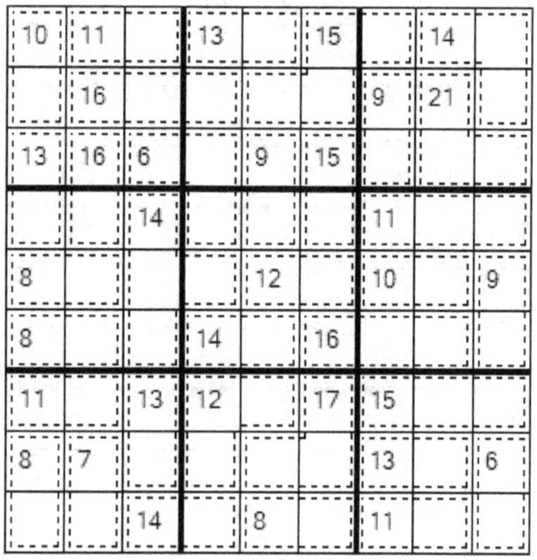

EASY # 166

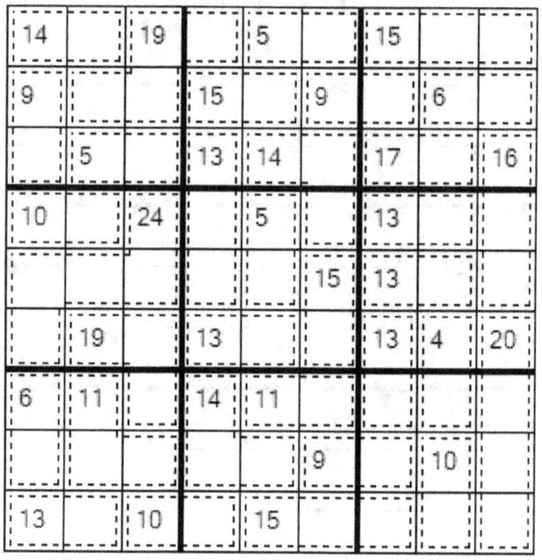

EASY # 167

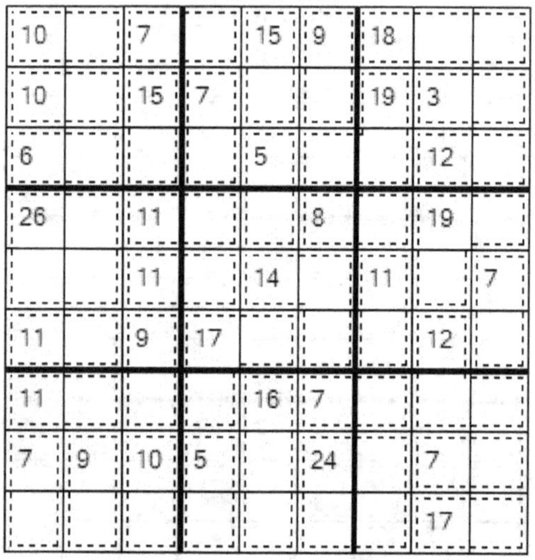

EASY # 168

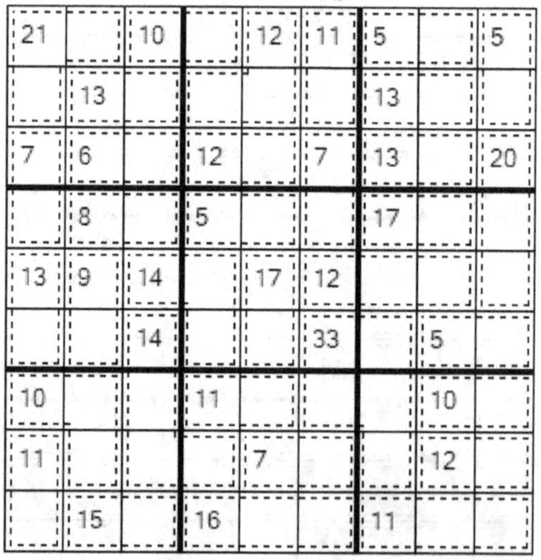

EASY # 169

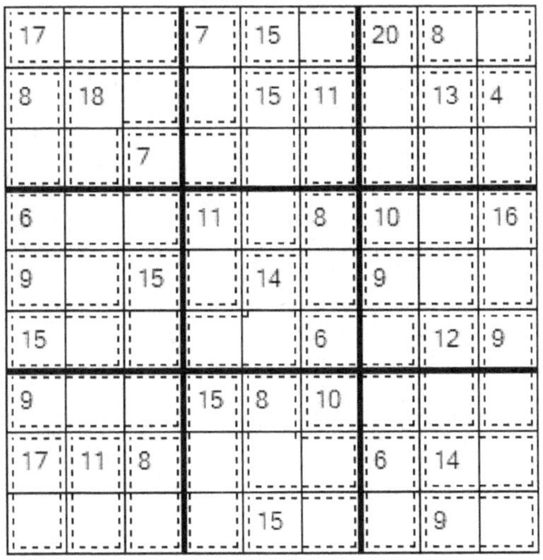

EASY # 170

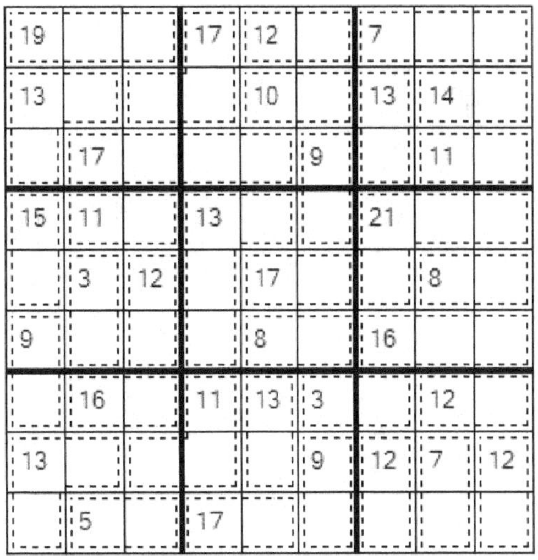

EASY # 171

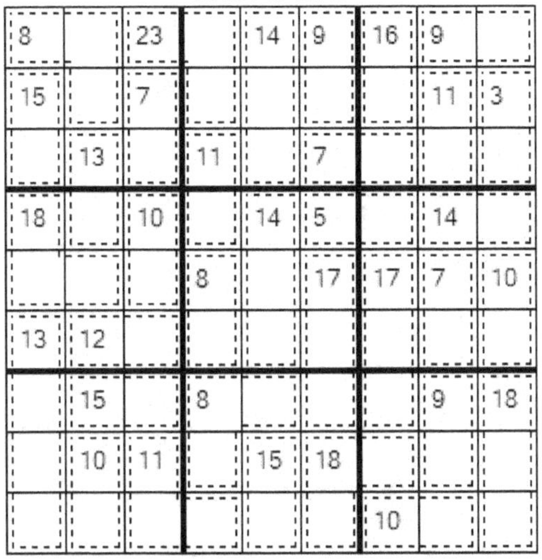

EASY # 172

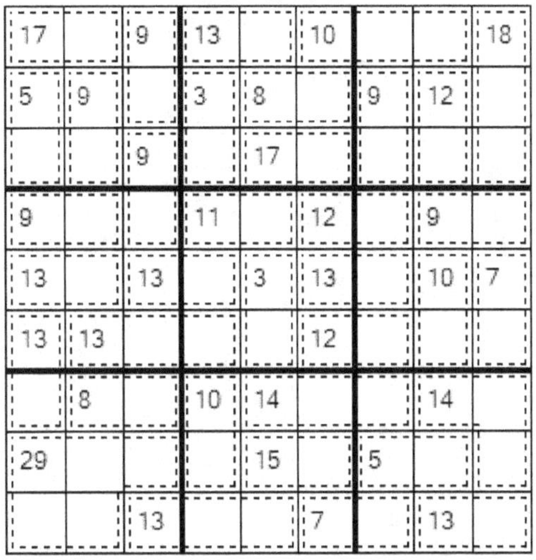

EASY # 173

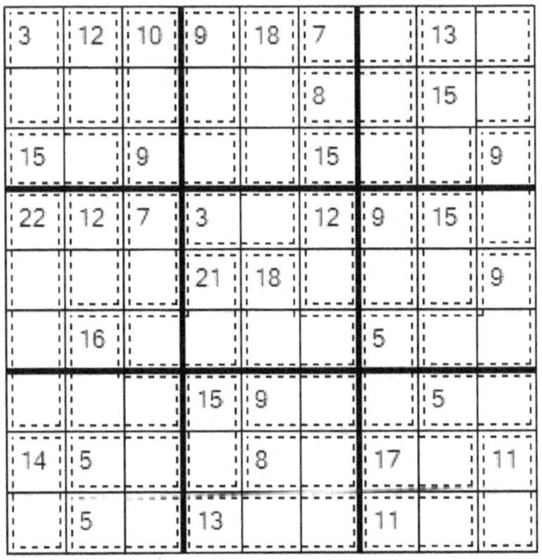

EASY # 174

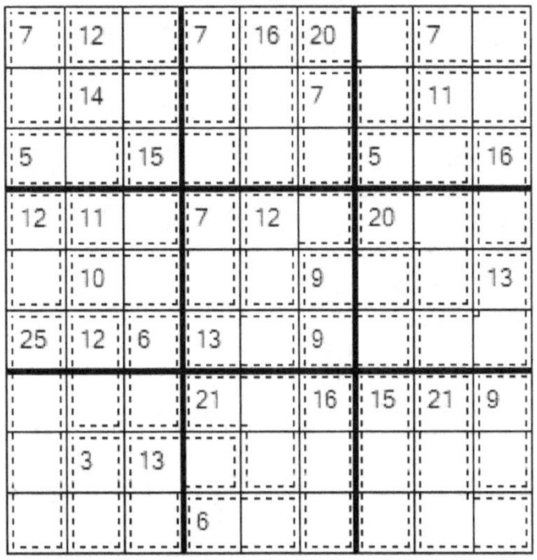

EASY # 175

11	10		10	11	17	14		
	14					12	23	
10		6			12			11
		20	15					
7	13		10		13			16
			12			8		
11		8	17	9	13			
14					15		9	
	12		12			10		

EASY # 176

8		10		14		8	6	
5	15	8	16		7		11	
			7	11		5	21	
18					9			13
18			7			13		
7	12	11	18				13	
			13		5		17	8
10		4		16				
10			15			16		

EASY # 177

7		14		10	10		14	
22		10	21		3		15	
					9			
14		6		13			14	17
13		20	9		9			
10			18	9	13			
	6				7		10	
18				13	14		8	12
		4			13			

EASY # 178

15		13	16		5	16		14
				11		7	8	
13	10		14		11			
	10	16				10	15	
			6		17		15	
9		27						13
11		18		6		24		
13							5	11
	7		19					

EASY # 179

13		12	19				5	
11			13	8	10	23		
	9					5		15
12	10		18		11		3	
	14	5	5		8			13
5				10		16	15	
	13	12	21	7				
11					10	7	12	
	15						9	

EASY # 180

10		13		12	6	11	15	
4	18	15						
		15	13			19		
12			12	9		13		
	14			10	10		10	
3					9		10	11
15		18			8			
9			13	9		22		10
17					10			

EASY # 181

20			12	11			7	
15				10	11		13	
6		11	7		14		9	
20				14	10			16
		4	11		15	3	17	
15	9							
		14		12		13	8	12
6	10	11	8					
			10		21			

EASY # 182

11		12	10	7	21	19		8
10	6							
		7	10		12		16	
8			31					
19	24			6		13		17
			12	10				
	11				10		13	
15		12	13		12	7		16
			7					

EASY # 183

8		9	10		6	9	11	7
16			14					
6		11		16	22		9	
13		8					12	11
9		10		17				
8	8		7			12	8	
	11	14	10	8			24	
				15		4		
13		6		10			13	

EASY # 184

12		6	10		10		18	7
14			6	10				
12	5			15	9		20	
		18				17	10	
11				16				19
8	21		5		18		6	
			23					
11		13	12			7		6
13				5		12		

EASY # 185

9	10		13		15		7	
	11		11		12	15	12	11
14	10			20				
	3					5		17
10	20		9					
	4		22		9	15		
13		15				10	10	
			5	27			17	
16							8	

EASY # 186

17		19		5	13	11		15
	12		17					
				7		9	16	10
16				13				
17		14		18	12		7	
13	11					15		9
		8			11	20		
8		13	12					10
10				17				

EASY # 187

11		7		19	19			
11	5		3		10	12	9	
	15						14	
5	10	15	11		20		9	
			9	17		11	7	11
13		6			10			
4			12			8	17	
13	10			15	3			10
	14					10		

EASY # 188

14	9		13	7	9	20		10
	8							
13	9	10		8		5	13	7
		13		19				
21		4			8		7	18
6		11	10		13			
			24			10		
	17	14		12		16		10
			8		9			

EASY # 189

10	13		9		9		8	
	11			15	10	17		13
10	8	9	16			5		
				17			15	11
10	6			8	8			
	11	26	10			15	11	
				7			7	
9	12		18		11	18		
						12		

EASY # 190

12		9	11	11	10	9	16	5
10	8							
		10			16	17	10	
15			9	16			5	
11	16						19	
	6	4		15	13			
13		17			4		23	
	14				3		12	
3		20			13			

EASY # 191

15			19	5		17		13
15	14				10	8		
		10	21			5	12	
9				8				
5		14			13	14		9
14			8			12		
13		8		14	14	13		14
10		5	9				17	
10					8			

EASY # 192

6	5	21	14	11		18		13
				16				
18	16			14		6		
		13		8		11		12
	8	10	18		9		13	
					10			
16	15			13		10		
	11		5		21		8	
9			6			21		

EASY # 193

14	14			8		26	16	
	10		17					6
		10	18	7	11		7	
12	10					6		14
		14		6			20	
3	14		9		17			
		14	11			19		5
16	12			4		13		
			12				10	

EASY # 194

4	11	12		15	12		12	
			13		9		14	5
14		12			6			
6			18	10		15		10
	15				13	6		
12	15		8				3	13
	17	9		13	13	12		
		5					11	8
14			20					

EASY # 195

14			19			9		8
15	13		8			14	7	
	3		6	9	13			8
13	16					10		
	9	13		12	9		10	
		8	21			14	7	13
19				8				
	5			14	5		17	
10		9			11		6	

EASY # 196

6	12		5		12	17	12	
	19	19						10
8				22		6		
	11	14	9		6		13	
				10		9	16	
7		15	17				7	5
12	10		10		20			
		3	17			8	12	14
12								

EASY # 197

15	8		7	9	12	10		7
	10					12		
8	10	13		3	11	14	12	15
		10						
5		11		14			9	
8		12		14		9		8
9	11		20		8	7		
	9			11		17		
21					3		13	

EASY # 198

17			11		7		10	
10	18		12		15			11
				15	13	7		
14	11	5				18	23	
		8		12				
	15	10		13			4	
9		7	17	5		11		8
	23				21	11		
			7				7	

EASY # 199

6	17	17		13	8	12		9
		17				11		
12				22			14	
	10	9	8			8		9
10				5	13	10		
	8		7			17		6
11	9	11			14	13		
			15	13		10		12
14						5		

EASY # 200

16	8		19	16	4	13	5	
	13						5	
			6		14		16	15
20			13		5			
4		9		14		12	11	11
15	10		9					
		16		11	11		9	
	8		10			11		11
15				8		12		

MEDIUM # 1

7		10		7		11	14	
16	13		22				13	
	10		6		12	13		
	8			22			17	
12		5			12	6		
17						17		
11		20	13	6		24		
9				11		6	9	6
5				15				

MEDIUM # 2

5	11			9	15		10	23
	10	15	27		9			
6				9	13	10		
	10					11	12	
10		19			23			13
						10		
14		5	9		22			
21			12		7		15	
	5		15					

MEDIUM # 3

13		6	14		20	12	7	
12								10
14	23		10		8	14	11	
		9						10
15			30			10		
	7				19	11	9	
	12	3					11	
31			13		28			13

MEDIUM # 4

9		13	4	11		9		16
16				19	11	10		
16						3	9	
	18		8		14		15	7
6			11					
10		8		9	17		9	
17		8	20		10	14		14
13				11			4	
	7				9			

MEDIUM # 5

15		8	16	11	5	5	10	
11							20	
	16			22				15
14		10			4		15	
12		12		10		23		
	8	6	17					
14				14	11		4	
	10				11		7	16
14			9		10			

MEDIUM # 6

13		17	18	3		12		
9					16		3	
8		14	11	16		10	14	
				11			11	
17		4			21	15		
	11		10				15	
4	12	18		15	7		14	
			10		10			10
11						15		

MEDIUM # 7

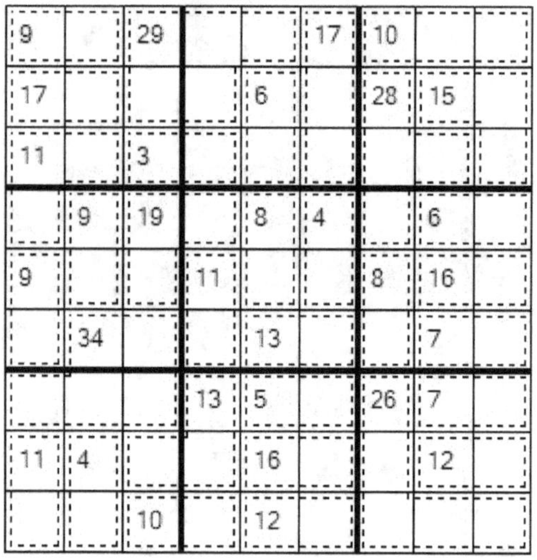

MEDIUM # 8

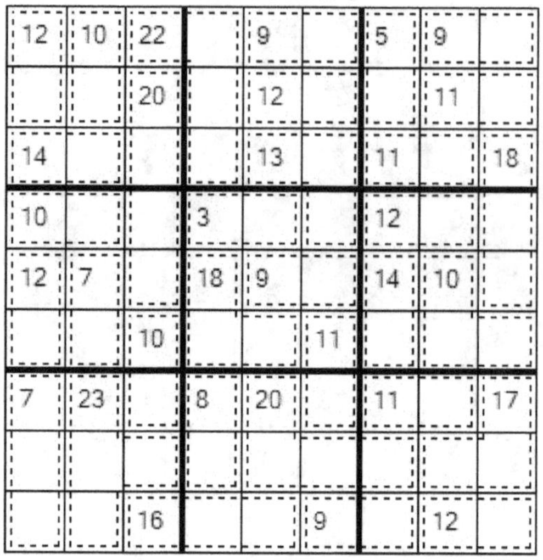

MEDIUM # 9

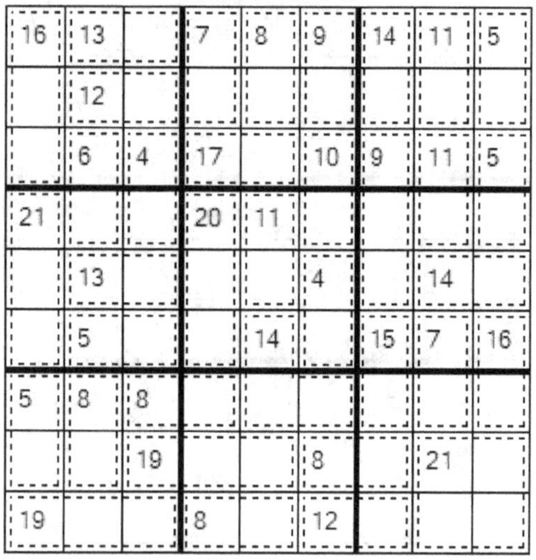

MEDIUM # 10

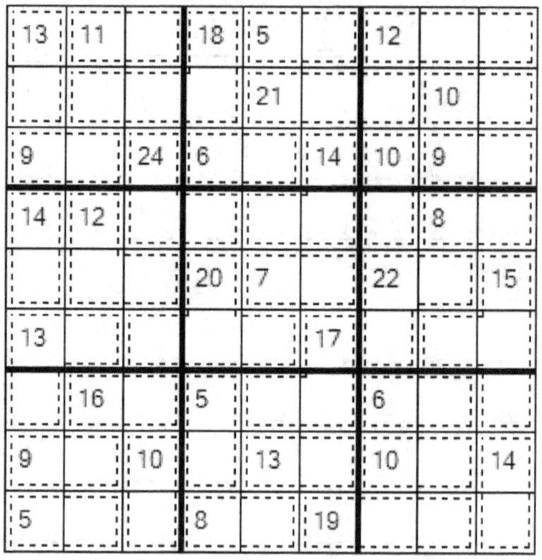

MEDIUM # 11

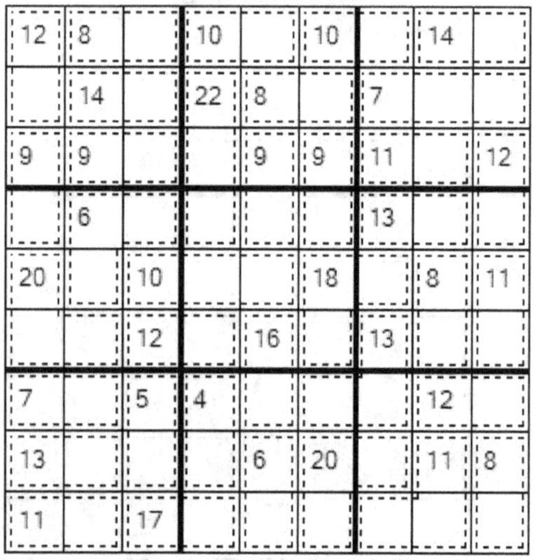

MEDIUM # 12

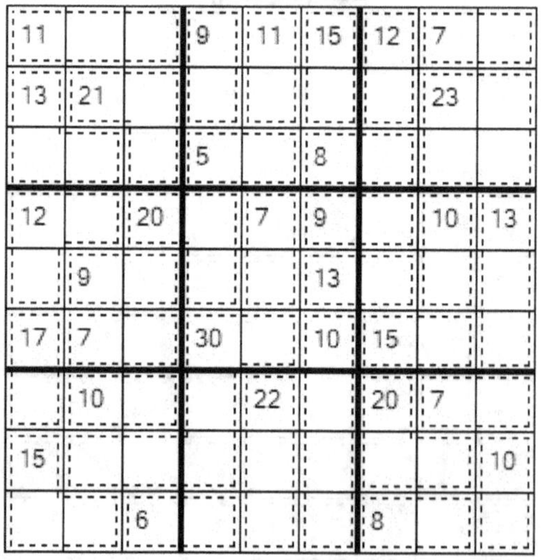

MEDIUM # 13

26	4		13	15	6		13	
	15				4	14	10	
	9		11				16	18
		15	11					
17				9		8		
		13	25				15	
15	20		17			4		
		7			17	15		
		5				18		

MEDIUM # 14

4	16	10	11		12		15	
				13			9	
13		9	15	17	16		10	
					13		8	
12	20				7			12
		7	16	11	6		20	
6					13			
13		13				13		
18			8		7		12	

MEDIUM # 15

15		15	12	14	13		8	
						13		
16		14		8		11		8
18		11	3		17	9		
			17			12	9	
7			17				14	16
13	20			4				
		12		14		11		16
			18					

MEDIUM # 16

6	18			9		17		
		9		20			8	13
10	12		12	11		10		
		8		12			8	
12			8	17		20	9	
11	11	8			7			20
			10					
16	14		15		9		6	
		8		6			15	

MEDIUM # 17

12		10		10	12		20	
12	3		17		18			15
	9			15				
7	20				13			
		13	7	7		7	28	
5				10				
13		7	21			9	11	
16			20		4		17	8
	9							

MEDIUM # 18

4		7		12		16	23	
20	11	18			17			
		21					13	10
				6	7			
19		5	8		11		7	7
	11			20				
		17	14	13		22		
14				9		11		11
11				10				

MEDIUM # 19

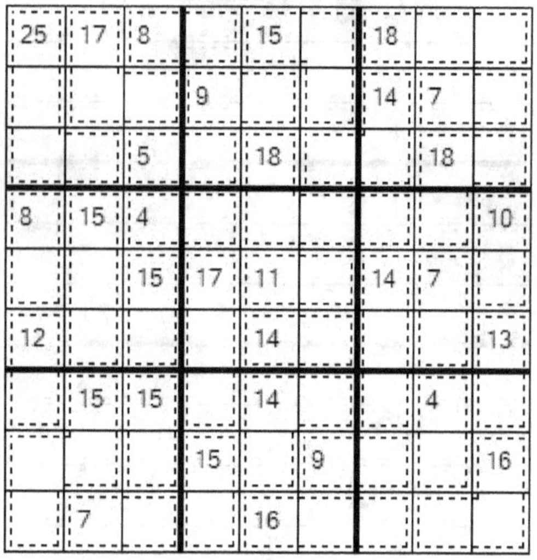

MEDIUM # 20

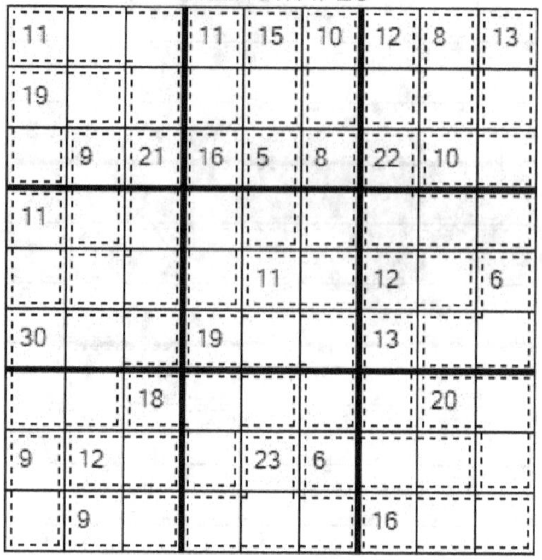

MEDIUM # 21

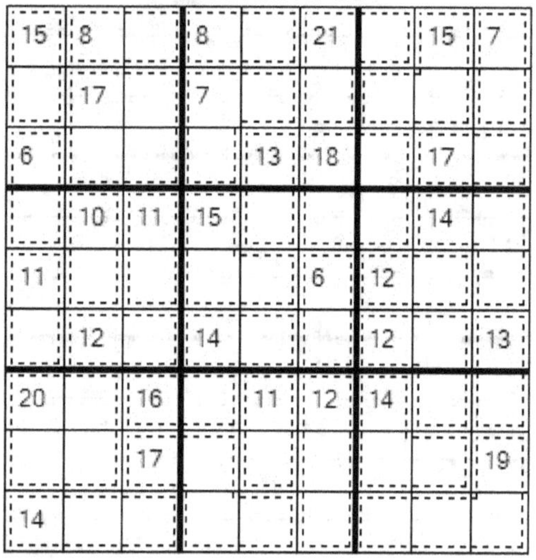

MEDIUM # 22

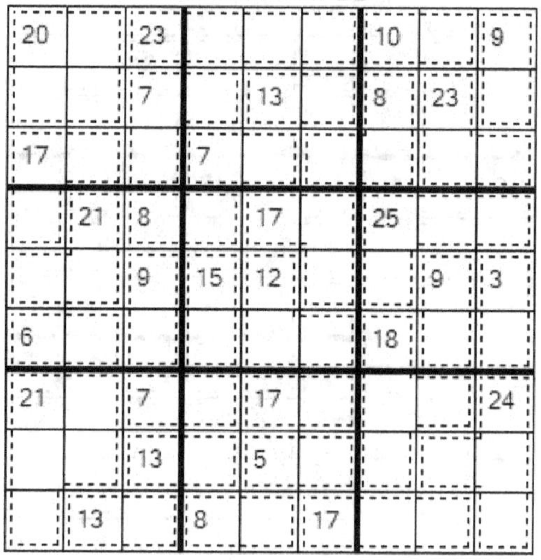

MEDIUM # 23

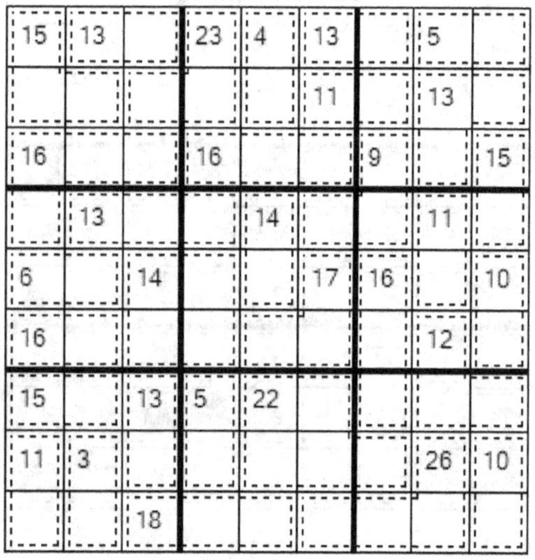

MEDIUM # 24

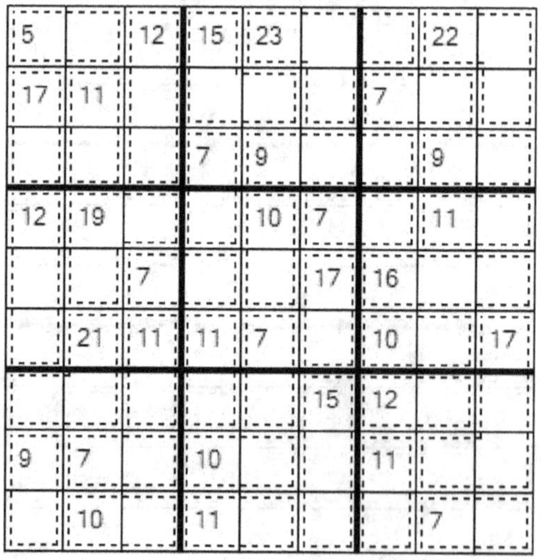

MEDIUM # 25

13		16			14			22
22			11	8	15			
5						15		
9			8	17			6	
19	9			7	11	22	12	
	5	9	11					14
					15			
10	14	15	26		13			4
					8			

MEDIUM # 26

22	13	8	16		11	15		
			8			10		10
		8		5		15	19	
	13	12		3	13			
16		10				9	7	
			24		7		5	
8	8	21				26		
			11		7			
16			4		14		11	

MEDIUM # 27

15		16	10			9	18	
			27				5	
22	6			8		26		
	18			16				
	12		12		7		26	
12				15				
		11		20		16	18	11
7			12		10			
20								

MEDIUM # 28

8	14		8		11		7	11
	16		12	16				
7				7		15	11	
29			18				11	10
9				12		9		
	13		18				15	
		6			15	17	12	
17	8		10					
	13			7			13	

MEDIUM # 29

12	13	11	9	10		24	6	
							17	
	9		17			16		
19			9	12			3	15
20		10		14				
					11	11	23	
9	24		3					
	12		21			3	26	
			16					

MEDIUM # 30

6		25	13		8	9		7
14				13		7		
	14		3		17	12	11	20
10	7							
		11	13	8	14			
9	13				14		6	
		9		10		15		15
27		9		8	12		12	
		4						

MEDIUM # 31

24		5	13	5	11	18		
						16		
9	12	9		19	11		8	11
		14	5			15		
13							12	
	7		16		13		6	
	13		21	8			15	
15					23			
	15		9		5		9	

MEDIUM # 32

11	22		19		11		17	
				7	4			7
17	16				16	12		
		9	5			6	17	
14			15	13				
18	3				14		15	16
		17						
	14			24			5	10
8			12		11			

MEDIUM # 33

8	8	24			7		8	
		13	16		5		14	
20				6		20		11
16			6		22			
	7		6			17		11
	10			22			15	
14	12							13
	12		28		9	15		
10								

MEDIUM # 34

18		20			7		18	
	11	6		14		13		19
		11		5				
21					9		16	
9	14		32					
		26			15		9	
17				18		8		11
					15	16		
17							10	

MEDIUM # 35

14		16			4	11		12
12	6		12	15		21		
		16					15	
10			4		13			14
10	15		12	17		9	12	
12		7		22			17	
	20		9	10		8		
10					10		10	

MEDIUM # 36

14	10			8	11	10		10
	9		18			10	13	
11	7			12				16
		9	16	6	9			
14	11				9	10		
		6	13			6	8	15
8			21					
6		17		14	16		20	
12								

MEDIUM # 37

15		20		10	5	29		8
3								
12		17		3	10			13
22		6			13		21	
	10	13			12			
		7	10	9	18	16		
5								16
30			10		5	9	5	
		23						

MEDIUM # 38

12		11	8		15		21	
11			9			11		
10		5	15				13	
20			17			8		
9		19		8		9		19
	4			13	9	14		
17	6	18				6		
			8	11		18		14
10				7				

MEDIUM # 39

28			27			12	24	
6	9							
		5	15		5		15	13
14			8					
15		11		19				20
		7	15	17	8			
10					12			
20			5	9	22		17	3
	14							

MEDIUM # 40

17	13			8			22	
	13		11	15	9	9		
	9						11	
14		16			27		9	
	19		11	21		9		
7	6					17	7	13
		16						
7	16				8		13	14
		18						

MEDIUM # 41

14	7		10	17	7		15	15
	8				10			
22	15			5		11		
	10		5	12		23		
		6			25		3	
8			15				19	
11		15		7	9	3		
7		14				12		
20				11			14	

MEDIUM # 42

15	8	14	7		20		8	
			19	12				11
	28				8		18	
		11		3	19			
	13	8					9	
5			21	18		8	9	
	10	13					7	
13			10			5	30	
		14		11				

MEDIUM # 43

13	10		9	16		18		
	7			16	4	10	20	
9	10	16						
				17				11
13	20	20		12		21		
					10			6
	9		16			12		
10		14	14				18	
			7		17			

MEDIUM # 44

17		9	21	12		13	11	9
8								
19				16			15	5
	23		7	20				
18				10				12
	10		14		13	13		
		17				9	12	
3	9	9		14			17	
		5			15			

MEDIUM # 45

12	13		9		17	26		
	22	15						8
		13		12	12			
		11			7	12	13	
9	9		9				3	
		9		16		9		10
24	8		8			21		
		7	15	5	13			16
6						6		

MEDIUM # 46

12	20		12	7	10	12		23
						10		
13	13			17	8	10	7	
		13						
4		14	11	13			23	
14					7		8	
	10	7	13		15	26		6
14			13				10	
	10							

MEDIUM # 47

22	8	8	13	7		16		14
				18	10	10		
	8						5	
	26				20			16
7			12	11		8		
	14			17		7		
		18		18			19	
16				6	9	8		14
20								

MEDIUM # 48

11		19	11		17			21
10				4		12		
	18	24			13			
			6				20	
7	14		10	25				14
		11			8			
22				19			26	
	5		10		17			
	14		10		7			

MEDIUM # 49

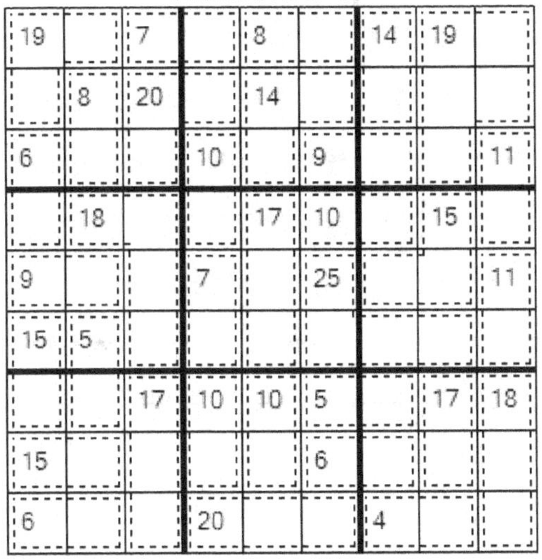

MEDIUM # 50

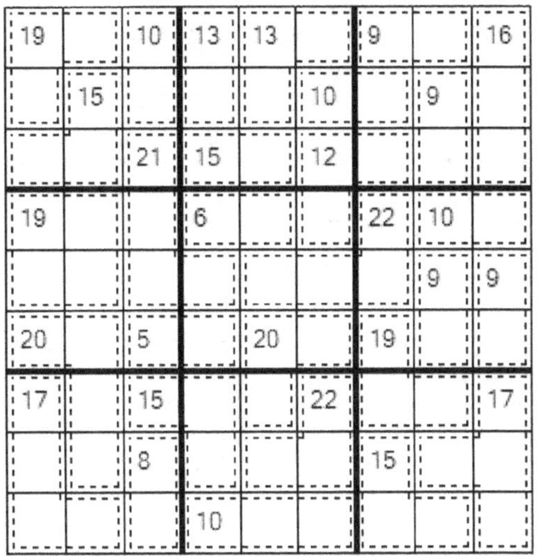

MEDIUM # 51

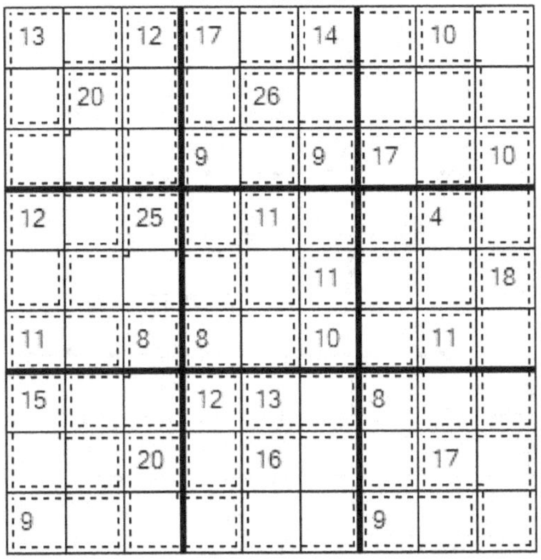

MEDIUM # 52

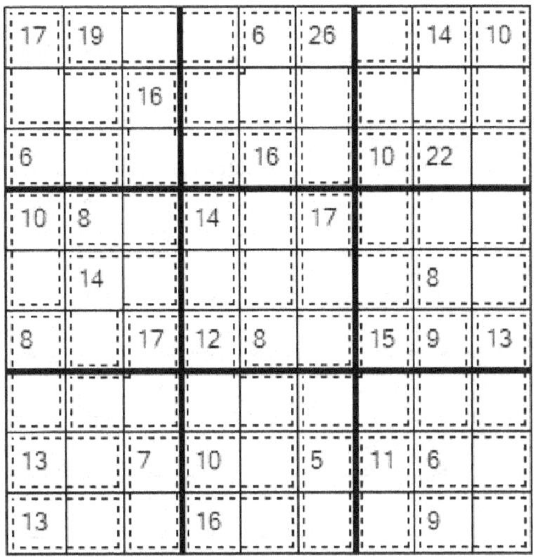

MEDIUM # 53

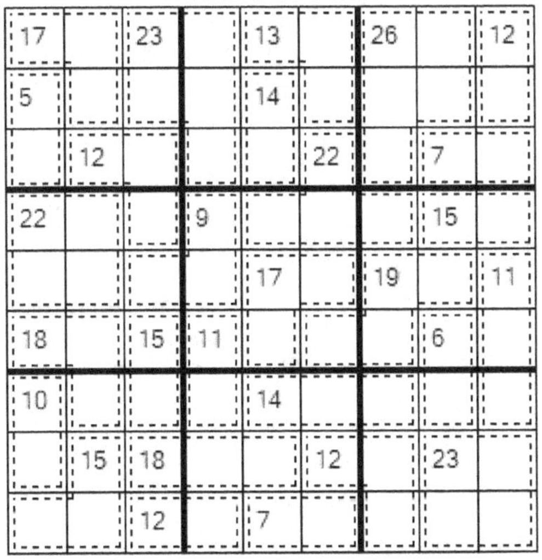

MEDIUM # 54

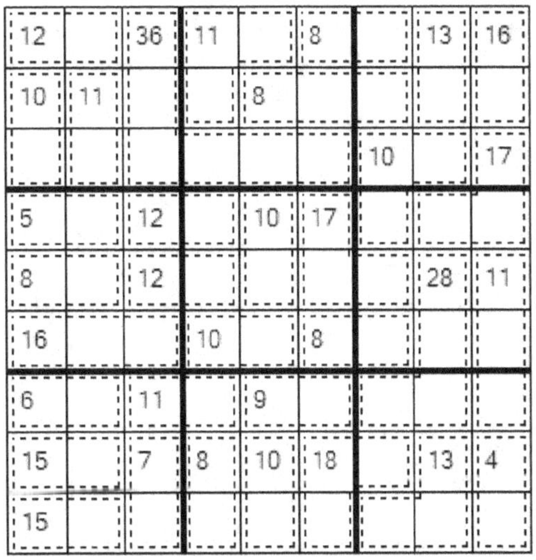

MEDIUM # 55

10	30		9		10	5		20
			4			17		
5			13		13			
7	8	21				27	11	
		6		16				
17			12	10	16	21		
16	13	9						
			6			9		13
	7		15			9		

MEDIUM # 56

6		11		15		29		14
6	9		13					
	21	12		7			7	
			10		8		12	
20		5		12	11	14	15	8
		11						
13		12	16		12		18	
14						13		
	15			8			8	

MEDIUM # 57

5	15	11		8		17	7	
		12		18			7	11
5	12		27		10			
	19				9		15	
11		10				28	12	
	5							
24		14		12	20			14
	10				5			
	6			15		11		

MEDIUM # 58

5	18	12		15	13	7	14	
		10	14				16	
11						20	7	
	4		20				11	6
19				3	10			
17		8	16			26		13
6		11	19		18		19	
17								

MEDIUM # 59

9		12	8	15		12		9
11	9			27		3		
		12			11		15	
10		11			11			11
12		7			11		14	
13	9		15					9
		7		10		13	18	
17		17		11				9
	11			6				

MEDIUM # 60

9		12		29			14	10
12	15				8	14		
		14	10				11	
	23			11			3	
		6		12			12	
10			17		12			14
15	11		13	30				
	10	9				7	6	
			14				12	

MEDIUM # 61

7		17		30			9	
7					18			12
21		11	14		10		10	
23				7		3		
		15		13			17	
		5		4	18			
14	12	12	10		17		7	
				18	18		9	10
7								

MEDIUM # 62

24				13	9		21	15
21	8		18					
				19	11			
			20		11	8		12
11						6		
	12		11		15			10
22				8		29	15	
7	15		17		9			
		8						

MEDIUM # 63

15		10		12	8	16		12
15		5					9	
4			13		11	20		10
	17	18					12	
13			22	13				20
	13				14			
	9			5		9		
17	8				12	10	14	
	7		12					

MEDIUM # 64

14	18			11	17	13		
	17	4				30	15	
			9				5	
13		9		11				9
6			15		12		6	
12	11		5			17		23
	12		14	3				
22				20		19	6	
	7							

MEDIUM # 65

8		6		14	14		10	
14	18		11		10			16
	6				9	8	14	
		21		9				9
12	14		8			17		
		5		12	8		3	
27					8	13		15
6			17			17		
	11			15				

MEDIUM # 66

8		20	21		14		9	
18							16	
		17	21			28		
14	10							
		13	15		9	23		3
	17			10			12	
					8			18
16	13		9		20			
		11		12				

MEDIUM # 67

10		9	7		30		4	
9			10		14		6	13
14		11	13					
7				15	7	10	7	
18			13				28	
	12			4			20	
20	16			11	14			
	9				8			12
			17		7			

MEDIUM # 68

16			27		8	15		12
14						6		
15			8		19			7
18				21	10			
	11					18	9	
6	32	4		10	6		19	
							21	
15		5		6	15	8		
		17					7	

MEDIUM # 69

10		14		7		17		15
8	20		5	16		15		
		11		9	14			
			12			12		
11		11		5		30		
16			11		4			
18			9	8	7		16	14
	11	13			14	12		
			10					

MEDIUM # 70

19	10		17	15	15		15	
					8			
	8	10	12	9		19	13	5
13								
	18			15	9		22	
		14						5
12	10	14		11		9	12	
			10		13			14
15			5			9		

MEDIUM # 71

19		11			23			
10		18			13	17		
	8		20				14	18
26	13				7			
			22			10		
	3	9		11	22			4
23					11			
			11	13			18	
16					15			

MEDIUM # 72

10	13		8	16		13	7	
	16			11			11	
		7		10		5		12
15			10		9	14	8	
	19			8				18
12		12			6			
9		15			12		9	
9	9	15	15		9		15	
					18			

MEDIUM # 73

11		16		12	21		7	
6					11		16	
9	16		14			12	5	
	22	8					13	
		14		11	12			
15					15		18	
21	12		14			8		28
	3		4					
	9			17		5		

MEDIUM # 74

16		20	14	10	16		7	
						11	28	
9	6		10				13	
		11			14			
12			10	15			6	
10		10		20				10
17	7		12	21		9	11	
								6
12		19				13		

MEDIUM # 75

13		17	12		17		13	
			11					23
15	10			15		17		
	8		12					
17	12		16	12			16	
						26		
10	13		14			26		
	15			11				9
		16			9			

MEDIUM # 76

19	15		6		15	10		14
			19	26				
10	10				9		14	
	9					22		32
13			5					
18	6	10		8				
			16	10		10		12
	17			13	6	12		
8							11	

MEDIUM # 77

7	11		14	17			27	
	12				10			9
12	13		21			17		
							15	
13		21			14			6
		14	10	11	10	26		
5								
13	11		10	8	5	10		10
	11					12		

MEDIUM # 78

10		12	10		6	10	16	7
7			19					
16	7	14			5		9	
		3		12		18	12	
9	16	7		19				10
					16			
12	15		11		4		14	
	21			5	14	12		
	9					18		

MEDIUM # 79

7		15	19	15		13	11	
10				8			12	9
16	18	5		7	6			
						15	14	
9		8					16	
	3	14	15		10		10	8
9				18		18		
	9		19				10	
17				6			6	

MEDIUM # 80

16	17		7		7	16	7	
			9				11	
5	15		15	14		5		23
		9		8	12			
22					14			
	8	8		13	9	15		
13		12					12	6
		15	12	17		19		
6							8	

MEDIUM # 81

21		15	6		10		23	
			15		11			
5		5			17		8	
6	17		11		11	16		
		10		10		17		
16	7	7	22		5		11	
					8		12	
11	14			20				12
		18				8		

MEDIUM # 82

13		15			11		6	
10		9		25		17		
14		14			8			11
9		19	8		17	6		
				14			28	
19					11			
		13			14		11	
4	21					5		12
	7		15		19			

MEDIUM # 83

11		17		12			10	11
9		21	7		14			
8				7		5		13
	11	14	9		8	16		
13			9	17		10		
	14				11		14	
19			3			17		
		6		19		10	18	
8			14					

MEDIUM # 84

34			9		10		12	
			13		16		8	
9		11		5				12
10		14		23		4		
10		10				24		11
	12			11			8	
16	7	7		18		8		16
		18	17		7		15	

MEDIUM # 85

15	11		19				12	
	7	12	9			22		
			15	14			5	
8		15		22	6	3	13	8
17			10					
18					9		13	
	9	10	12		24	10	8	
			5				6	17
13			8					

MEDIUM # 86

5	10	9		20				21
			11		14	9		
14	23		4	14		9		
	10					13	8	
18			15		25		11	7
		14						
6			6			12	12	
12	15	6	16		16		11	
			9					

MEDIUM # 87

12			20		21		8	8
11	22				29			
		6		7			8	
16		11					10	
	3		18			7		23
14		12	8	12			9	
14					10			
9		16		16	12	6	20	
	7							

MEDIUM # 88

12	21		4		18		21	3
		3	14	13	6			
12	6					9		19
		7		13	18		12	
7		8	6					
17				13		7	8	
16		22					4	12
		15		6	4	16		
22							11	

MEDIUM # 89

7	7		14	19	23			
	16	20			9		14	
13			19		6			
					9		18	5
12	15		9					
				14		14		13
11		8	11		11			
13	13		5	13		12		14
				18				

MEDIUM # 90

11	18			33			11	13
		4						
12		19		7		13		10
5	14		20	14				
				8		21	10	
15		13	13				13	
				9			9	
22			6		14	5		12
7		14				10		

MEDIUM # 91

12		9	16			17	11	3
13			8		10			
18		18	16			21		
9			5				12	
	19			12	11		6	15
9		13						
		32			12	10	18	
5	5	9						
		14				17		

MEDIUM # 92

5	13		23	14	12	17		
	13						9	
		28	5			8	28	12
			11		12			
6			11	10				
18	12				11			22
		5			16			
14	21			10		4		
			14			21		

MEDIUM # 93

19		18			6		8	
	26			12		17		10
8			14			15		
	20			8			17	
		13			7		4	6
11	11	25		24		9		
			18				11	
	16				17		20	9
			6					

MEDIUM # 94

5		15		13	15	9		6
11	11					25		
		10		10				14
8		14			14	15	8	
	16							7
17		15	17		7		28	
21				8				
	14		13	14	9			
					7		9	

MEDIUM # 95

13		11			18	19		
	12		37				8	9
7	11	17			7	10		
							8	
11		8		17	7			21
5		9				14		
12	23			9		9		
	18	5		13	14			23

MEDIUM # 96

20		15	11		14		10	
				18			17	
11		7			3		15	
	14			24	15		17	
20	18				8			9
		7				15	6	
9	11		10					15
	14	18		8		13		
				13				

MEDIUM # 97

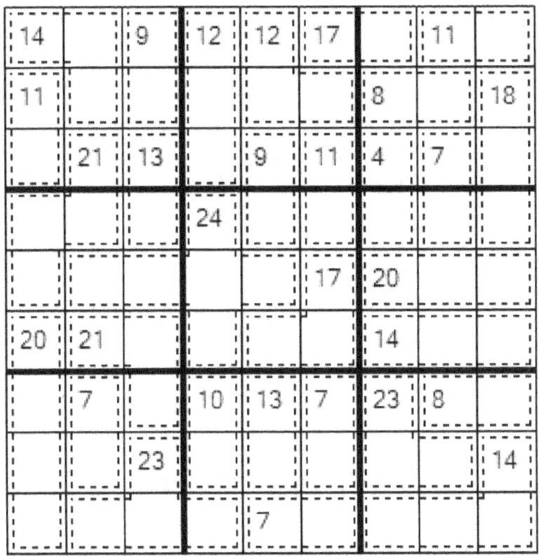

MEDIUM # 98

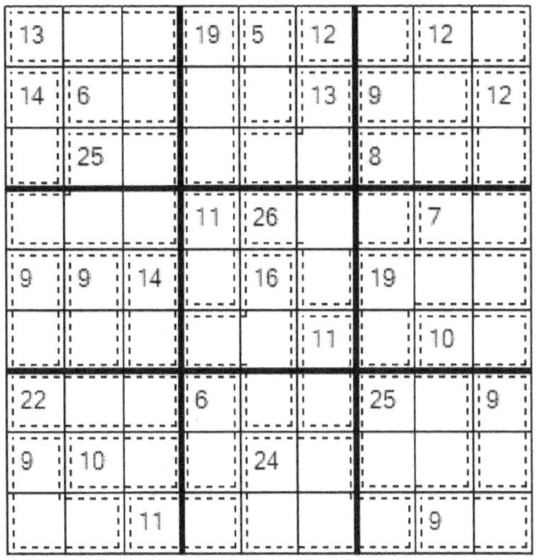

MEDIUM # 99

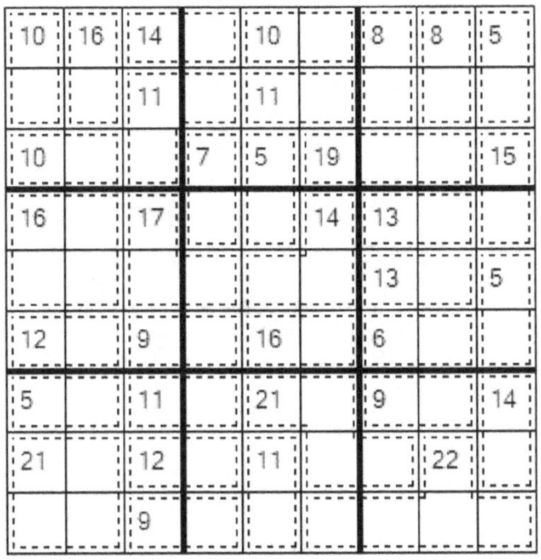

MEDIUM # 100

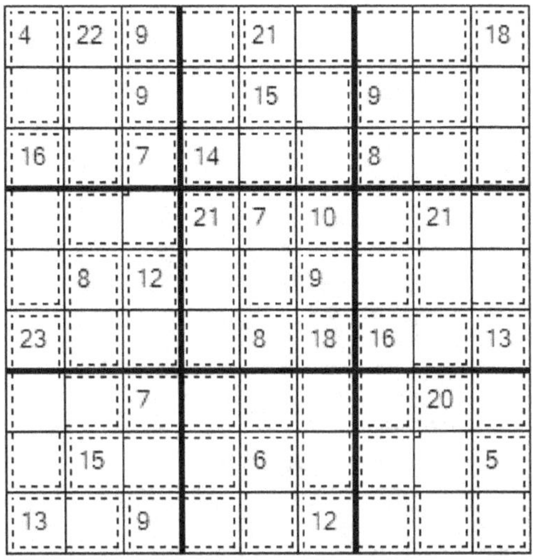

MEDIUM # 101

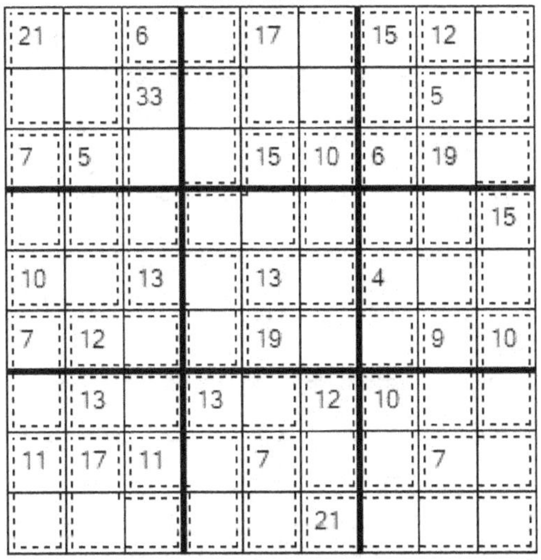

MEDIUM # 102

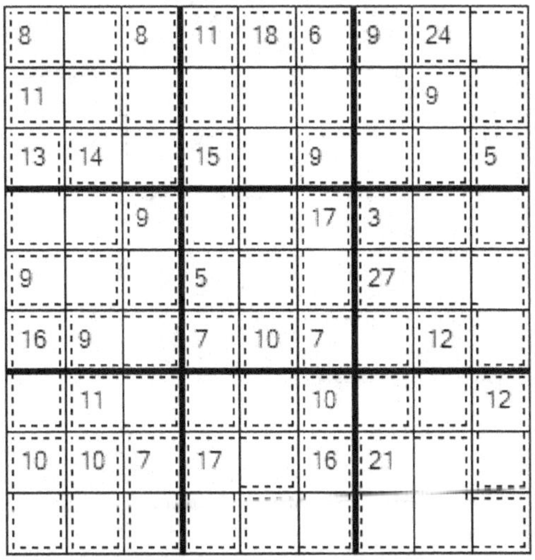

MEDIUM # 103

13		5		20		17		7
13					17	10		
13	9	13					9	13
		15		7				
	19	16		15		8		7
			15		18	14		
10				9		7		18
7		24				11		
			13		13			

MEDIUM # 104

16	10	16	9		8		14	
					29			
8		11				20	22	
	8		16					
10	18	12		9	3		14	
			9		15		18	
				16		15	7	
18		20	15		5			
						14		

MEDIUM # 105

16			13	17	11		3	
17					3	15	13	11
24	8	12						
			16		11	8	15	
		4						15
10	13	5	10	10	11	16		
							15	10
9	11	14			8			
		16			15			

MEDIUM # 106

10	9		12		8	17	18	10
	10	12						
12		22						
	24	8		10		16		
			18		13	9	20	
8	6			10				
	13				10	9	13	
10		21	16				6	
4					6		15	

MEDIUM # 107

13		13		33		14		
13	6					12	9	10
				12				
11		17		6		21		16
	19	13		8	14			
35						6	10	5
		3	11	17				
				10	11		18	
	9					10		

MEDIUM # 108

10		10	14	21	11			14
11						4		
	14		7		22		13	
21		8		18			22	
					15			11
12	21		11		17			
			16				12	
15	4			14		21		
	9		7					

MEDIUM # 109

10		8	9	10		20	8	20
12								
15			17		12	17		
10	12							5
	7	13	8	16	17		21	
10						8		16
	15	14		27	12			
18					4		14	

MEDIUM # 110

11		18				25		
8		9	8	11			11	
20				14		10		13
	10		12		15		9	
9	28	9		11				
					6	10	13	
12		20					13	
				19	17		14	6
14								

MEDIUM # 111

14			36	6		13	4	17
12	7	12						
					9			15
23		8		10	18			
		15				11	12	10
9				14				
23			18	9		28		
8					13			10
14						7		

MEDIUM # 112

8	15		15			9	25	
	10		9					
	14		12	13		14	10	3
11				12				
26		13		9	8	10		13
		13				6		
7	3		9		23		9	
		15	8			10	10	
12			10				11	

MEDIUM # 113

17		10	14		11	3	9	
8			13				18	
	10		11			15		
6	16				17	8	12	
	6		20	8				19
14	13				15	15	10	
		10						
8			16	5	10		9	
	12				17			

MEDIUM # 114

29			9	17		16		
6				4		21		11
23			15				11	
	24	10		15				11
					9	11		
	7	3	15				9	
12			17	3	11	6	15	
	15						15	
		13		13		9		

MEDIUM # 115

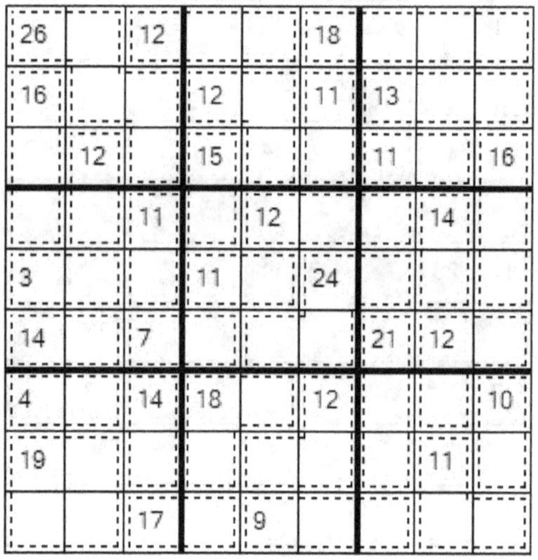

MEDIUM # 116

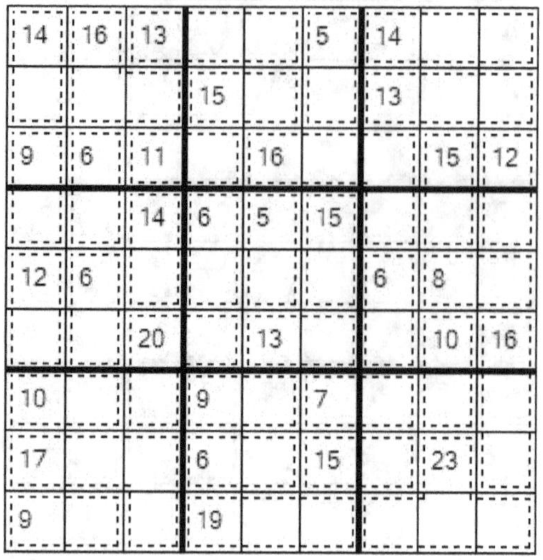

MEDIUM # 117

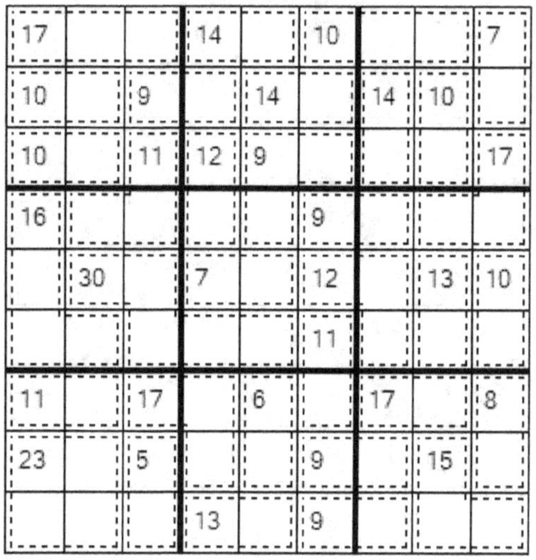

MEDIUM # 118

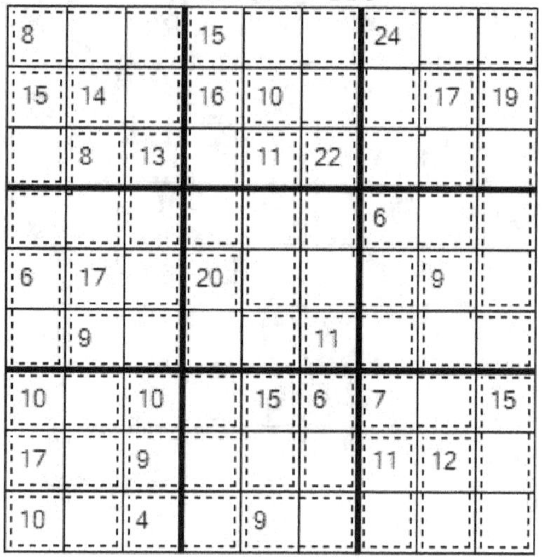

MEDIUM # 119

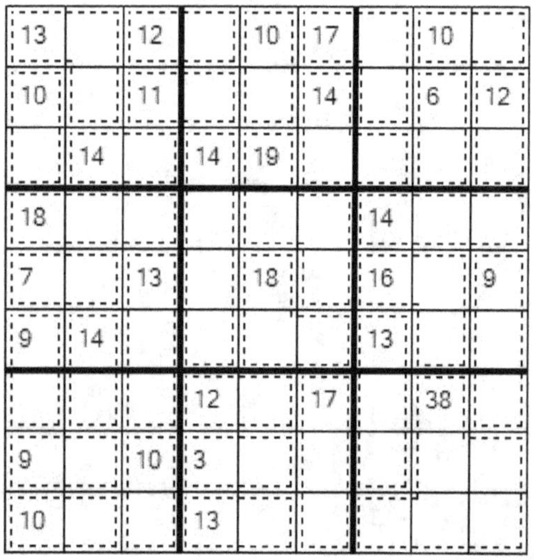

MEDIUM # 120

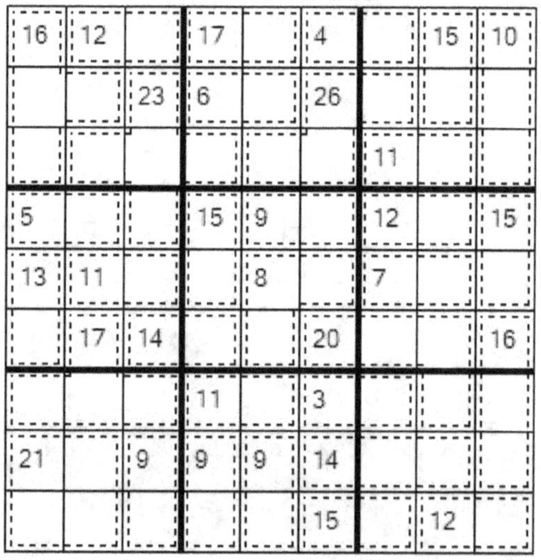

MEDIUM # 121

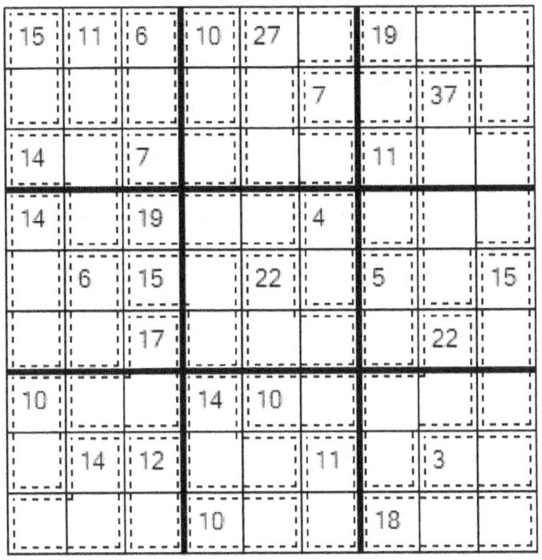

MEDIUM # 122

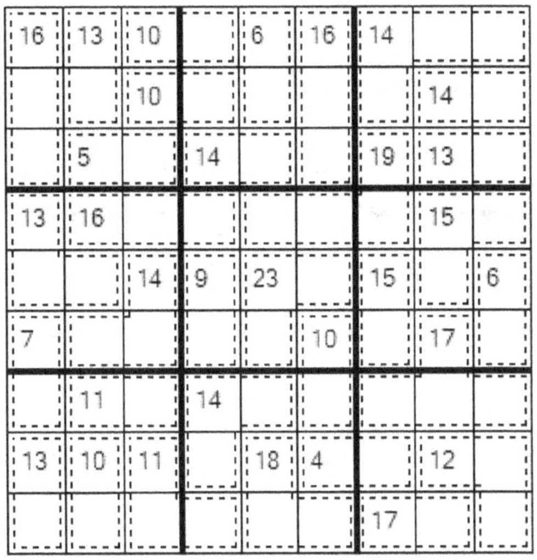

MEDIUM # 123

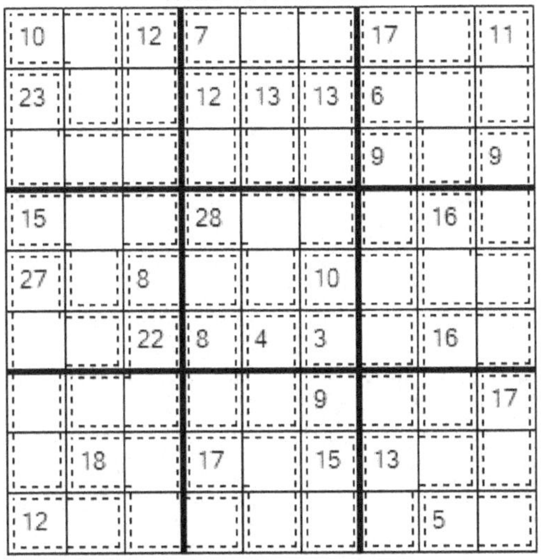

MEDIUM # 124

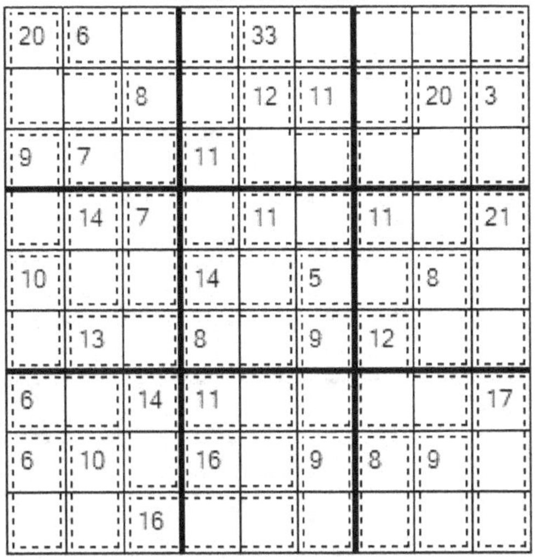

MEDIUM # 125

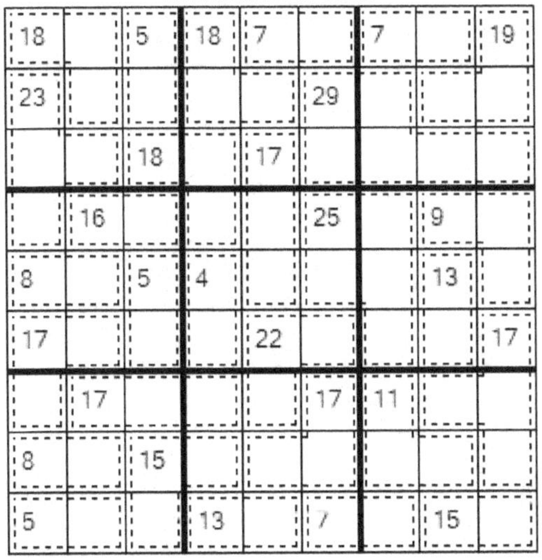

MEDIUM # 126

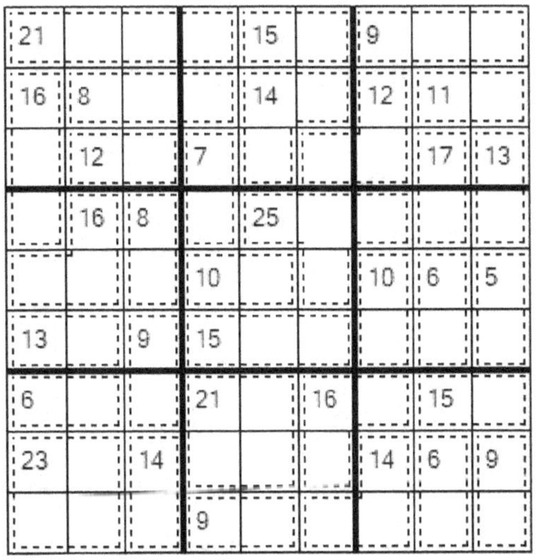

MEDIUM # 127

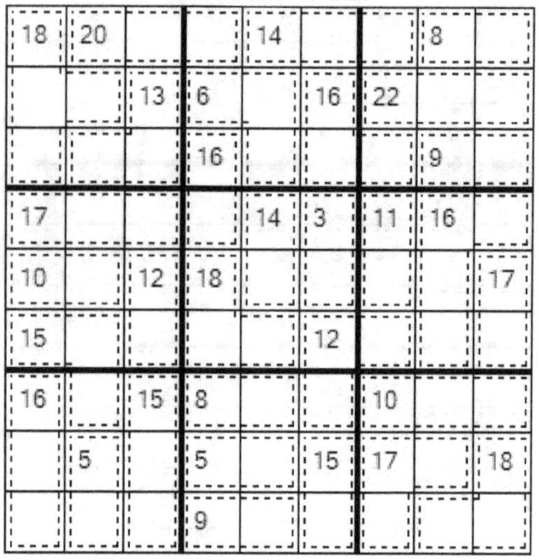

MEDIUM # 128

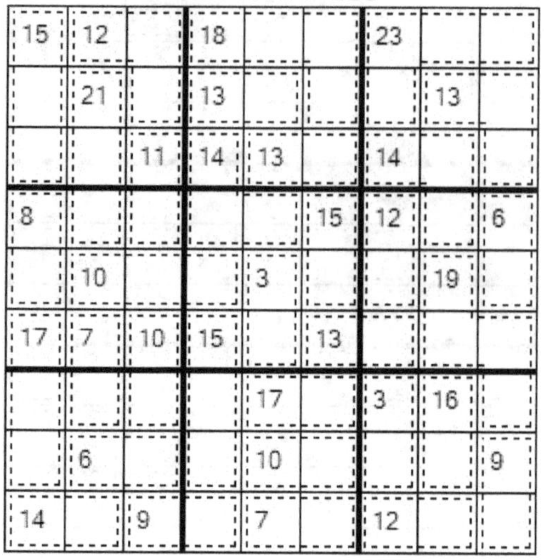

MEDIUM # 129

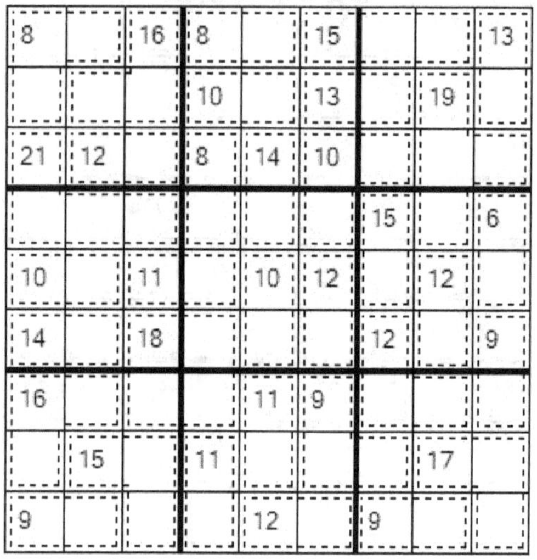

MEDIUM # 130

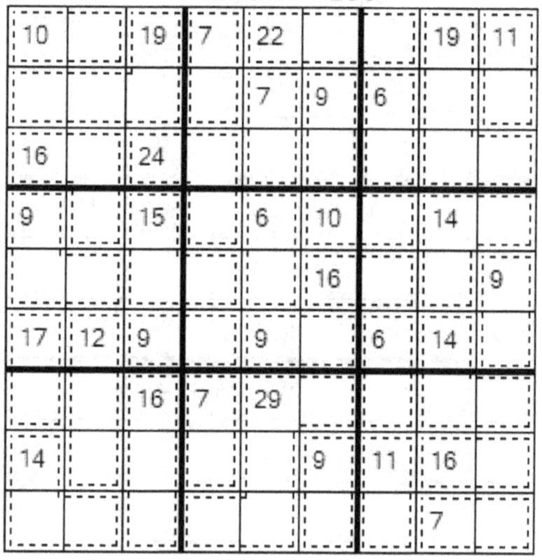

MEDIUM # 131

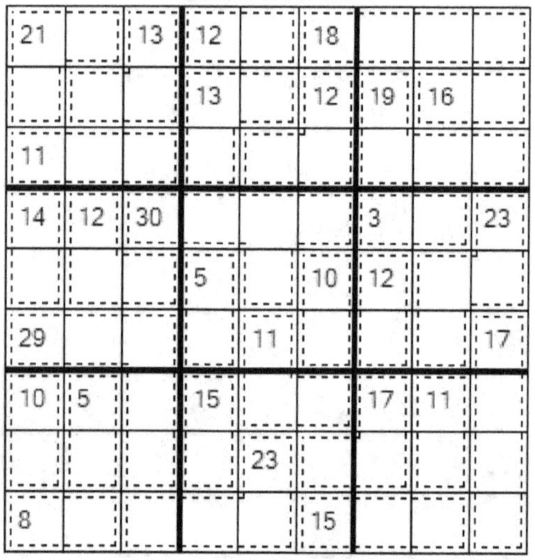

MEDIUM # 132

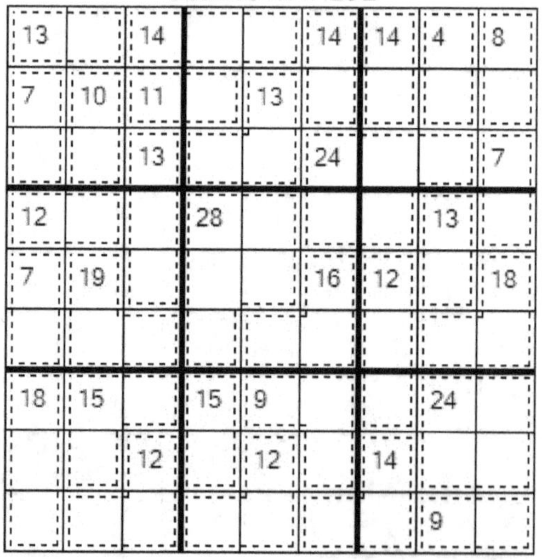

MEDIUM # 133

11	10		8			8	20	
	15	4	14	12	22			
15							7	13
	12		17		12			
	10		5			8		15
13				10	13	13		
24		14						27
	16		10	7				
				7			13	

MEDIUM # 134

20			8		16	12		
24			13	10		13		16
		6			10			
5					17		10	
21			11			7	19	
14			15	17	5			
16	10					10		15
		18			25			
	7		15					

MEDIUM # 135

22		13	11	12	4	9	14	
							15	
11		5	8	17				8
	16			12	23			
		10			17		6	
21	13		14	11			8	
					14		25	
	8		14	10	7		10	
	17							

MEDIUM # 136

8	10		14	23		24	9	
	5				14			
22			10				5	
21		14			10		9	11
8				24	11			
	5					15	7	
	16		17		11		6	
9		15				5	11	
11				8			17	

MEDIUM # 137

20		16			16	21		11
		8	19					
	19			12		16		
		13			20			13
9			9			3		
7	12		18		12		11	
	10			11	9	5	22	15
8		5	15					
16					4			

MEDIUM # 138

9		23	12			9	14	15
12				13				
15		11		17	12			
	14				8		13	
		13				15		
11	14		10	16		14	18	
					21			11
11				11			6	
12		11			14			

MEDIUM # 139

6	11		14		20	12		
	10		3			16	9	
14	12			7			16	11
	14	18			5	8		
				15			17	15
10		13			16			
23		7						
	11	21		12	8	11		8
						12		

MEDIUM # 140

15		15		4	6		20	
14		9			7			
4		6		14		16		6
19			11	7		13	9	
16	5	23		10				18
					8	15	11	
	11		11					
9	7		7		12		14	9
	10		14					

MEDIUM # 141

10	19	13			11		10	
		15	11		8	10		5
11				25		12		
		9			9	3	13	
11		11					16	
	17		22		14		9	13
9				13				
21	5					8	14	
		8		12			8	

MEDIUM # 142

17			10		14	11	11	
17		18	9					13
	9		10		10		17	
			14	11				
20	4				22	17		
		7		13			13	
13		3				9		19
4	13		9	15				
	13				20			

MEDIUM # 143

18		25				18		6
	11	13		8			14	
		9	5		10	10		
12	9		15				11	13
		14	8	5				
6				16	17		11	
9			10		14			12
21		19			10			
					9		17	

MEDIUM # 144

7	16		10		9			15
	19			10		7		
3		21		10			17	
11			34	7		15		
8					10	15		7
17	23					13	4	
		3		12				13
		7	7	10		10	13	
8				14				

MEDIUM # 145

18	12		12	7		27		13
					16		5	
18	9		18	5				
	7	11			11		11	
				10	19		17	
7	11	9	9				15	
				19				19
16		11	12		6			
6				19				

MEDIUM # 146

13	15			10	16		15	9
	14	11						
		11		3	23	17		10
8		5						
10	10	13	8	16			19	6
				15		9		
9		20	11					11
17				11	7	6		
	14						13	

MEDIUM # 147

19		13		15	8	10		19
		8				8		
9			7	16		17		
6	24			11				
		6		15		13	12	11
9		5	9		17			
8			15				15	13
11				9	15			
14		11			7			

MEDIUM # 148

14		13		13		11		20
9			17	9		8		
13	8					6	14	
	13		10		12			
9	17		6			13		
				21		14	15	
8		16		11				7
7	22				14	11	16	
			8					

MEDIUM # 149

13	14	12	5		5	11	17	
			16					10
13			27	12		17		
	15				7			10
10	14					5		
	12		21		24	15		7
				11			16	
14		8				21		
	12			11				

MEDIUM # 150

10		17	9	10		19		9
7				9		26		
	17	15		22			18	
10								
		3	22		16		6	
13				17		6		13
15		9				10	13	
10	5		14					
	10			15			10	

MEDIUM # 151

13		15	9		10	10	13	
8			6					9
9			15		18			
11			11	21		23		
19		11				15	7	
12			12	4				
	10			18		15	10	
12	4	16					18	
			13			8		

MEDIUM # 152

19		6	15		11	4		11
10			7			21		
	10		12			9		6
19			17	5			22	
14	13			22				
		13				9	17	
		16		7				
12		6		11	10		24	
	10				17			

MEDIUM # 153

16		14	21	9	16		13	
	6					13		10
17				10		10		
	7			18				
13		17	11		8	15		16
			14					
27				17	16		12	
9		9	12				6	
				11		12		

MEDIUM # 154

14		13		10		15		17
	16	9		11	5			
		12				13		
8	7	15	8		19	9	9	
			8				10	17
	15			10				
21				17			13	8
23		5	15		15			
			9		9			

MEDIUM # 155

14		5		12	6		18	11
14		13				28		
23			9					9
		9	20	5			3	
9					17			7
9		13		17		14		
10		11					10	
	11	15	10	9		21		
				10		13		

MEDIUM # 156

27				6		12	13	7
16	8		10	11	11			
		8					21	
11			6		13			
13	6		19		14		5	
	12		6		12		11	
13				15	19			12
6		12	10		17		12	
11								

MEDIUM # 157

8		21	14		14	11	11	
16				12			8	12
					10	12		
29			13					
	6		15			15		18
	11			15	10			
8	13		14		10	13	15	
	9						17	
15				10				

MEDIUM # 158

9	9		19	14			14	
				10		10	19	
21		15	20	3				
19					17	14		
				15			23	23
14		6	9					
9				10	15	9		
	16	11						
			12		20			

MEDIUM # 159

14	15		10	17			17	7
		6		8				
10			20				15	14
13	17			13				
		13		20		24		11
16								
	18	12	20		12		9	
7				17		17		13

MEDIUM # 160

17	11			9		9	9	
	14	6	22	6			19	
				12		28		13
5								
20			11		6		8	
15	14		17	12			10	
	11			13		19	3	7
	9			13				
10		11					16	

MEDIUM # 161

8	6		21			9		15
	15				16			
11	17		7	16			6	
	8			14		19	16	
12			13				7	
15	17			20		11		11
	14						21	
		9		11	7	12		
10		11						

MEDIUM # 162

7	9	10		14		7		14
		21		16		16		
8	6		7		11		8	
		13			20	14		
22						8		14
15		8	8	9	7			
	17				7	12	5	
		16		11			18	
	13				14			

MEDIUM # 163

4	15		18	20			15	
	18			9	11	6		
15						16		
	7	11		11		8		28
20		10			14			
		9					18	
	12		8		11		10	
29			10	19				13
						10		

MEDIUM # 164

27		16		10			16	
		11		10		10		
14				15		14		
	12	14			13		7	
12		9			17		7	
	7		10		11	5	13	
12			13				6	15
8	11		3		15			
	14		10		18			

MEDIUM # 165

9	12		10	7	21		22	
	7							11
9	18	15	22		8			
					7	15		
9			11			18		
	26		12		29		14	4
18		12						
			8		12		12	
			18				9	

MEDIUM # 166

14			23		6	7		16
10		16				14		
16				17		8		
14	13				11			
	13			23		9	13	
7			6				17	
15	15				15		16	
	7	8	14	9	11	22		

MEDIUM # 167

10	15		14	9		13	7	
	10			7	13			8
10	11					17		
	10	19			8	9	10	
13			13	16			10	
	3	12			17		11	
					11	11		19
16			15					
14			13				11	

MEDIUM # 168

24		4	3	14	12	17		
	18					12		11
		15			14			
13			9	21		15		
	9						15	11
6	9	11		11	24	6		
		13	13				15	
9							6	
15		12			8		10	

MEDIUM # 169

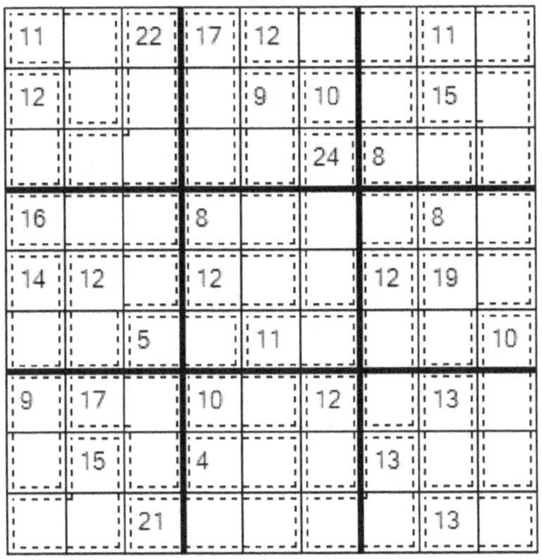

MEDIUM # 170

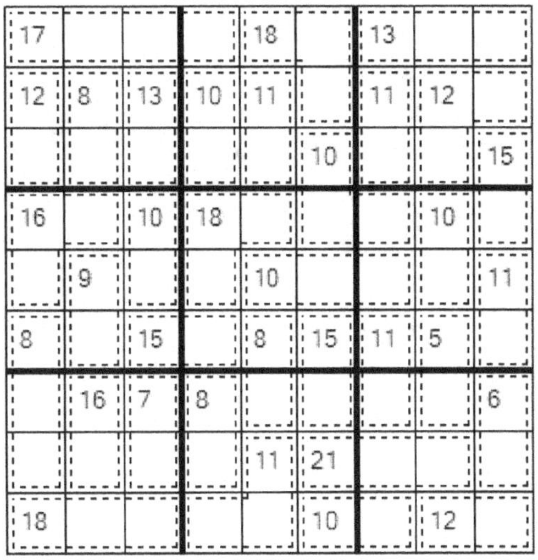

MEDIUM # 171

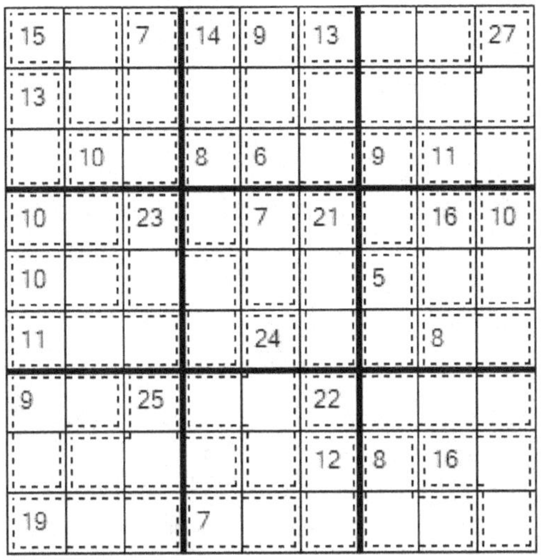

MEDIUM # 172

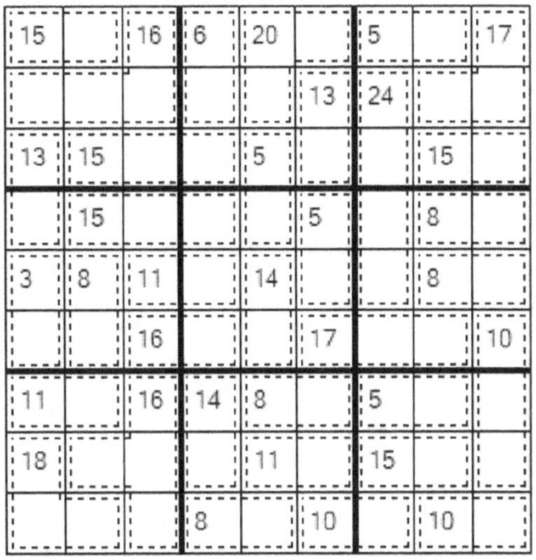

MEDIUM # 173

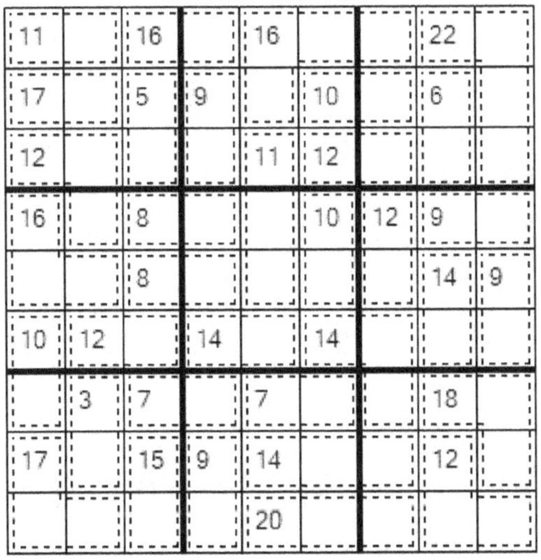

MEDIUM # 174

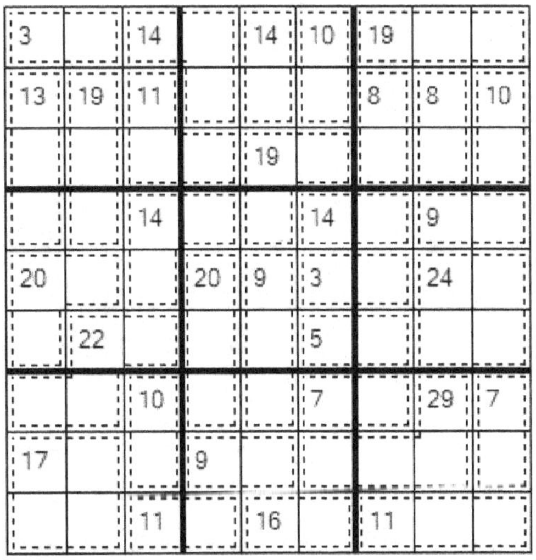

MEDIUM # 175

18	24		10		15	6		13
	14					22		
		15	18			10		23
				19	5			
5	11	4				11		
		13			16		5	
11		8	30				13	
20					15			
		9			10		12	

MEDIUM # 176

25		8		6		12		12
			9	14	21	8		
10	18						12	5
	11		19		4	7		
		18					10	
10			7		18	9		17
11		15	16					
20					13		8	8
	10				14			

MEDIUM # 177

11	9	13	5		11		9	
			14		15	9	7	
4		15					15	
29			16	10		12	12	14
18		9						
			21			14		
	9			12			18	14
8			15	11	4			
	15					7		

MEDIUM # 178

20	3		13		13		22	
	11	25			15			
				27	8		8	
12	11	19					15	
						18		6
12			15	14				
12		10		11	10			24
	26				13	3		
						9		

MEDIUM # 179

32		12		11	3		8	15
					10			
13		21				17		
		7		14			13	9
12	9	15	19			8		
			12	13	12		8	7
	14					23		
7	13	10			8		15	
		15						

MEDIUM # 180

20			3		21	20	25	
15		15						
		16						
16		9		4		14	10	
	17	6	26		11		14	
20						7		
		15		20	12		12	
11		15					13	6
				12				

MEDIUM # 181

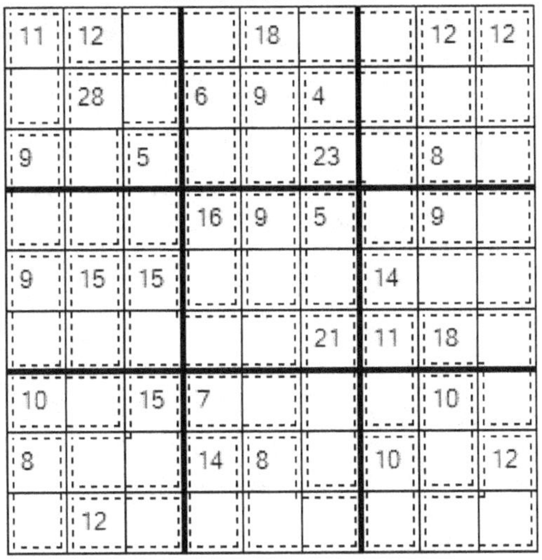

MEDIUM # 182

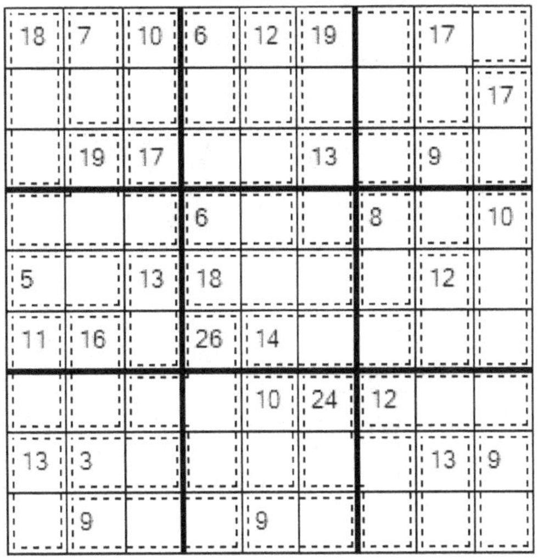

MEDIUM # 183

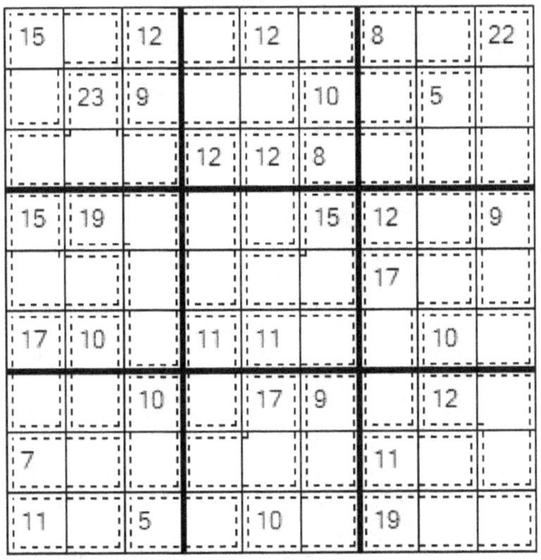

MEDIUM # 184

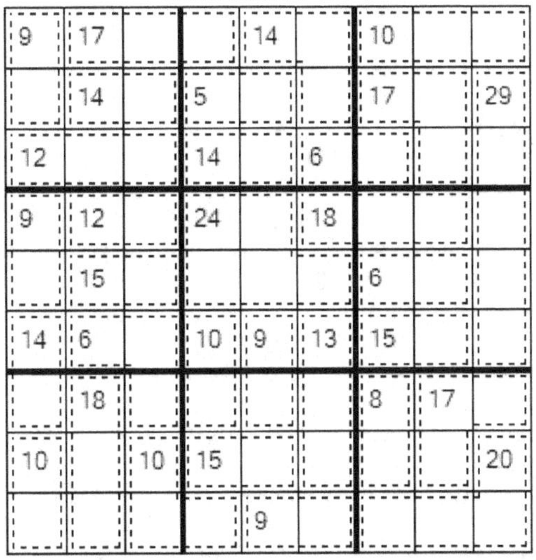

MEDIUM # 185

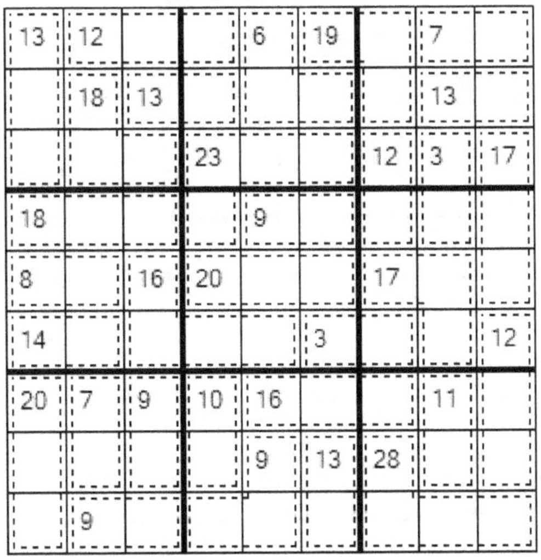

MEDIUM # 186

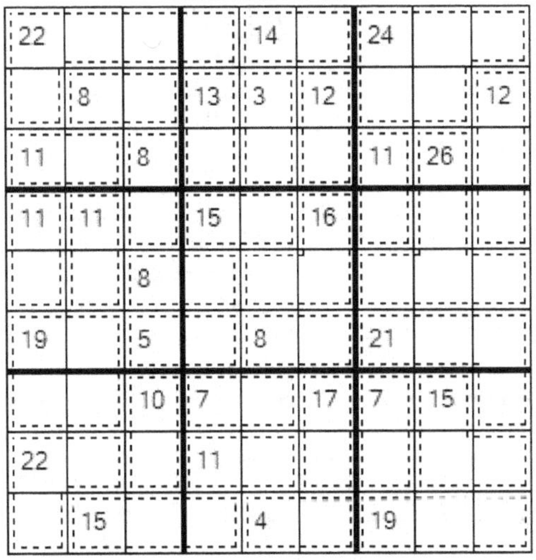

MEDIUM # 187

30				10			12	
8	13		5		9			14
			17		13		12	
15		11		17				19
	19			11				
12			21		5			16
12	4				27			
		22		11				
16			5		5		14	

MEDIUM # 188

22				15			8	
8	7		9		14		16	
	6	14	12		13			
10			20		23		13	7
	14	10	5			9		
12							14	13
		26		14				
10	7					8	9	
	17		10				10	

MEDIUM # 189

6	21	16			20	16	6	9
		19						
16			16		10		8	
				11	11	7		
	9		12			18	18	
12		7		3				
7			21			5	19	
20			9					20
23					10			

MEDIUM # 190

13	7		8	14	8	12		14
	14					19		
7		26		6				
				20			8	10
19	13	18		22				
			3			18		
	14		16		7		32	
19				9	15			
		11			3			

MEDIUM # 191

9		21	3		13		17	
			24		17	4	17	
15			20					
5	13				9		13	15
		15		13	7			
12					19			
28		26				14		15
			19	3		14		
							5	

MEDIUM # 192

11		11	10		22		14	
15	11			10				12
		17		8	4	6		
	16		20				8	14
8					13			
	11		9	17			11	
15					17		13	
5		8	27				18	
15					9			

MEDIUM # 193

9	17	17			13		12	
				13		9		
16		8	15		18			21
			12			11		
18		12		18			13	
24			14					
		6	4		26	11		8
	12		13					
		11		11			13	

MEDIUM # 194

16	32				8			20
		12			3		15	
21		10		16		27		
			3				20	
13			22	11				
10						15		12
9	15	11		14				
		5	6		13		5	
12				21			8	

MEDIUM # 195

8		10	9		24	8		10
8	12		14			24		
		12		10		5		
12			10				20	
3		14		22	21			
12			9				9	
	9			14		21	11	
15	20				16		5	
							8	

MEDIUM # 196

16		13	8		12		20	
	23		25			18	7	
		18						
				13		9		21
21	13		8					
			14		12	22		6
17		9		6				
	13				15	10	21	
			15					

MEDIUM # 197

9	12		16	13	12	20	5	
	10						11	
11		5		5			20	
13	8		21		16			
		11		5			15	
9	25			16			13	
				13	16	7		
12		11	7			7	23	
				8				

MEDIUM # 198

8		24		11	12	15		7
16						9	5	
	15		11		19			21
	14	4				15		
16		9					23	
	10		9		18			
		21	11				26	
19			15		9			
						13		

MEDIUM # 199

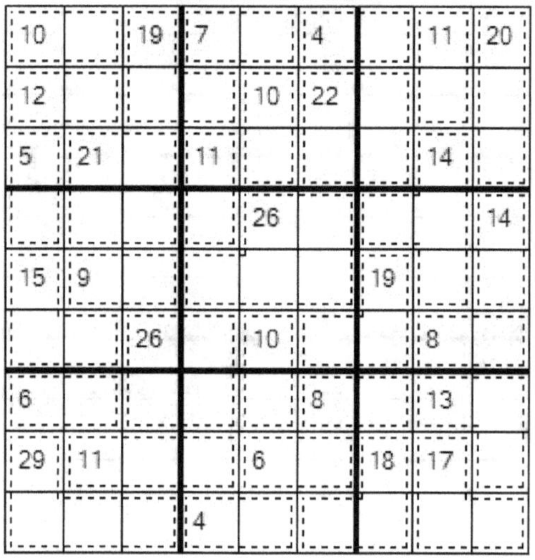

MEDIUM # 200

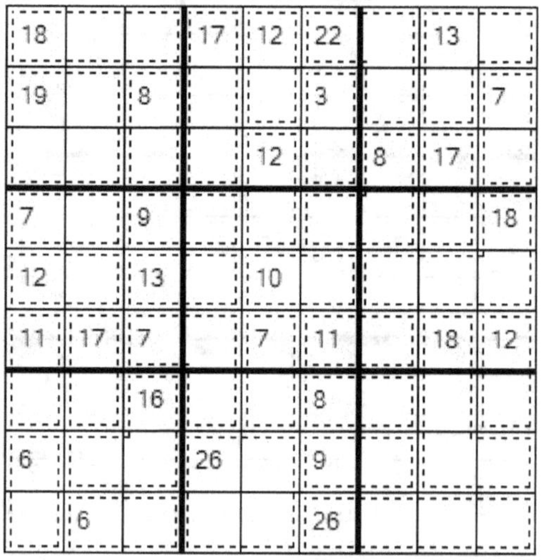

HARD # 1

15			16		5		33	
19		11		14				
			13		19	13		
7	9	8					14	
		12	15				6	21
12			17		12			
9		13			11			
	18			18			16	
		21			8			

HARD # 2

9	13			19	8		12	13
	7		18			7		
24		8		21	22			10
32		6			6		22	
9		12				12		
			17	12	16		12	
8					5		15	
	19				11			

HARD # 3

15		6		19			8	12
16		14		19	11			
	5	10				17		
			11		24			13
19					14			
8	22	17		16				
			14			11		25
6	11			15				
		17			10			

HARD # 4

12		13		16	9		19	
13			21			12		
	8				23	13		10
15			8				13	
16	12					24		7
		6	16	10				
	23					11	22	
				20	13			
16							4	

HARD # 5

11		12		19	12			16
	17		10			18		
		16		6			5	
14			15	13	22			
	20				9		13	
11					15		15	
	15	4	17	17				
					12			16
19			16					

HARD # 6

10		6	19			23		
21			14		6		20	
		13		7				
13		11	12		16			16
12				13	11			
		17			10	10		
15			11			12		
	18		11		24		17	
11				6				

HARD # 7

11	11		5		8		19	
	7	11		17	19			
12		13					15	
	17	8	9		18			11
12			11				22	
			9		17			
	26			16		13		
		25			3		16	
5					14		5	

HARD # 8

11		13			9	10		13
13			16			5		
7	11		8		13		21	
	22	8	23		18			
			12				16	
24		11			12			19
	5			26				
		15			9	15		9
6						5		

HARD # 9

19	7			20			19	
		17		24	8			
25					6	8	22	
			5					
5		22	18		15		19	
26				10		17		
14								13
		18				20		
	16			12				

HARD # 10

7		17		23		16		
9					18		9	
13		22	20	18		17	6	
								22
11					5		14	
16		8		15	9			
13	11	10			15		19	
			10					
11					10		11	

HARD # 11

12		35		12		17	9	
6				16			14	13
	10							
10	14	11			26	24		
		9		22		8		7
		12						
15			24			13	11	
25		5			4		11	10

HARD # 12

12			6		14	23		17
	12		11					
12	13		17	11	12			
	9				7	12	14	
14	15			17				19
		5						
11			24	26				10
9	13	15				19	6	

HARD # 13

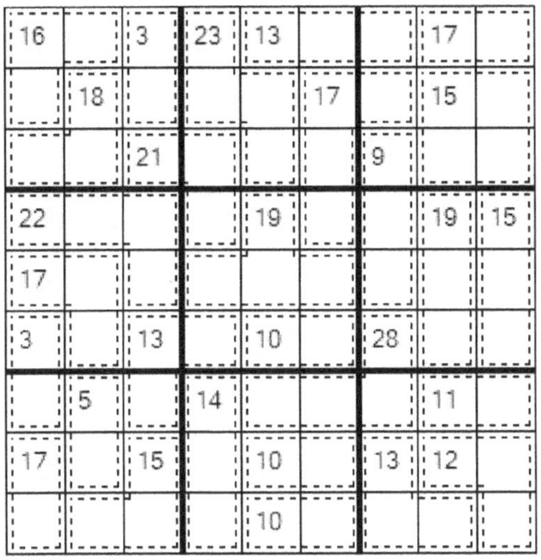

HARD # 14

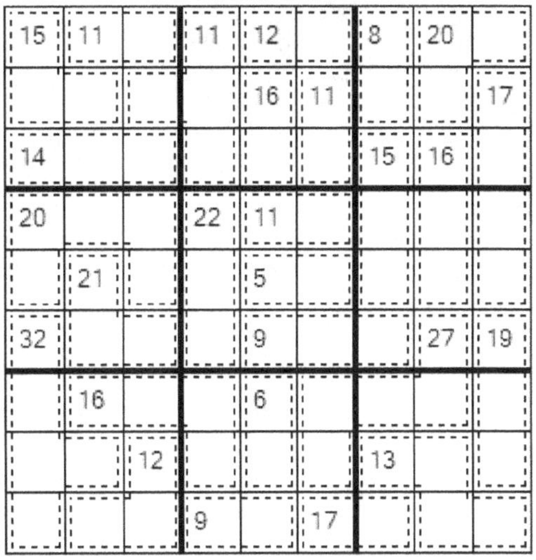

HARD # 15

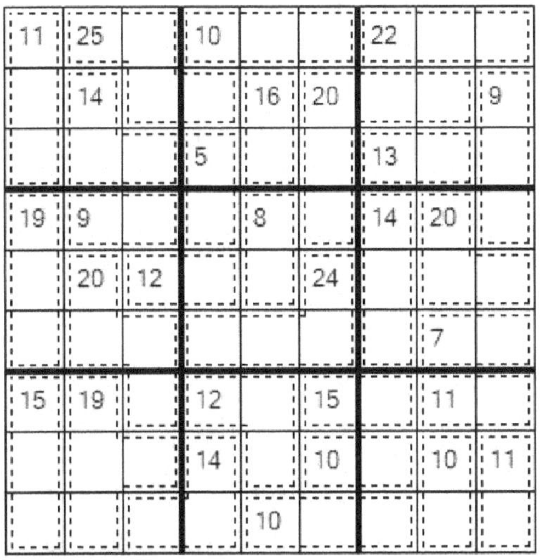

HARD # 16

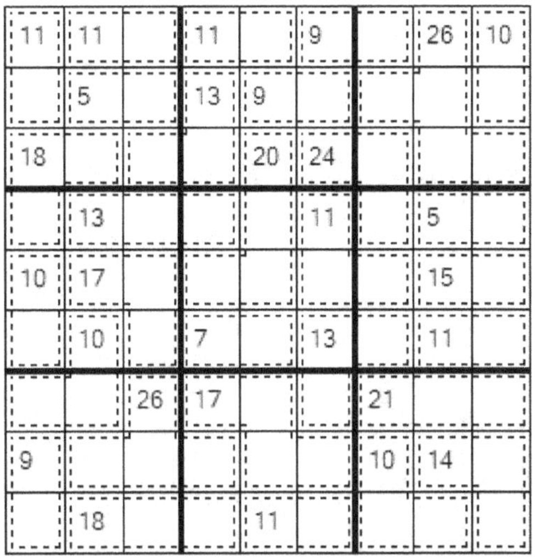

HARD # 17

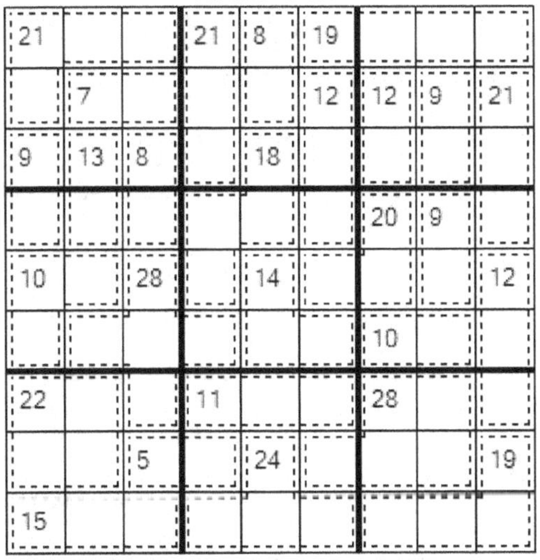

HARD # 18

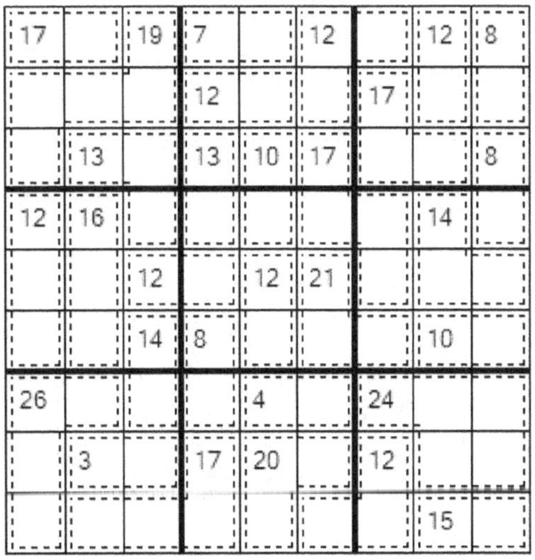

HARD # 19

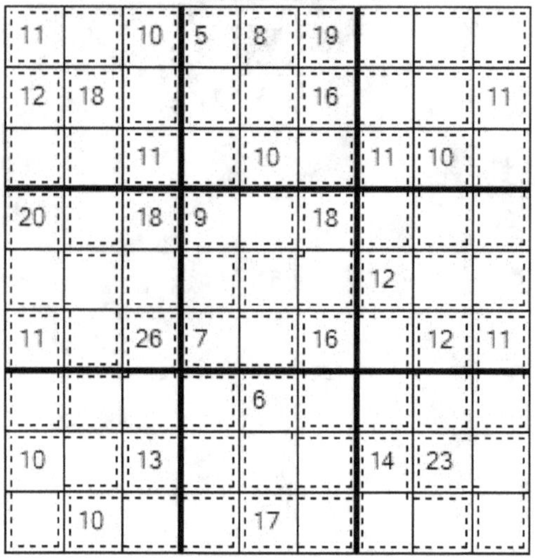

HARD # 20

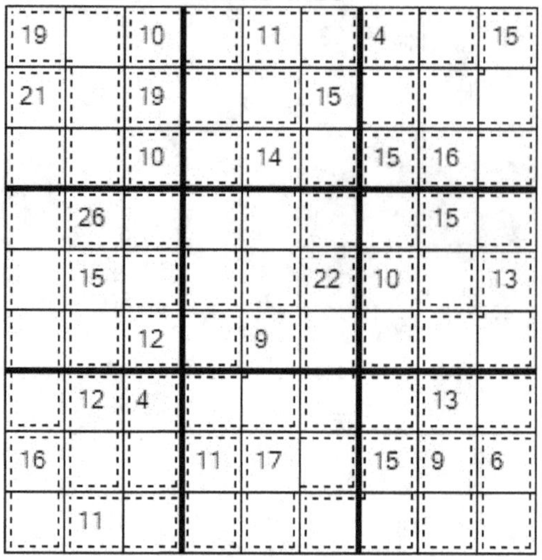

HARD # 21

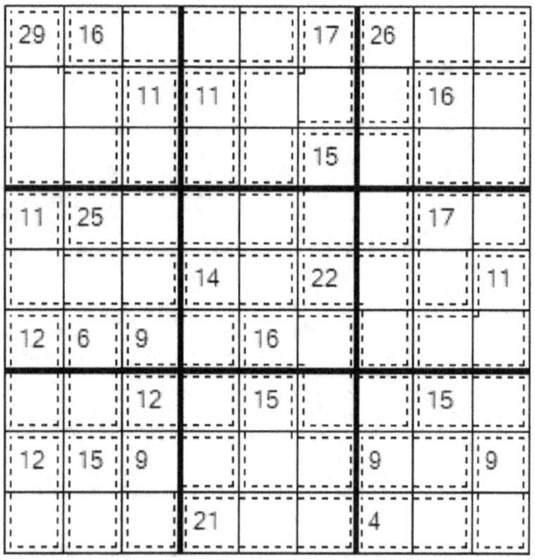

HARD # 22

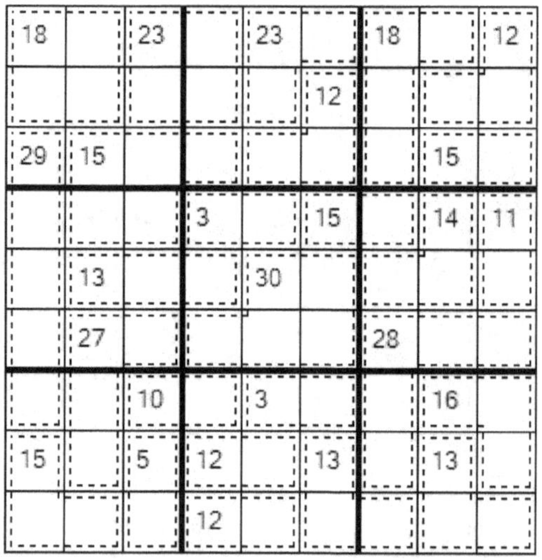

HARD # 23

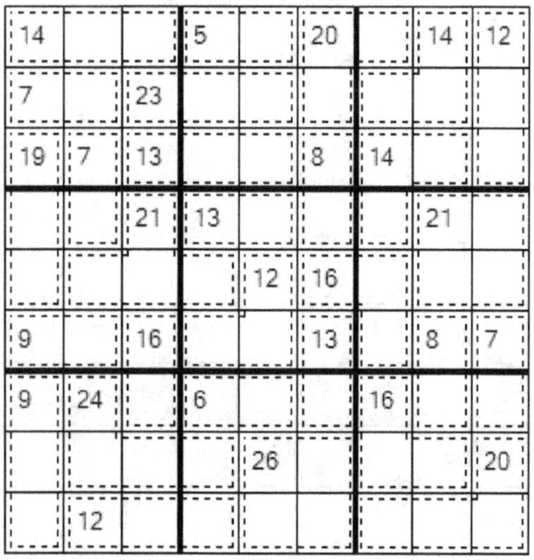

HARD # 24

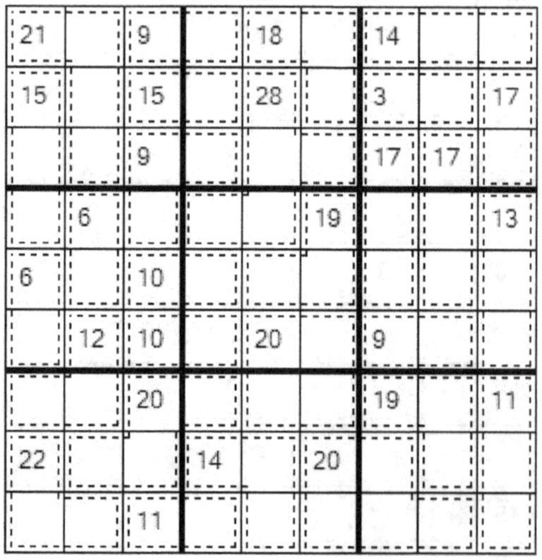

HARD # 25

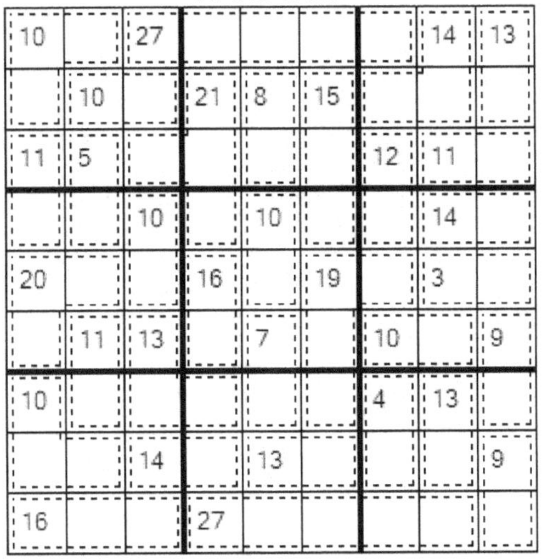

HARD # 26

HARD # 27

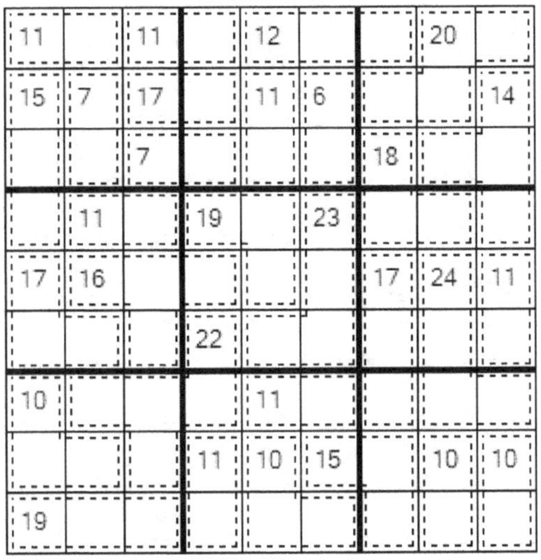

HARD # 28

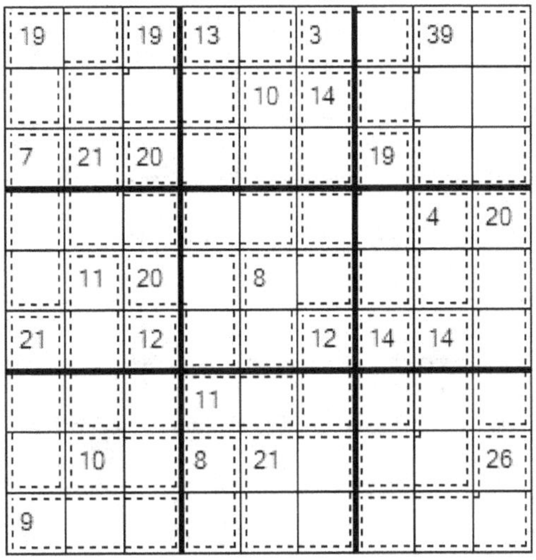

HARD # 29

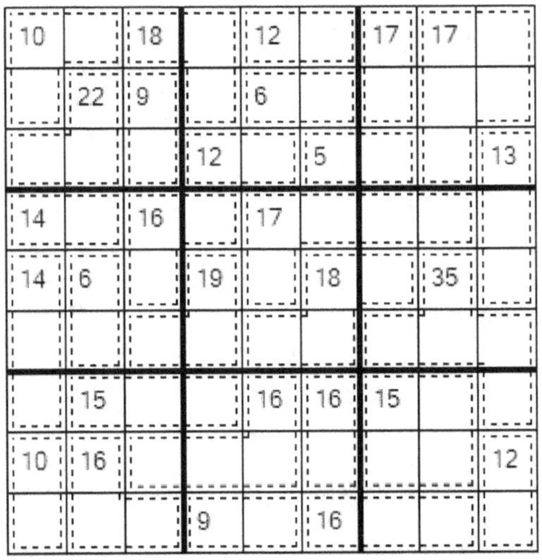

HARD # 30

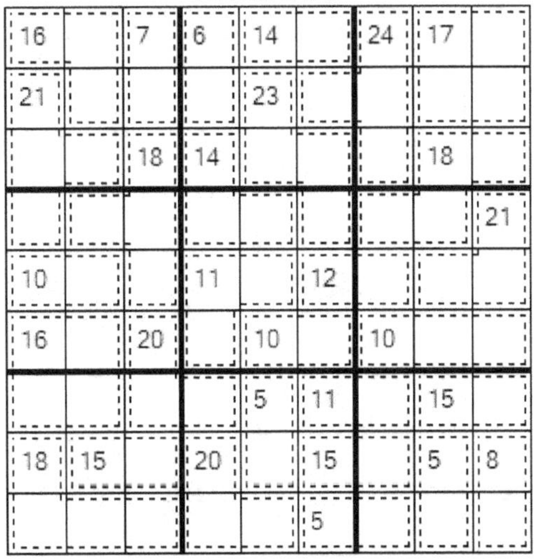

HARD # 31

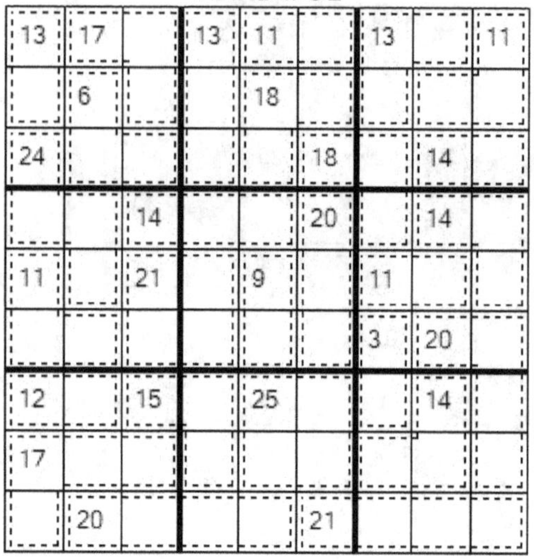

HARD # 32

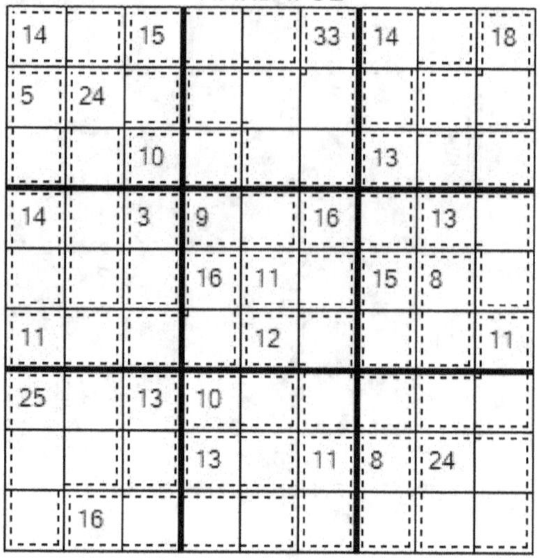

HARD # 33

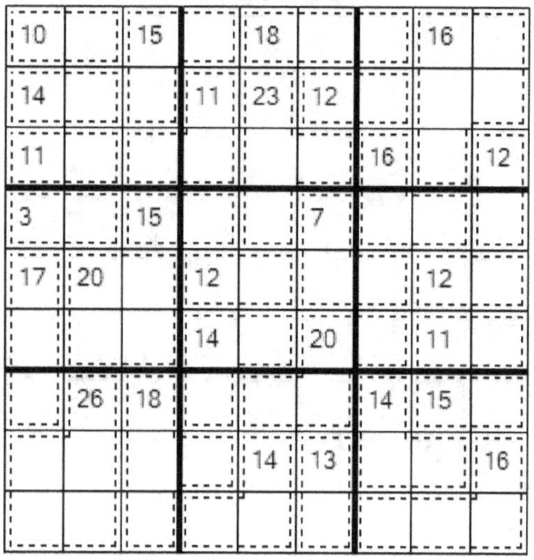

HARD # 34

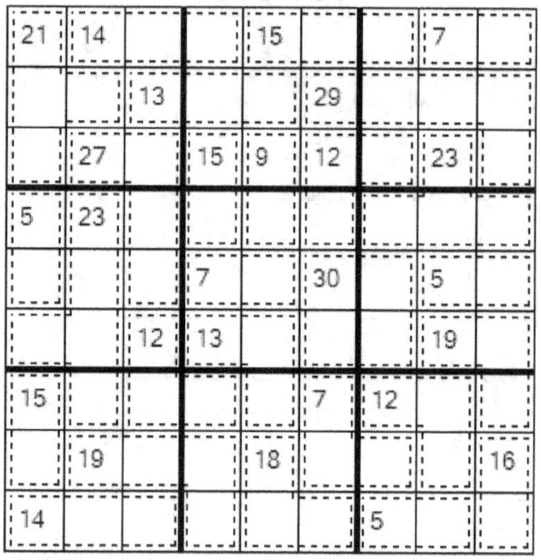

HARD # 35

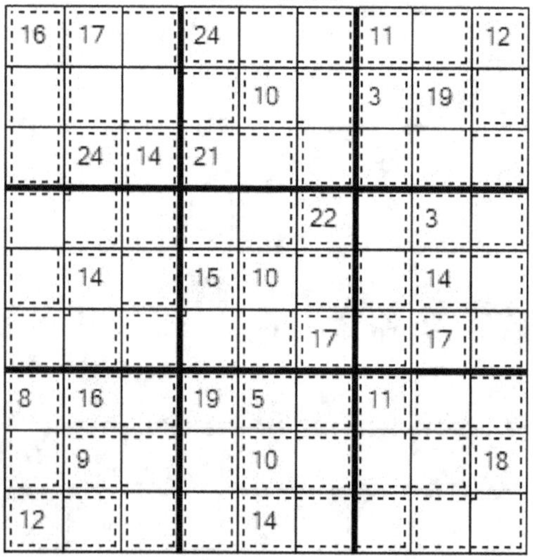

HARD # 36

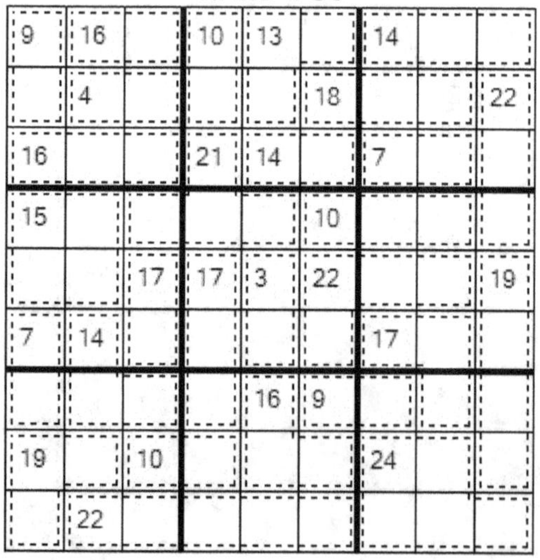

HARD # 37

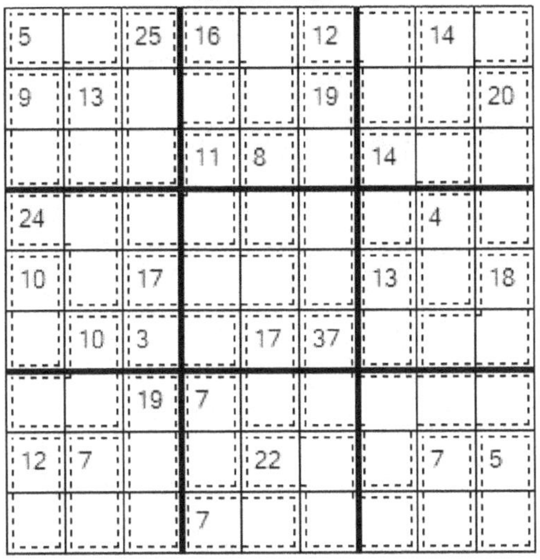

HARD # 38

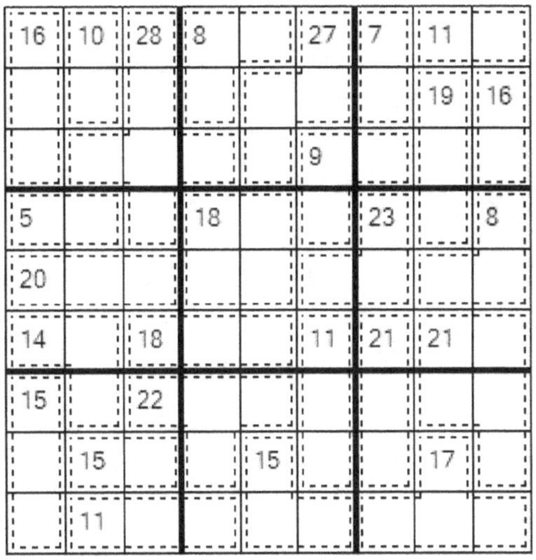

HARD # 39

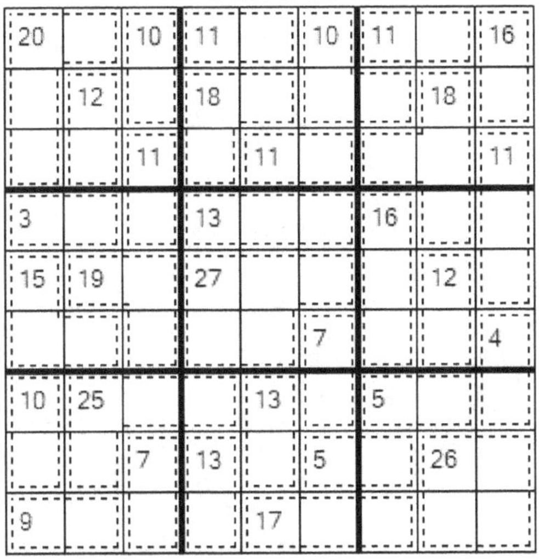

HARD # 40

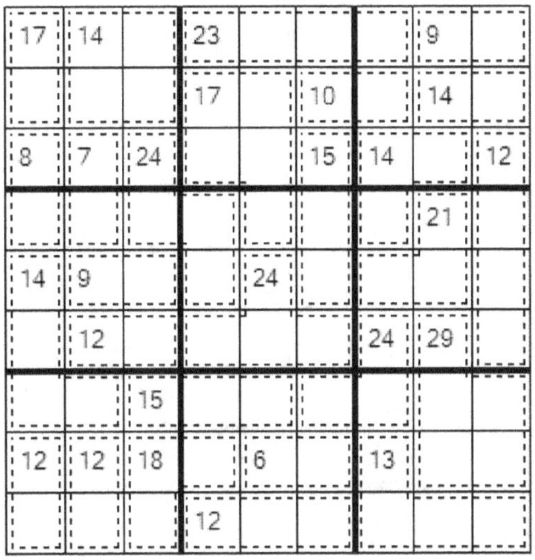

HARD # 41

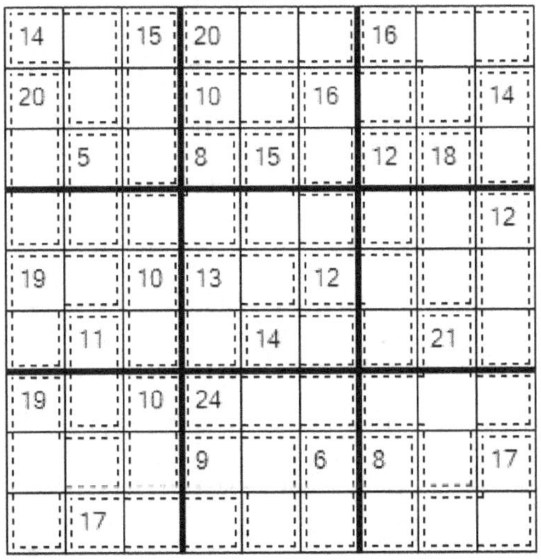

HARD # 42

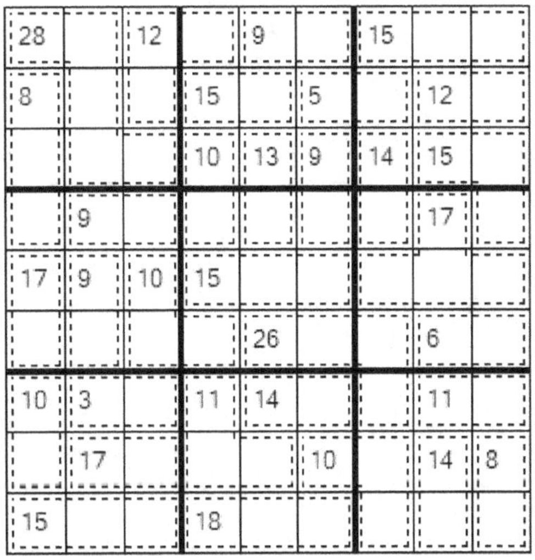

HARD # 43

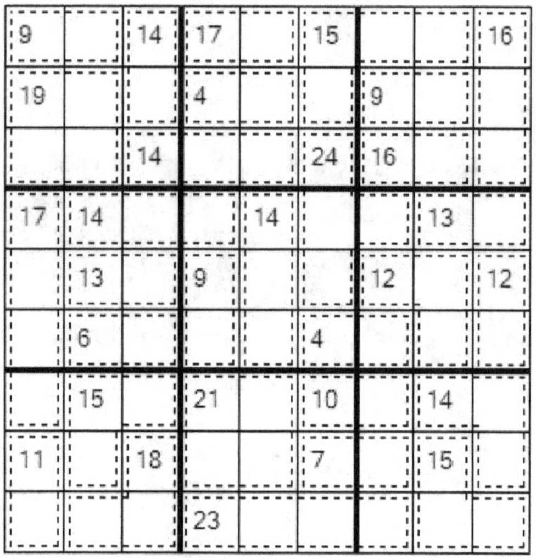

HARD # 44

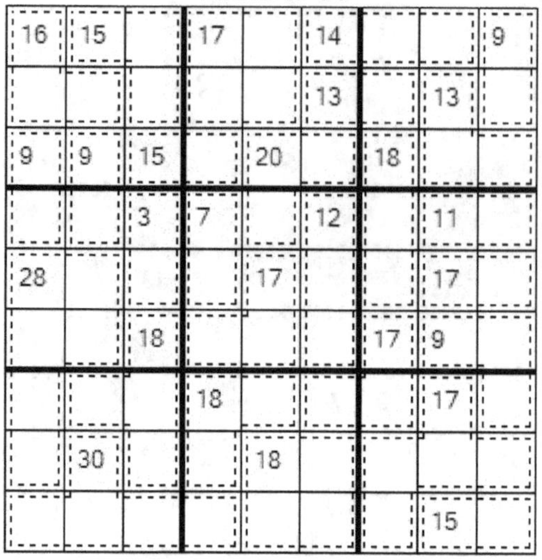

HARD # 45

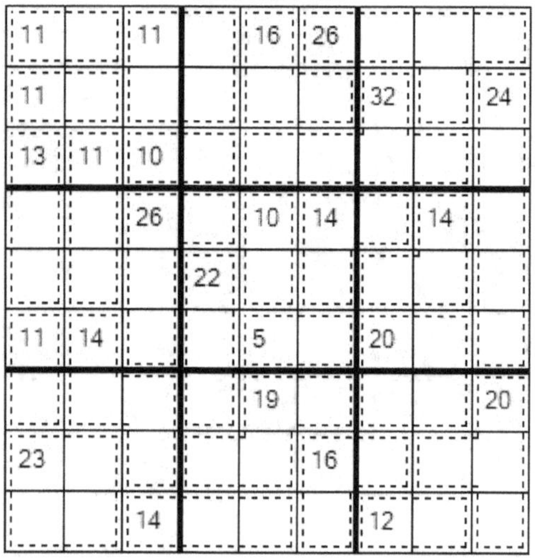

HARD # 46

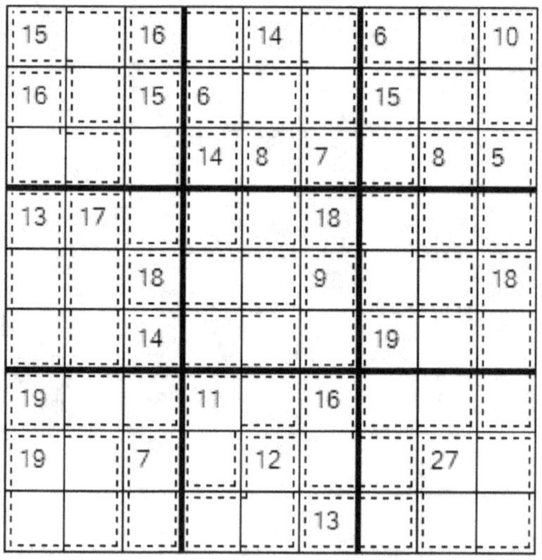

HARD # 47

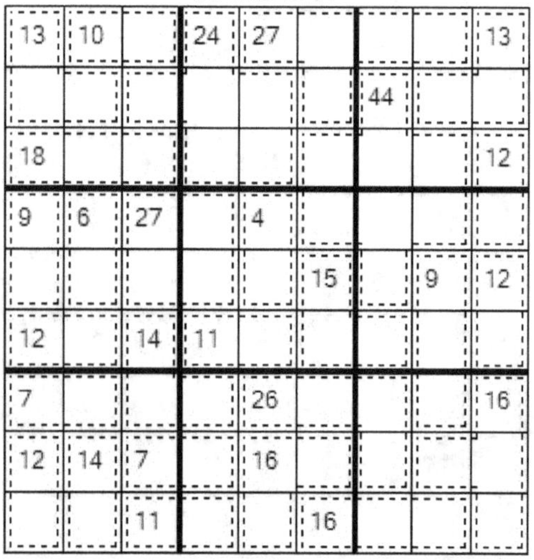

HARD # 48

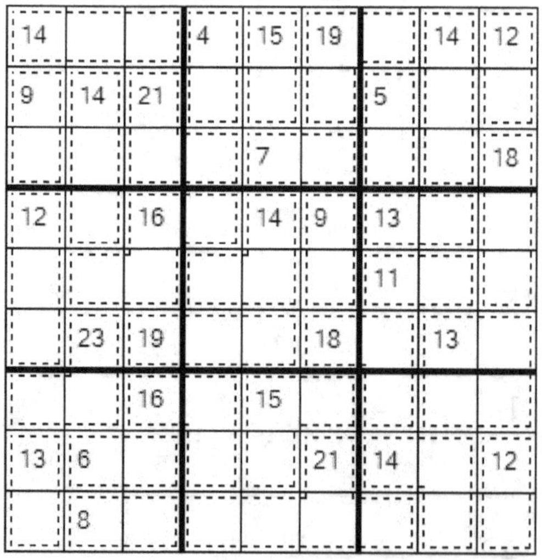

HARD # 49

18		11		20		15		9
	19		15			25		
								9
29		12	20		12		10	
				5	14			15
	12		15					
10				10		19		
	12	11		14		5		16
		9			14			

HARD # 50

13	8			14	9	22		11
	15		10				19	
	9	20						6
18			14		24			
				21			16	
10			5		9		17	
20					9			
		15			25	9		18
19								

HARD # 51

13	3	16		30	14			
		10			10		15	12
8		17						
26			10			8	7	
15			30					13
		15	5		6	22		
							6	15
26		11		9		16		
		17						

HARD # 52

13		11	18	7		24		11
18								
	26		8		11		18	
				29				18
26	18		13					
		23	18			20		
			22				17	
10				13		13		

HARD # 53

19			23		23			11
23		12			13			
		21					28	
	26				9		6	
				13	10			
13	9		15			14	9	
				11				11
10	11	20			14	15		
		8					8	

HARD # 54

24		12	19		17			19
					18	7		
18			9					9
12		13		24	8	14		
							17	13
4	10			15				
	13		17	9		17		
10		19			20		18	

HARD # 55

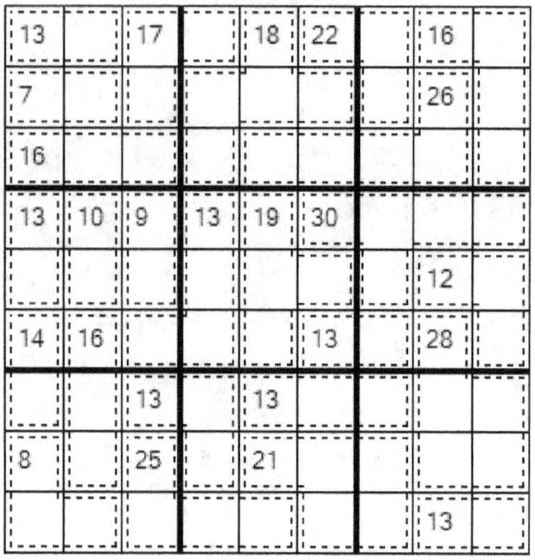

HARD # 56

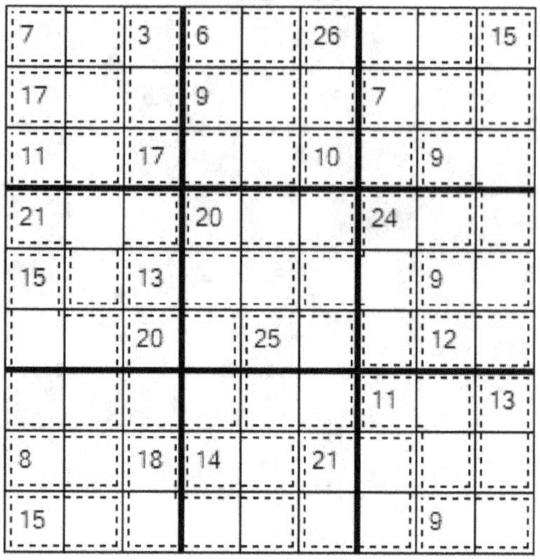

HARD # 57

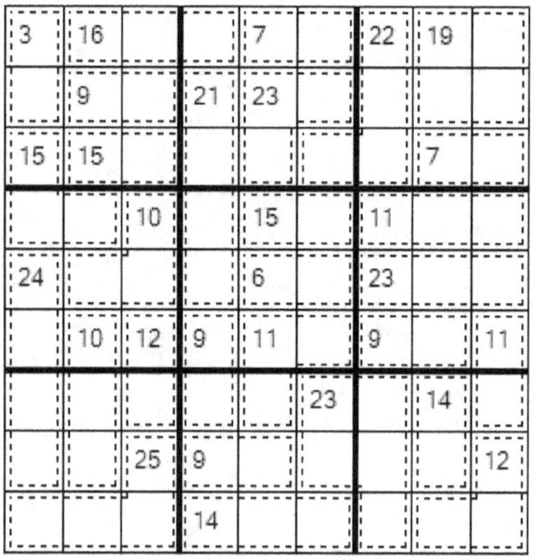

HARD # 58

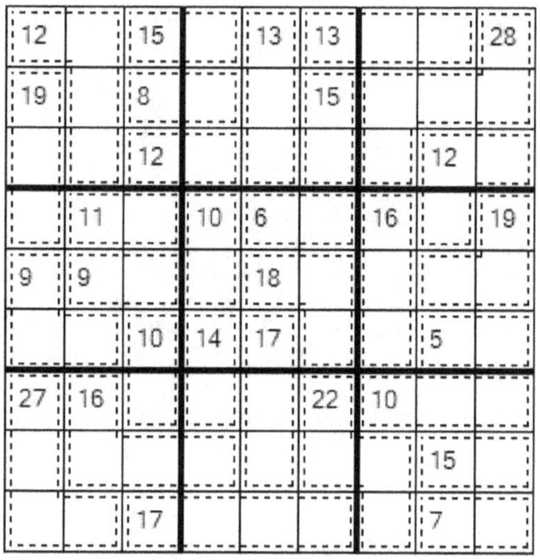

HARD # 59

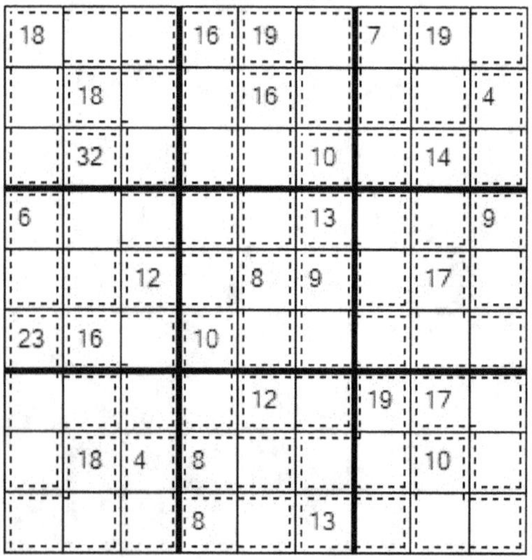

HARD # 60

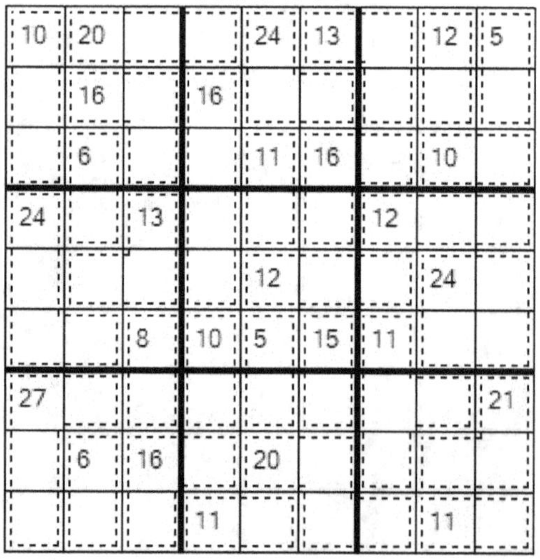

HARD # 61

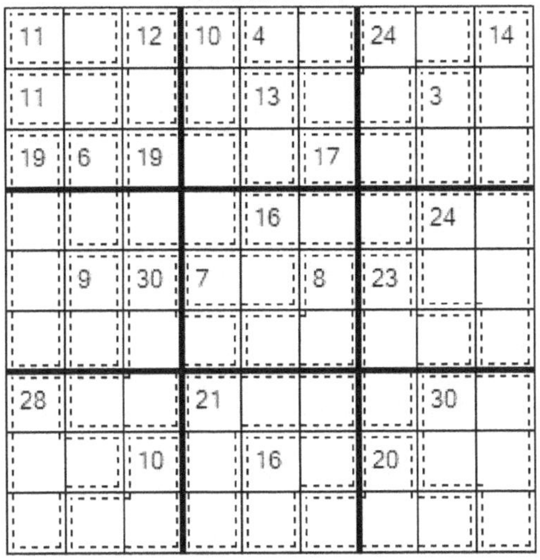

HARD # 62

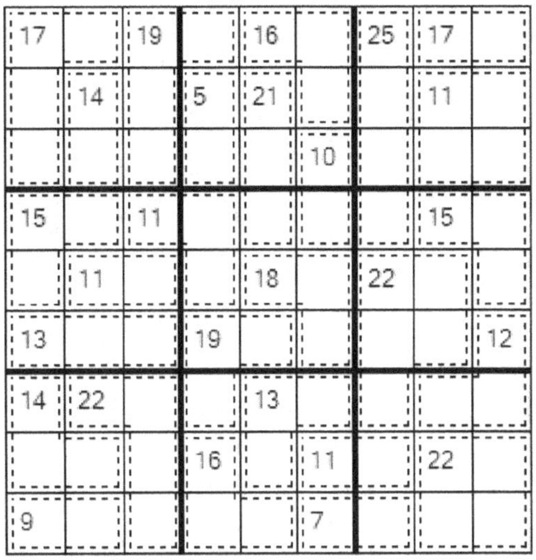

HARD # 63

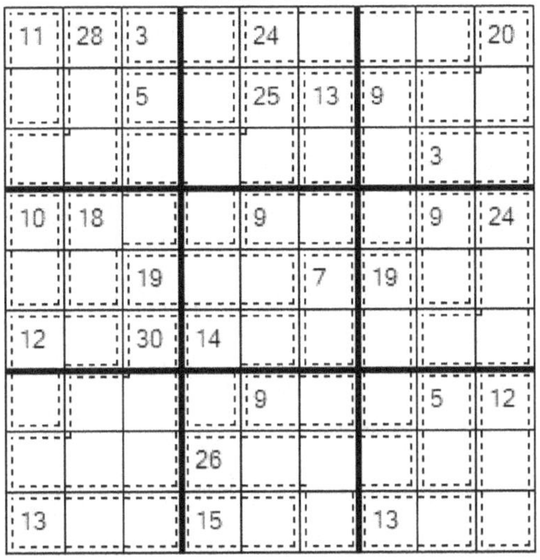

HARD # 64

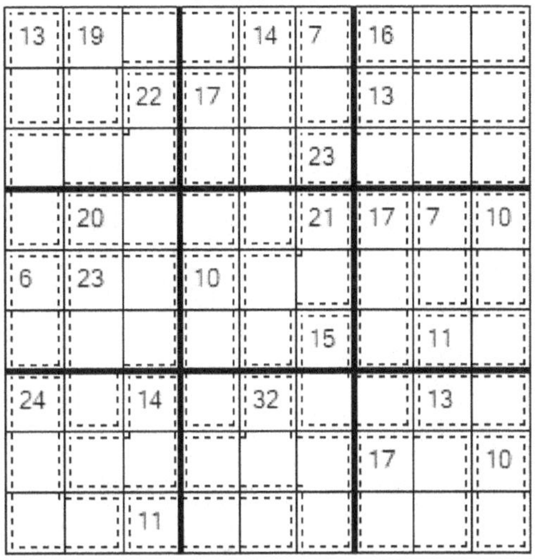

HARD # 65

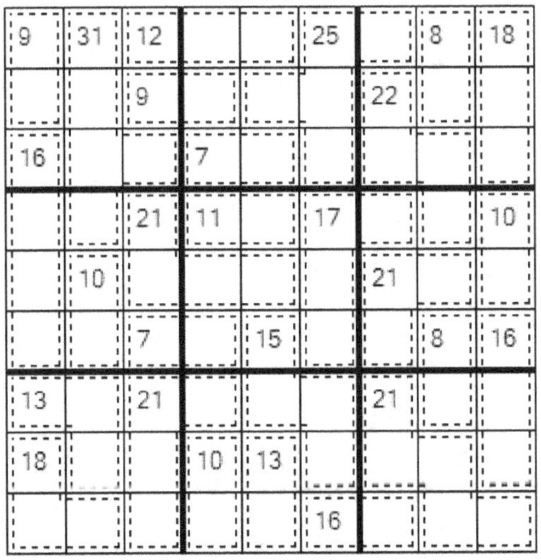

HARD # 66

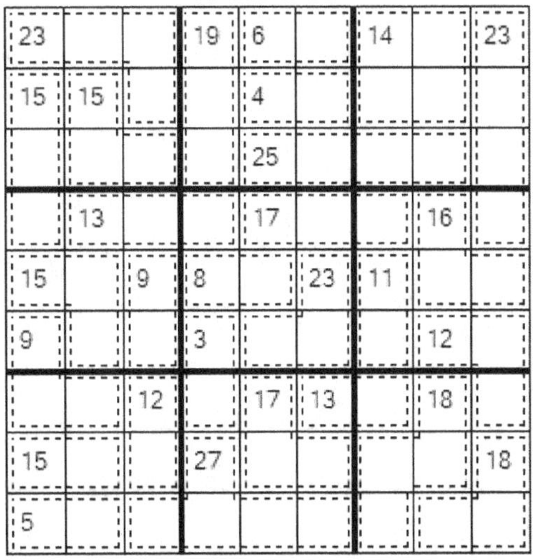

HARD # 67

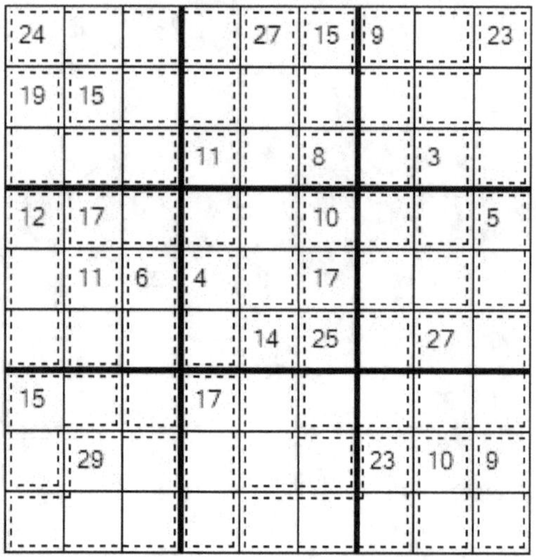

HARD # 68

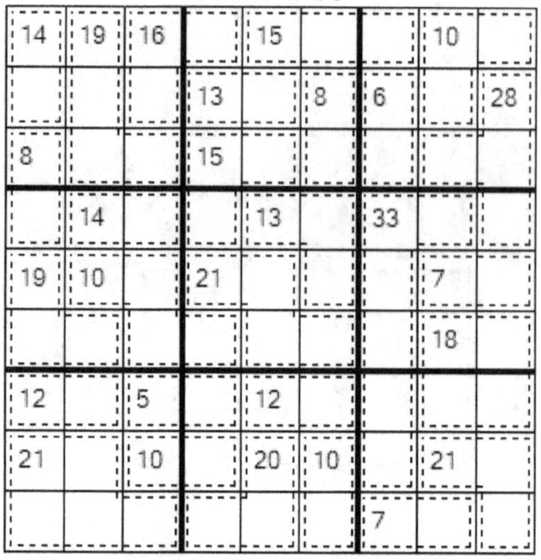

HARD # 69

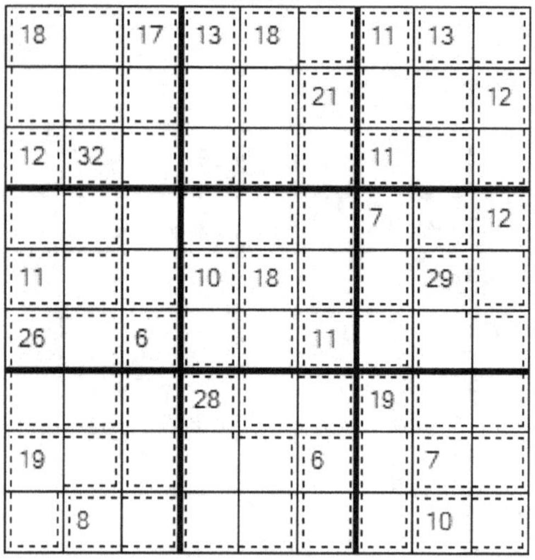

HARD # 70

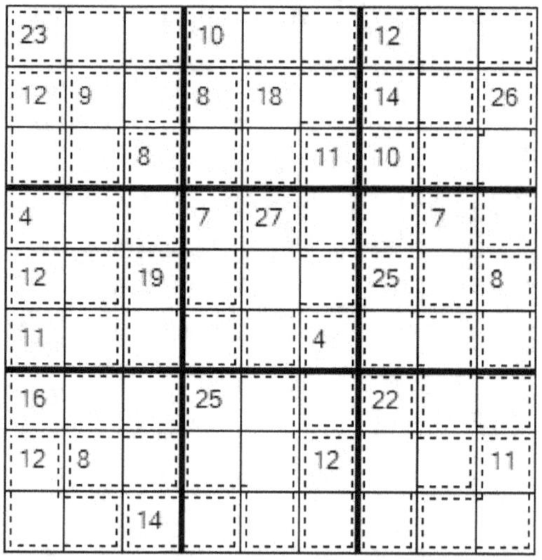

HARD # 71

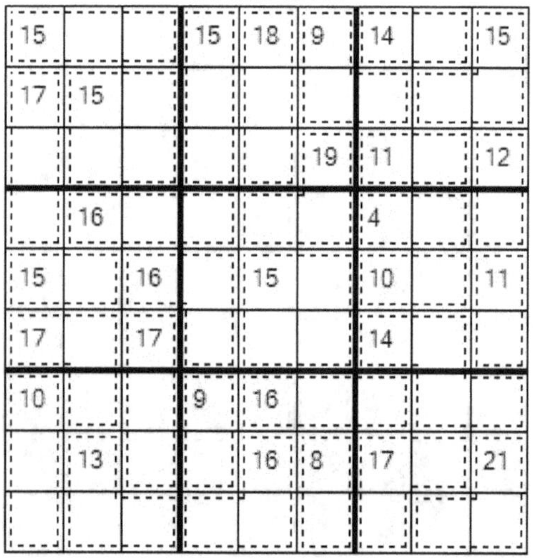

HARD # 72

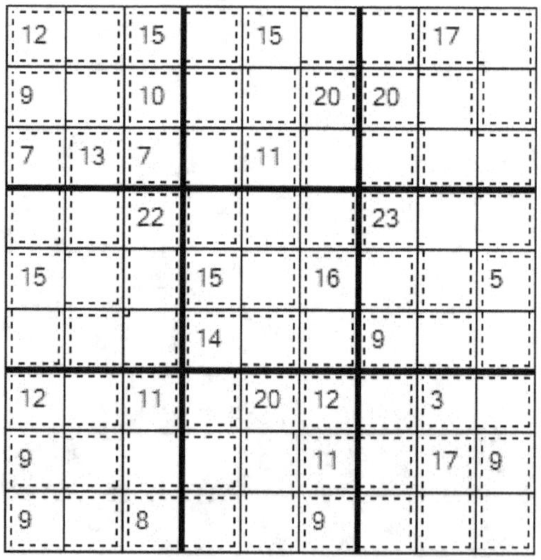

HARD # 73

3	16		34			18	19	
		12	11					24
14								
11	14		21	8				
	24				3		10	
		9			20	16	17	
		14		12				16
11	9	22				8		
					9			

HARD # 74

20	9	19	11		11	13	13	20
				15				
	22				7		3	
5					12			
26			11		11		33	
12		7						18
	14			13	16			
7		13			6			
23						15		

HARD # 75

27		9		16		13		
			15			19	21	
13		14	8	9	5			
	17						14	
			3	20		11	10	
16				16				3
20		12			11	13		
	14						12	14
	20				10			

HARD # 76

22	12			25		17	9	
							10	
21			11		10			19
17		8	14			17		
	25				7			
		9		13		15		11
13		11			19			
		13				25		
	13		9			10		

HARD # 77

19	19			3	15	7	17	21
9	14		15		7			
	15	4	11	24				15
				16				
17		6			9	16		
4			25			19		
22					12	9		
24							11	

HARD # 78

6		26			30		10	
	11	11	8					18
19				31				
	19	7		14			26	
					9	3		
15			24					
18	4				15		9	
	16		11		6			
	8			7		24		

HARD # 79

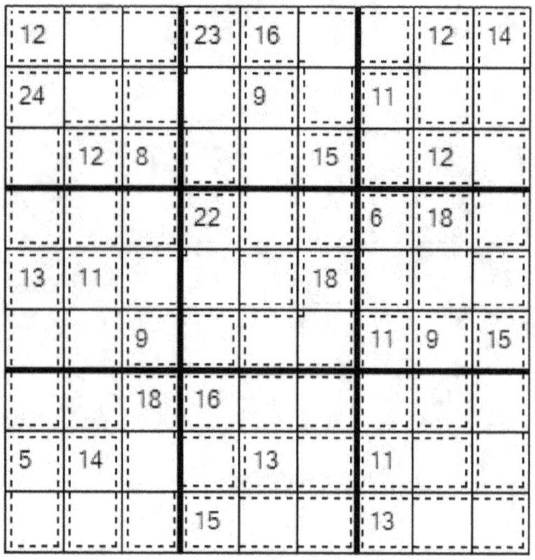

HARD # 80

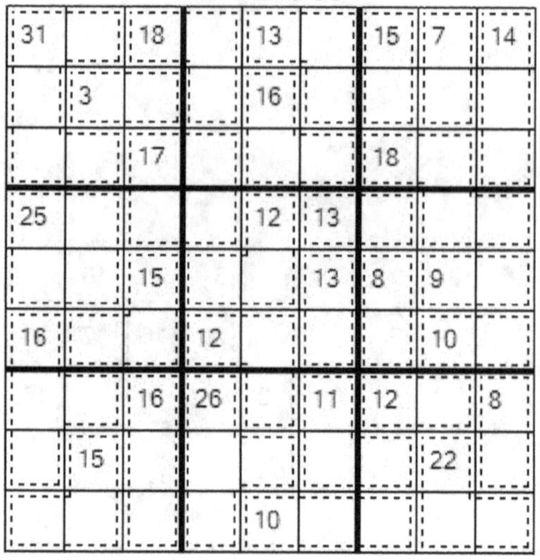

HARD # 81

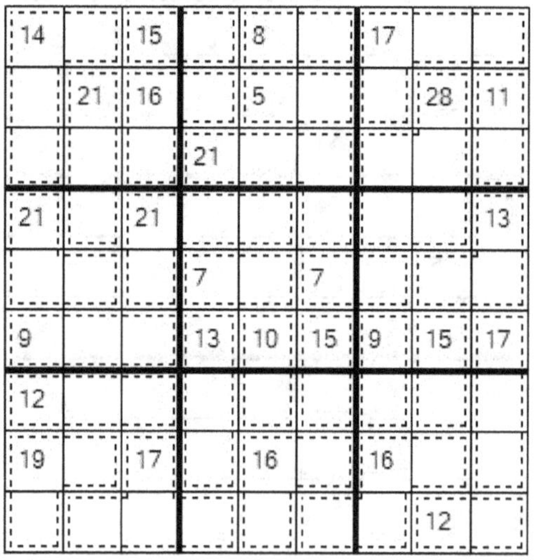

HARD # 82

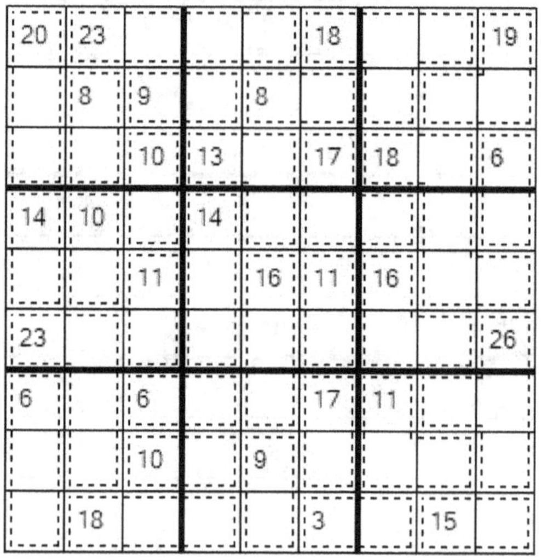

HARD # 83

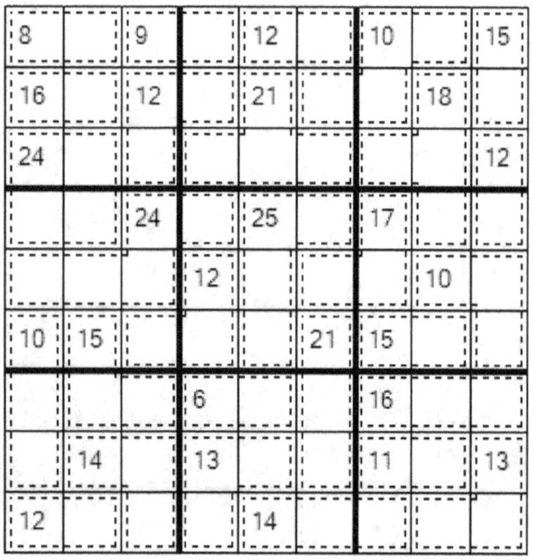

HARD # 84

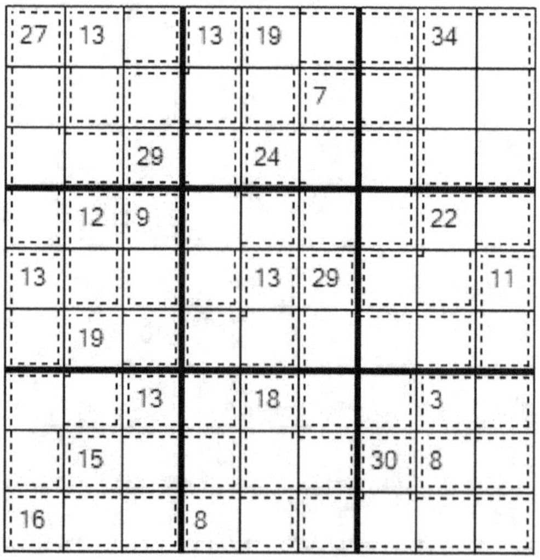

HARD # 85

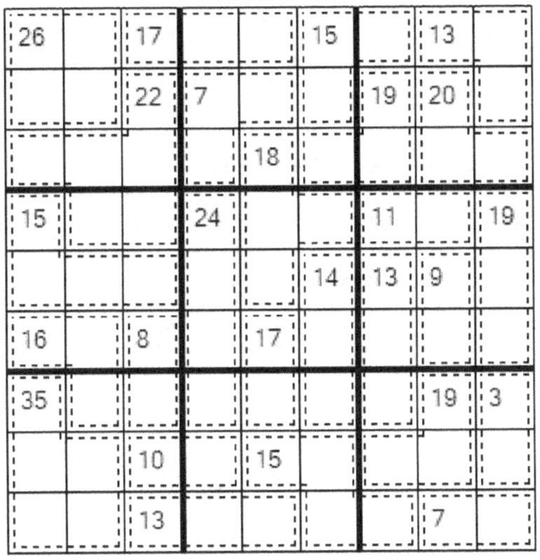

HARD # 86

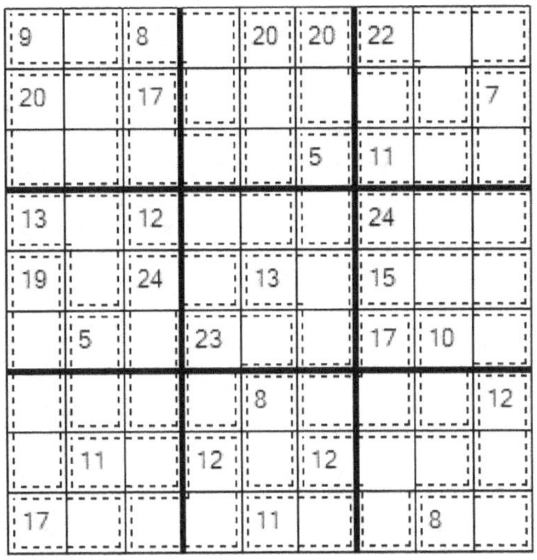

HARD # 87

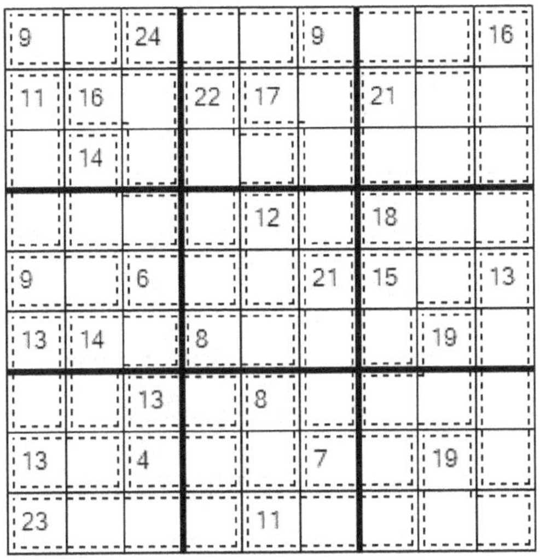

HARD # 88

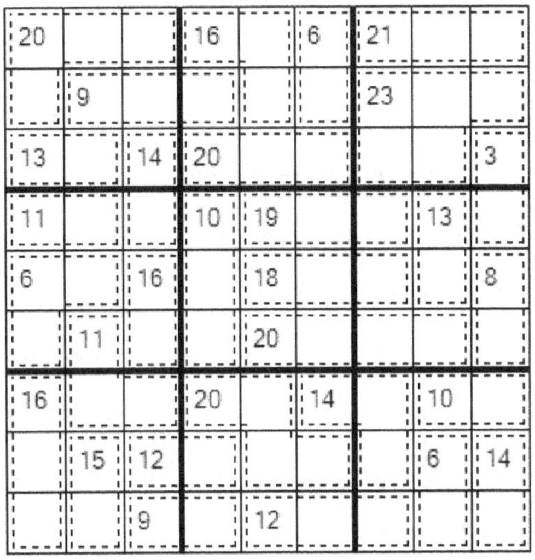

HARD # 89

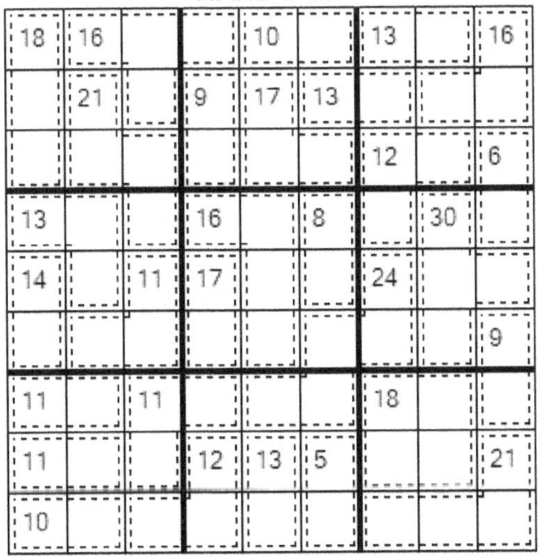

HARD # 90

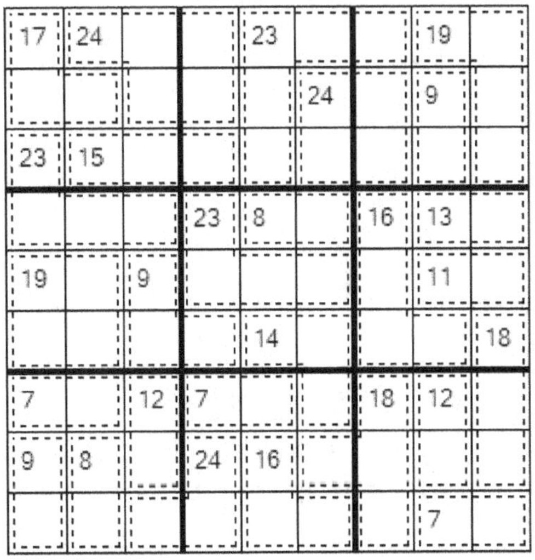

HARD # 91

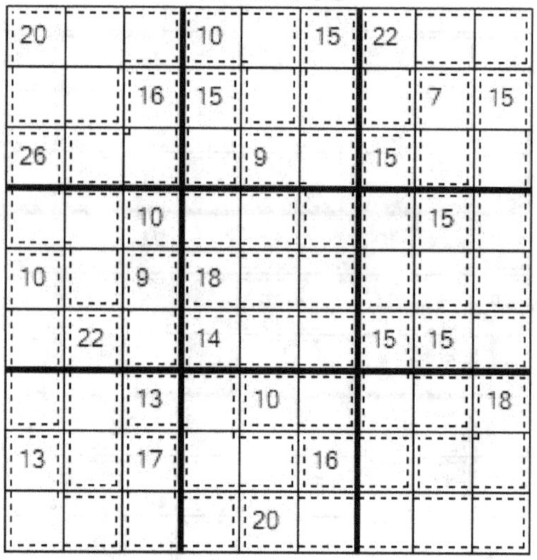

HARD # 92

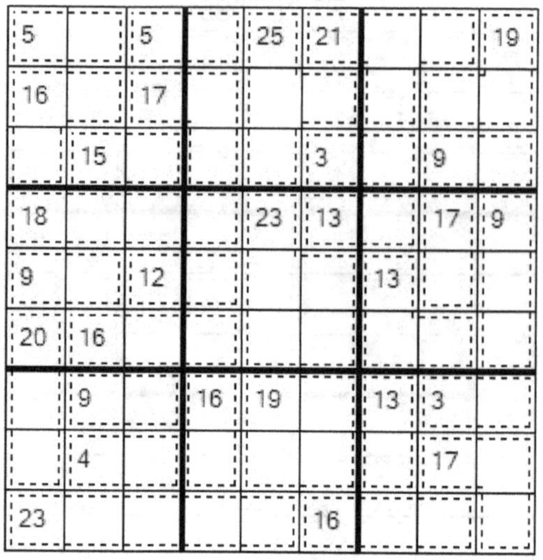

HARD # 93

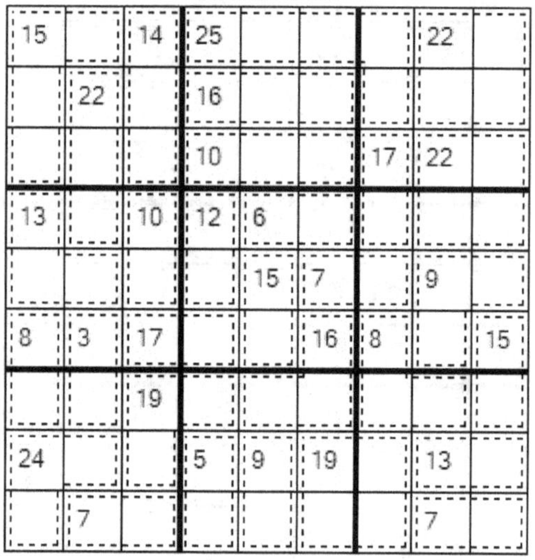

HARD # 94

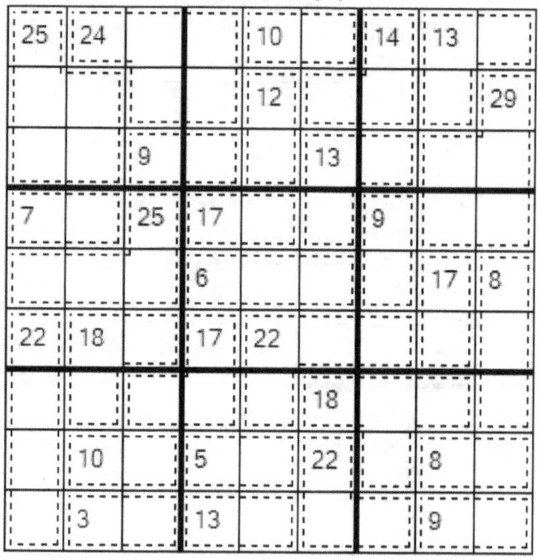

HARD # 95

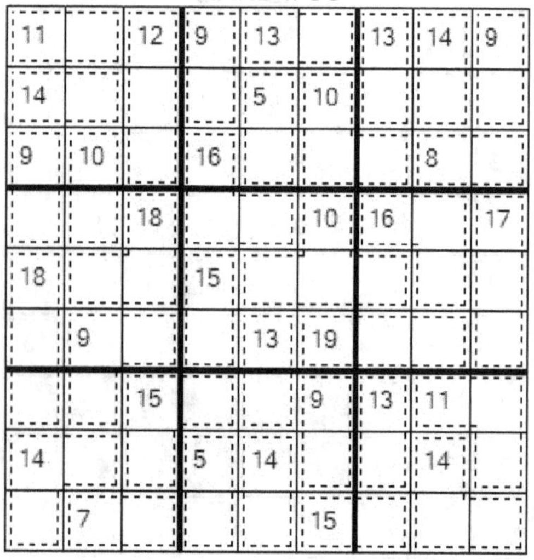

HARD # 96

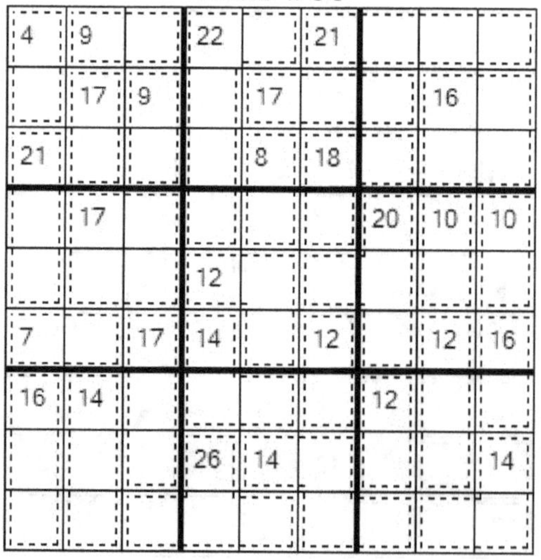

HARD # 97

18	11		21			9		
				14		36		
11	26			13				
		12			15			18
19				9		17		
10			12		6			
	11	17	13		31			
3				8		8	15	
	10			12				

HARD # 98

12	18			3	15	9	10	25
	20		20					
6								
	12	14		15			23	
		12		16				9
19			7		21	11		
		13		11			10	
21	11						13	
		8		15			6	

HARD # 99

25			15			10		
12			31	26				15
						7		
17	14	9		13		9	14	
				17	13			
	31	11					13	8
		15	13		9			
			5		33		20	

HARD # 100

13	13	17			13	10	13	13
		12						
	11			11			10	
10		10	14		13	20		12
13								
	16	9	12	19			10	
						23		
16	16		13		7			8
			16		12			

HARD # 101

12		5		18		24		12
	26		29					
							13	
9		11		18		33		
	16		13				13	
20	6			20			12	
	10	11				16		
			7		15			23
13								

HARD # 102

20	13			15			22	14
		11	11	17				
7					15		5	
13			19			11		19
16		16		7				
				13				21
21	6	8		26		8		
		17						16
	10				8			

HARD # 103

12		18			12		18	
12	7		25		9	10		
						10		16
6	10		22	5	8			
	7				20		17	
9		14	9			4		
			16		8		13	
22			15		12	17	9	
	13							

HARD # 104

14		19	18			18	13	
							10	8
	21		15	21		21		
		11					15	
12				15				12
	21			13		13		
18			24				11	
				17	20	15		
10								

HARD # 105

15	5	9		26			12	
		12				21		
22		11	14	5	9		9	
5								22
	13	9		20		12		
21		29		22				22
						24		
	21						8	
7								

HARD # 106

19		9		12		17	27	
	13	14						
		27		8	15	4	17	
9								
19	17			20		11	11	12
		14	27					
					16			
	17			21		9		
					14		6	

HARD # 107

9		18			19		8	18
11	8			32		11		
	23		11					
11	19				6		16	
						23		5
15			18	12	6			
						18	10	
18	16		11	16				17

HARD # 108

22		9	6	15	6		13	20
					10			
16	20			14	18		13	
					10			9
	8		7			18		
18	14			10			6	
		9			17		8	
16	15		18			7		9
				10		14		

HARD # 109

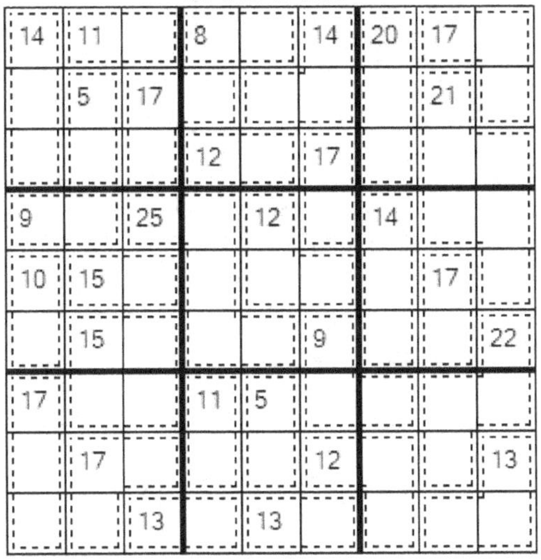

HARD # 110

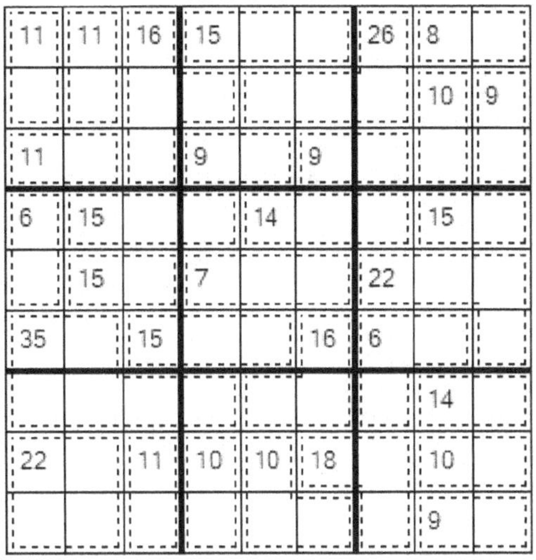

HARD # 111

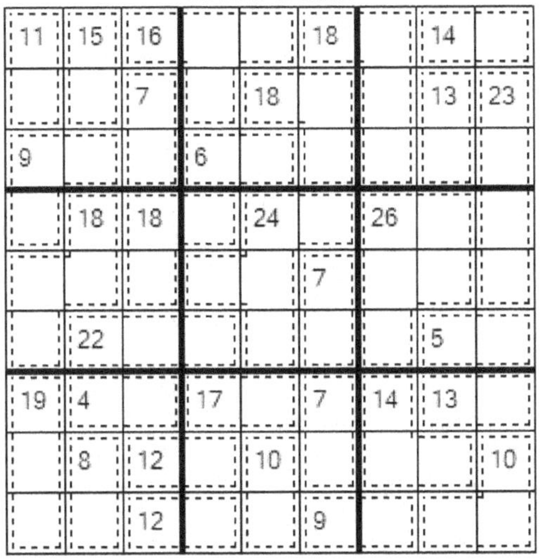

HARD # 112

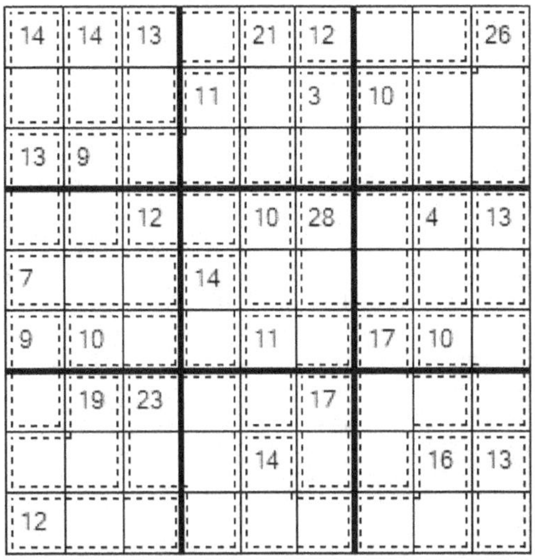

HARD # 113

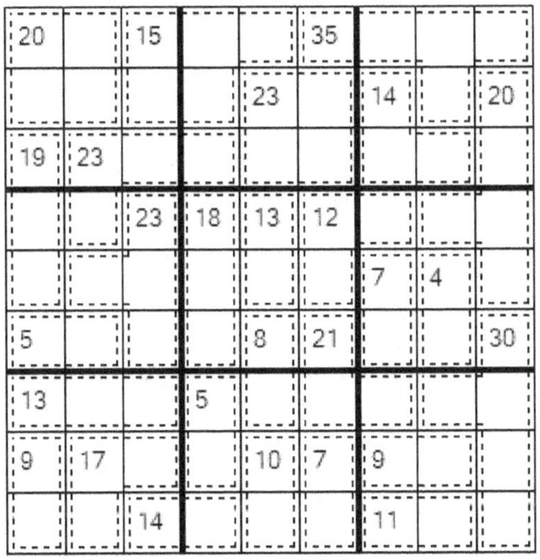

HARD # 114

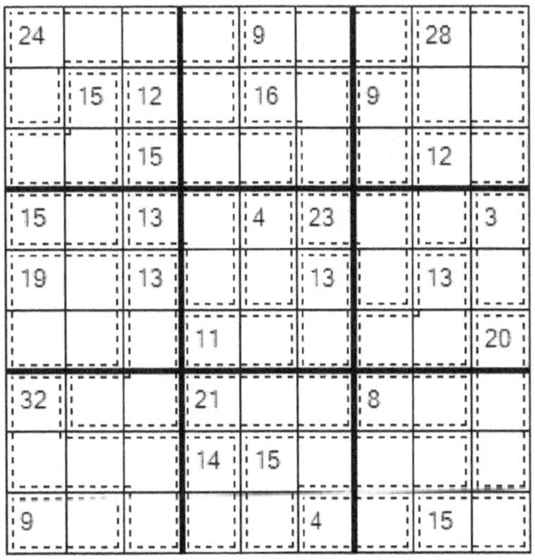

HARD # 115

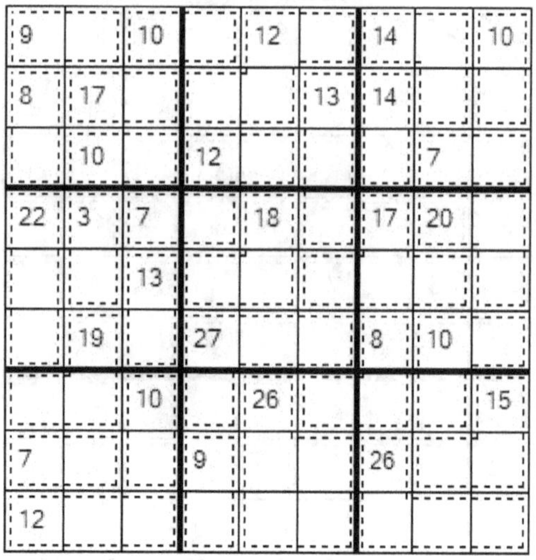

HARD # 116

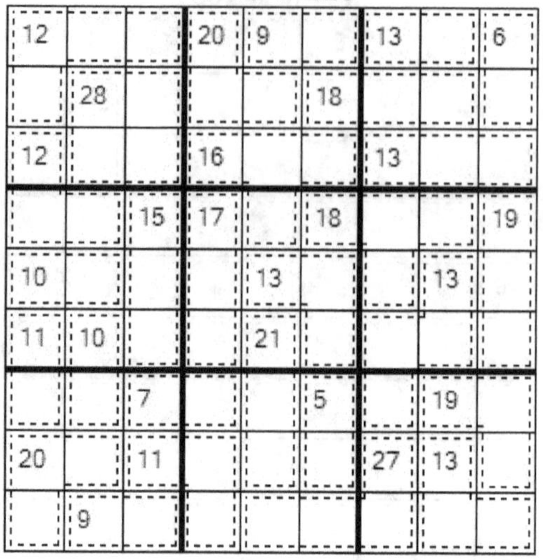

HARD # 117

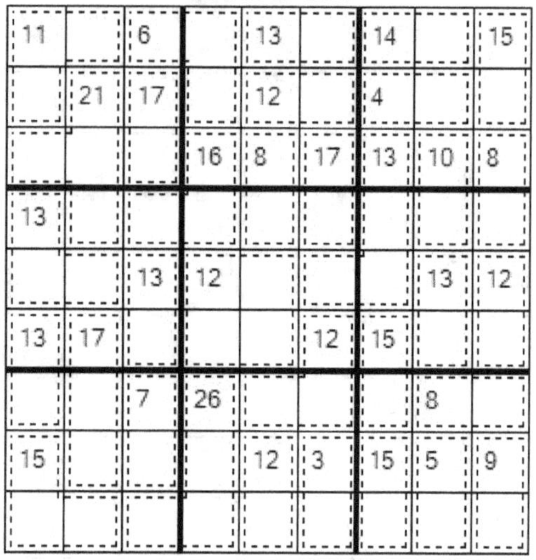

HARD # 118

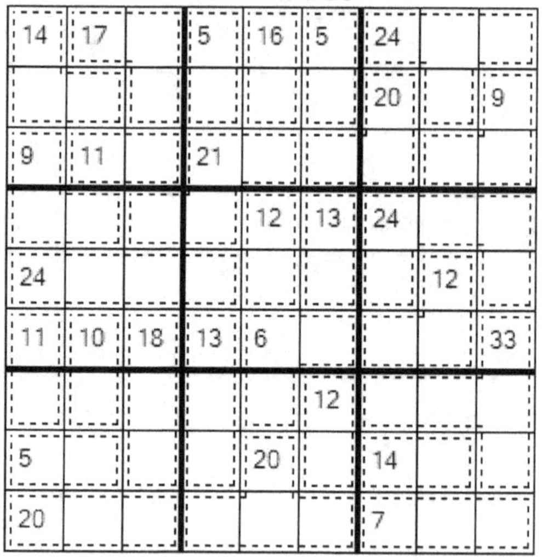

HARD # 119

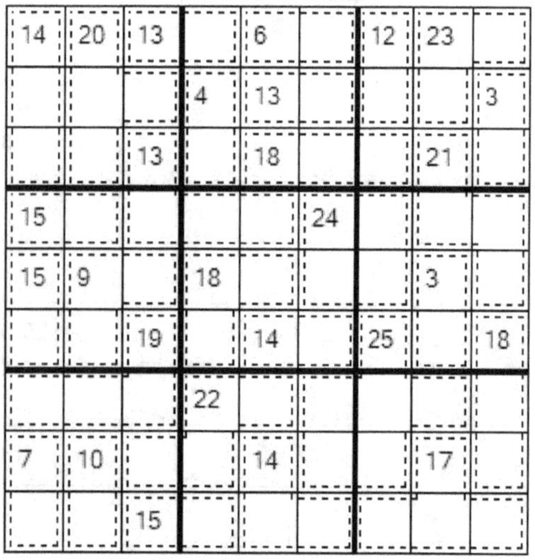

HARD # 120

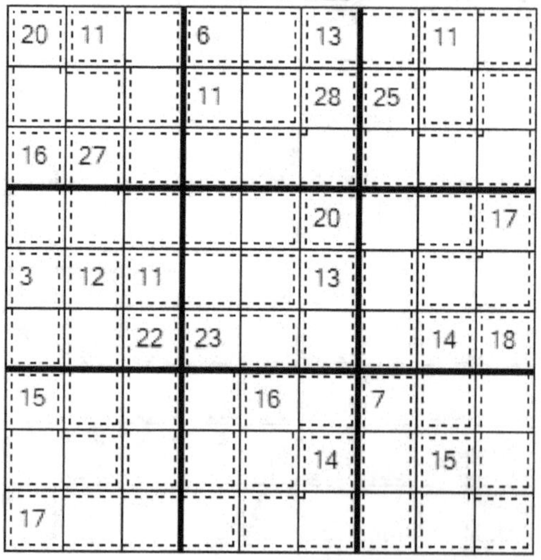

HARD # 121

11		12		8		22		
11	13		9		17			7
			17	17			8	
9	15				11			
	25				9			23
18	11	17		16				
				13		17		
		10	11				13	11
9				15				

HARD # 122

15		13	24	8	12			17
	9				21			
21						12		8
		17	18					
7				11		26	10	
	17		16					8
27			12	9		12		
				15				7
9					24			

HARD # 123

5		9		6	16		8	10
15		25	15		9			
15				8		17	10	
				12			22	
17			18					9
12		10	9		10			
				10		14	27	
18	26							
			19				4	

HARD # 124

12			15	17		9	14	9
15	20			12				
			18		8		11	
11		20				6		
			13		15		10	
12					11		17	
13		7			10	18		15
	18	21		16			12	

HARD # 125

10		8		11	15	14	6	19
14								
10	17	21		31	7			
		22				11		
18						20		
			28		26			8
	12							
		12			15			12
13		16			9			

HARD # 126

5		14		18		6	11	11
13		12						
13	5		10		17	19		
	8	13				16		
16		9		16	13		10	6
					9			
12		12		20		8	26	
11			12					11
16			7					

HARD # 127

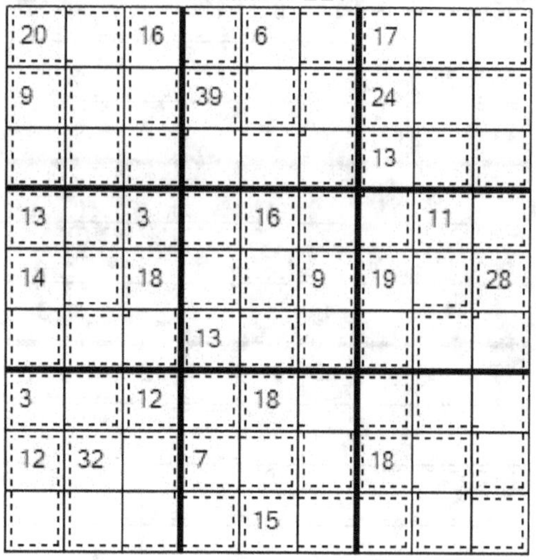

HARD # 128

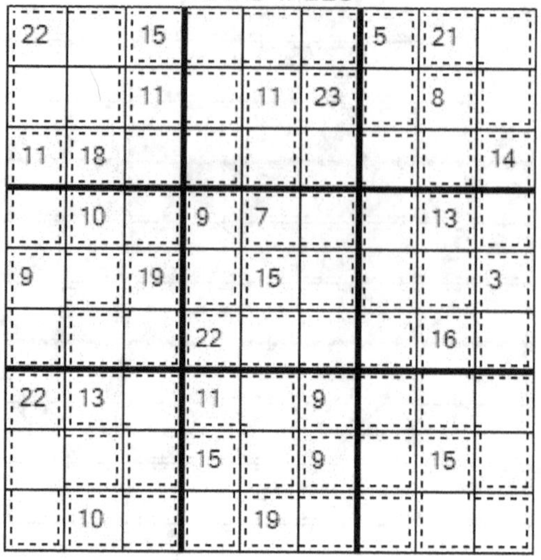

HARD # 129

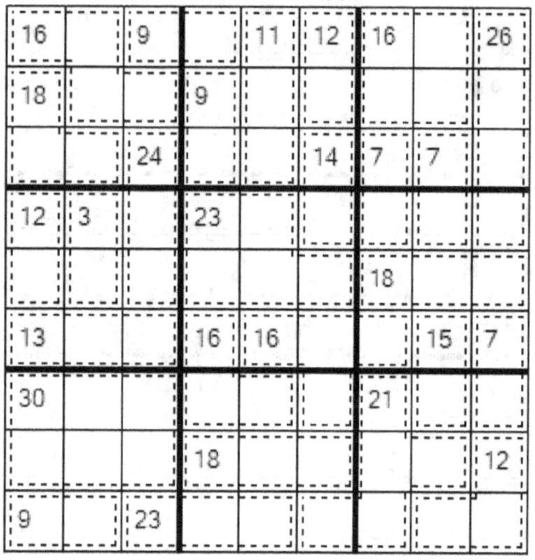

HARD # 130

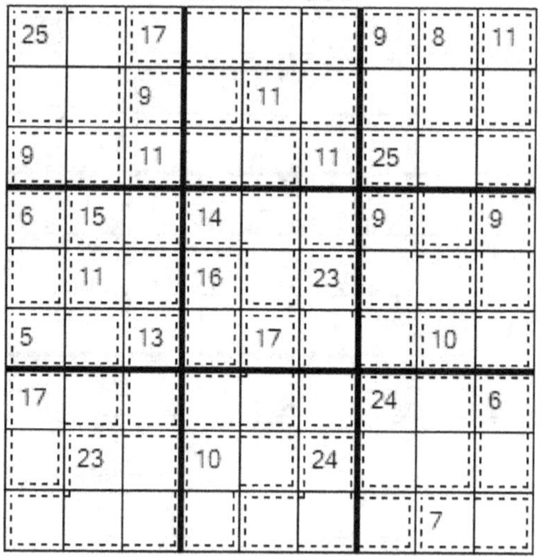

HARD # 131

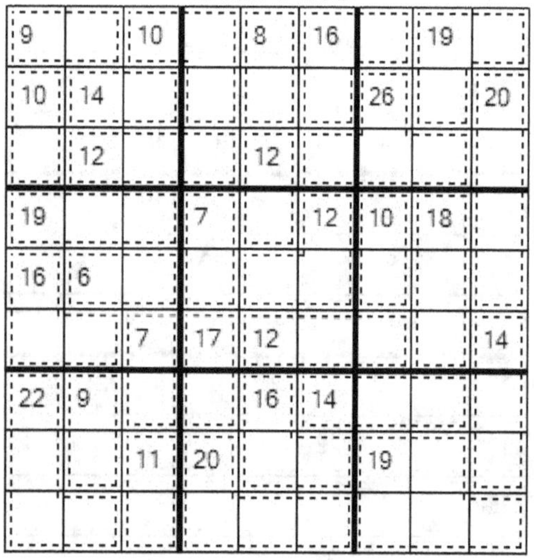

HARD # 132

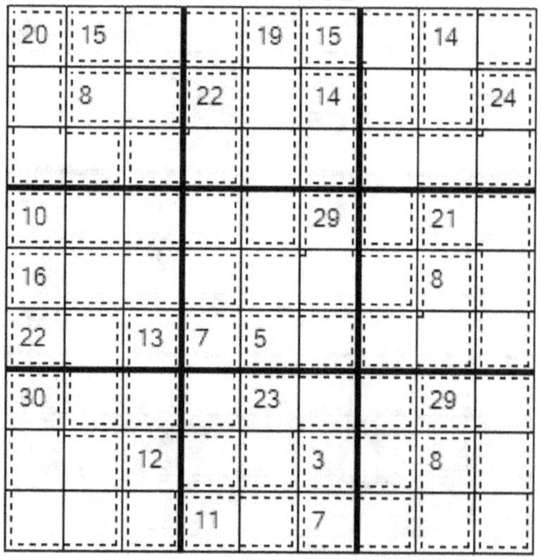

HARD # 133

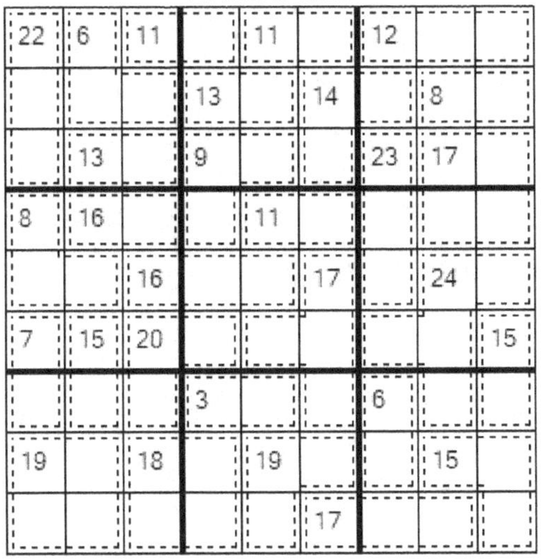

HARD # 134

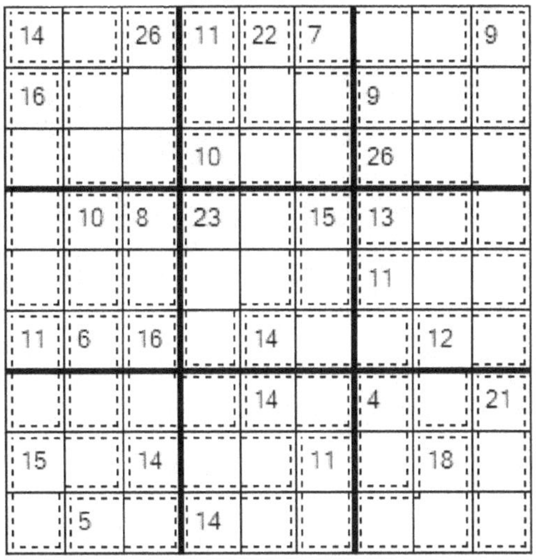

HARD # 135

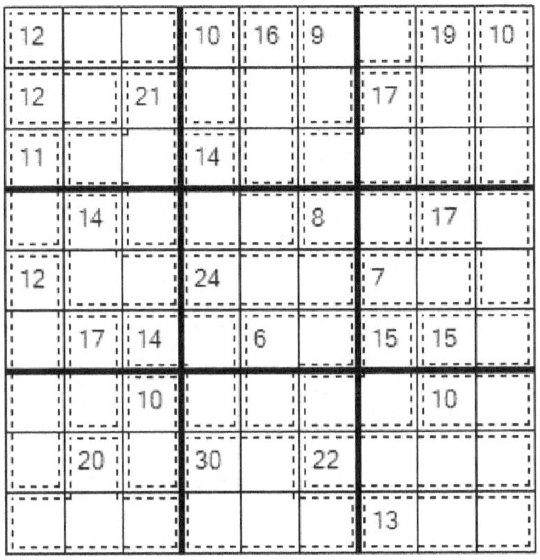

HARD # 136

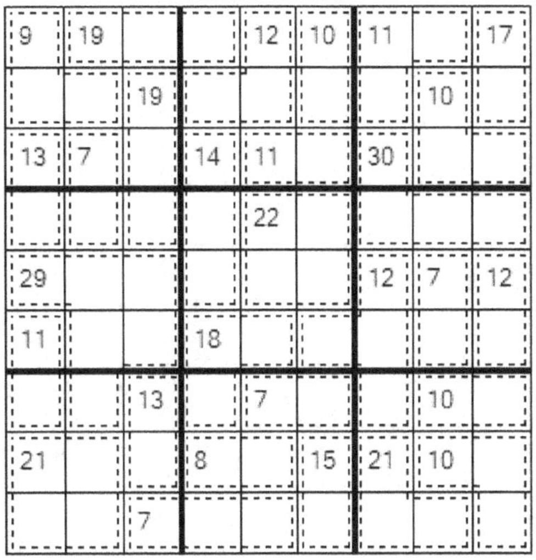

HARD # 137

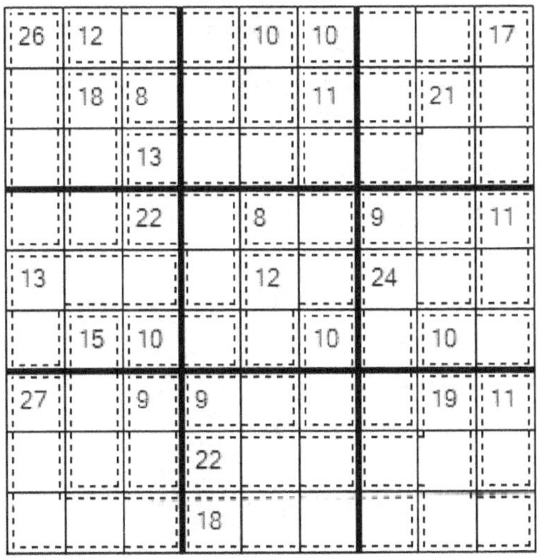

HARD # 138

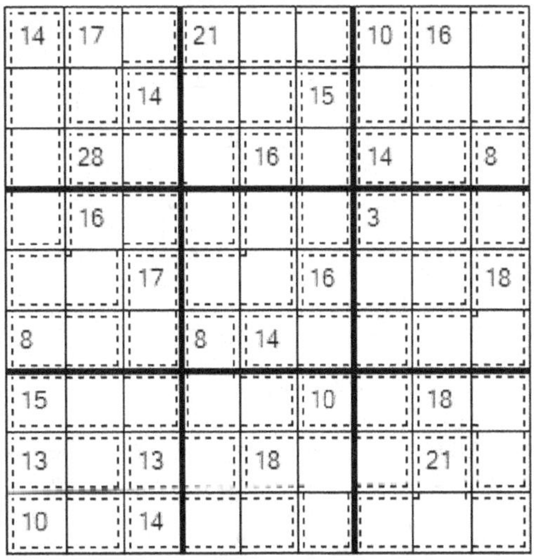

HARD # 139

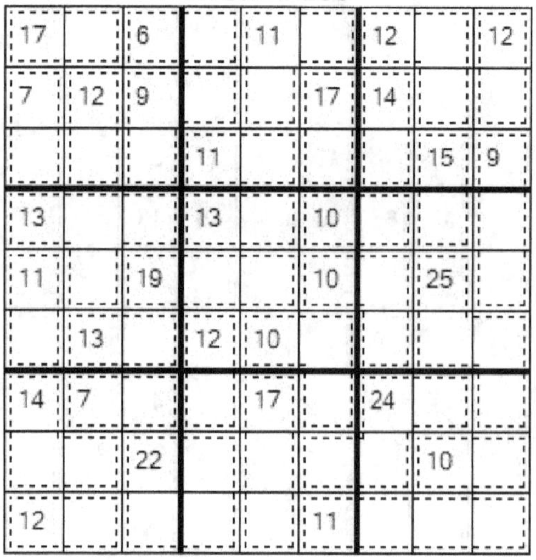

HARD # 140

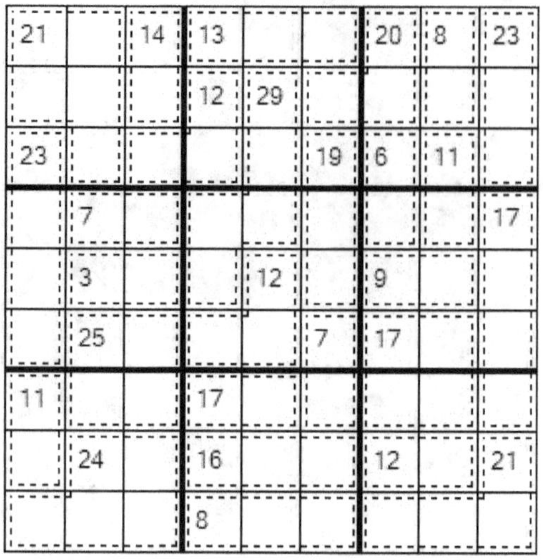

HARD # 141

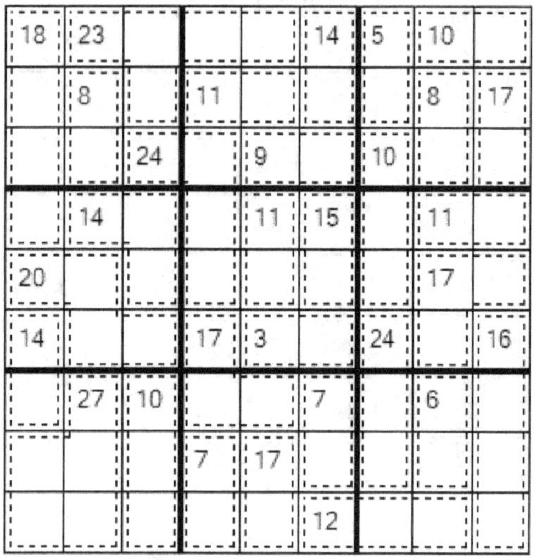

HARD # 142

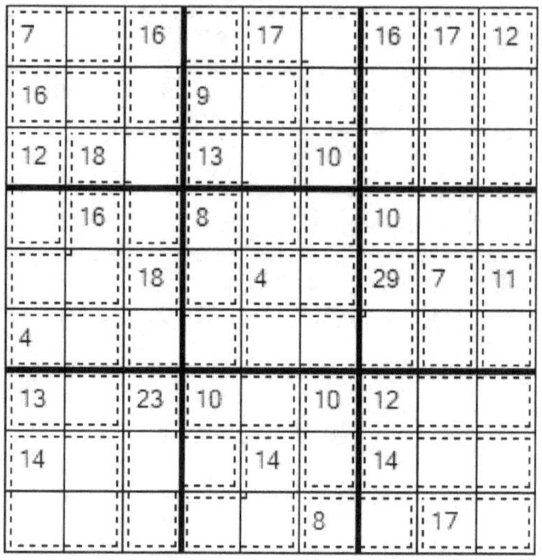

HARD # 143

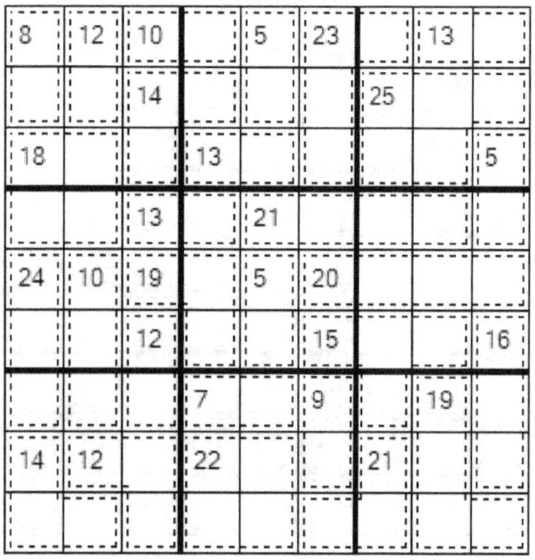

HARD # 144

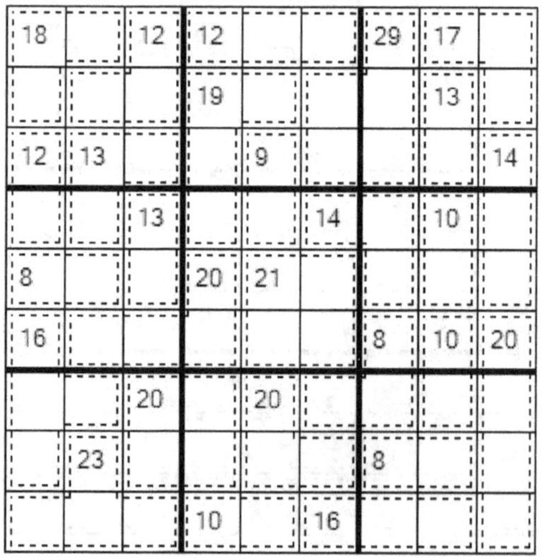

HARD # 145

15		17			18			24
3		8		28		26	7	
	21							
9							5	
14		21			6		16	
	13			13		7	18	
31	13		18					
				17			20	6
		11						

HARD # 146

15		8	24		14	16		21
14								
	10		12		11			
9	4			11	15			17
		13			18			
11	19		13			14	9	
		5		14	16			
	24		8				6	10
11				13				

HARD # 147

9	12		4		12	12		22
		17	17			11		
25			10		9			
		12				29		
10			14		6		7	
	8	8	10		23			20
6			6	20		20		
	8							
26					7		5	

HARD # 148

14		16	17		16	16		
13						10	9	
		14					8	12
16	16		9		7			
			24	22			14	
18						11		12
	11		10	19	16	22		
		10					16	
7								

HARD # 149

12		17	19		16	13	10	
							12	
7		19				10		
16	15		7		14		37	9
	25		13		4			
		6		17	18			
					18			14
	23	13						
			6		15			

HARD # 150

11	14	18		10		11		10
		15			9			
12			15		15		17	
		13		18				
	12	10		7		12		
16		8			11	28		
	14		8				16	17
	15	5	13	20				
						5		

HARD # 151

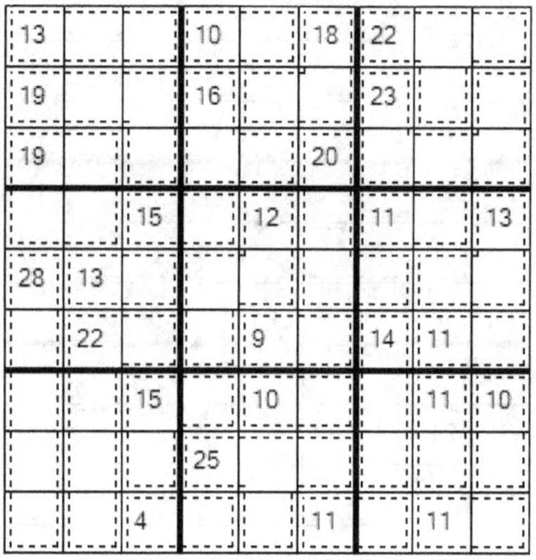

HARD # 152

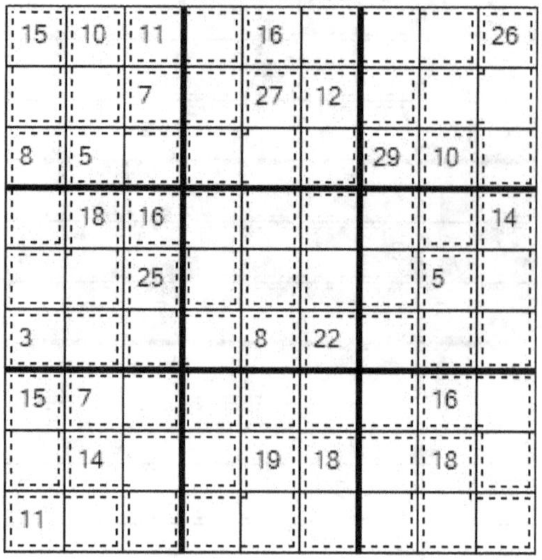

HARD # 153

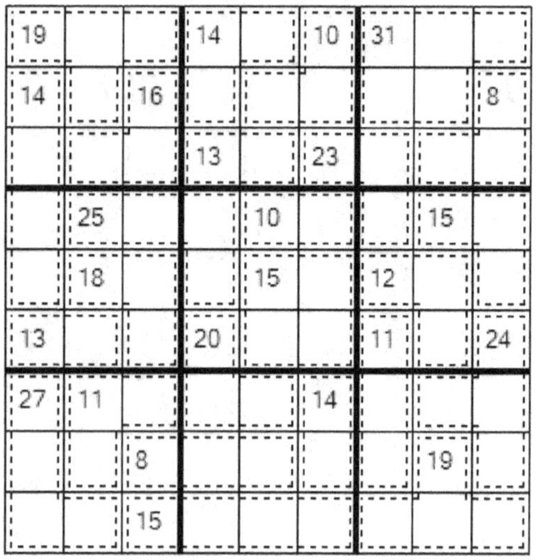

HARD # 154

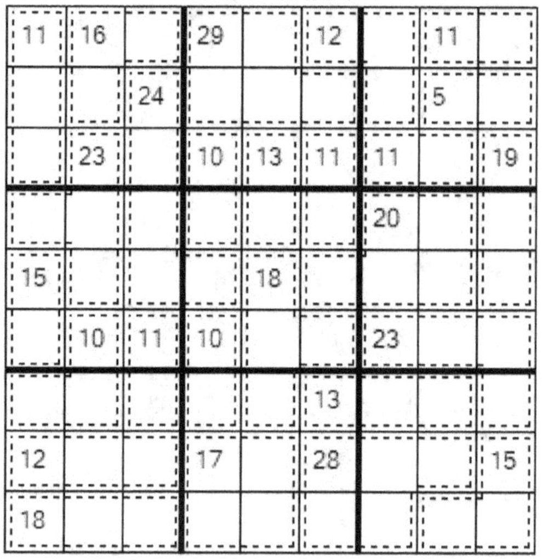

HARD # 155

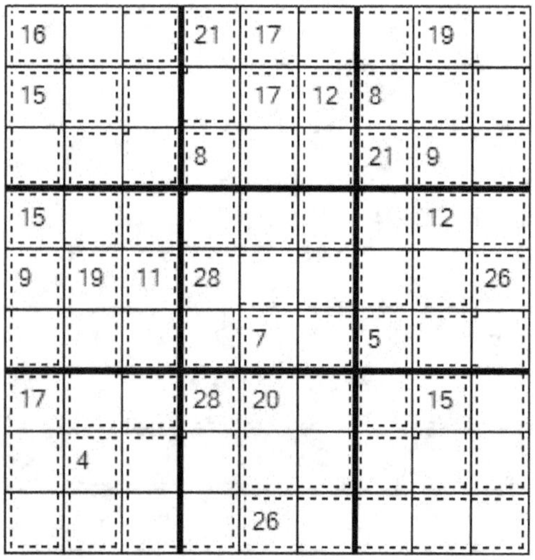

HARD # 156

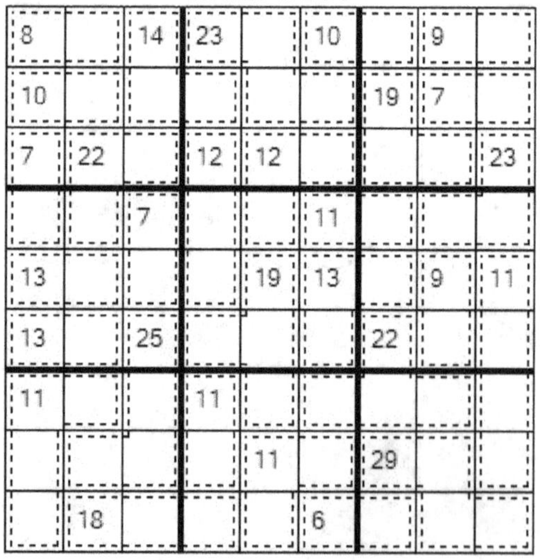

HARD # 157

16	10	13		16	10			15
		6			24	9		
	17	9				7		19
			17			6		
		11			11		22	
20		18		7				
	8	13		9	17			14
19					12			
		17			10		3	

HARD # 158

17	10	10	18	5	16		4	
						16	15	23
16	17			19				
					20			
6			12			22	12	
	17			20				
		14				7		14
9		21			9		14	
13				9				

HARD # 159

10		27	9	6	14		13	
12					14		4	6
16	13			16		20		
								17
	5		18	10	26	10		
17	20					13		
							27	
	24		13					
			11			14		

HARD # 160

16		13	7	10		15		
19				17		8	14	
			10		3			14
	21		11			12		
21				19			12	
			14		13	10		
24			7	14		12		9
11	10					17		
			15				7	

HARD # 161

20			15		15			18
	22				17	9		
5	12			25			16	
			15					15
9		18				19		
14	11		12				16	
				15				12
9		17			16	19		
14								

HARD # 162

20		17		21			3	
	11	11				10		10
			15	11	19	20		
20								20
	17		9			24		
		14	11	4			11	
						15		28
20			10		7			
9		18						

HARD # 163

8	17		15	16		19		
						18		
20	19			27		10		
	14					19		
	16	19			12		8	
							11	12
8		8		8	18			
11		7			15		12	
15			9			14		

HARD # 164

18			21		10		12	
16	19		12				15	
				25		13		11
	9		14	6				
12		12				13		
9				12	19			
	15	10			15	13		
20		13				25		7
			9					

HARD # 165

24			24		12		15	8
	5				11			
11	9		16				18	
		8			12		28	
11			19					
17		17					8	
	23		9	17		24	7	
				7				
28					17			

HARD # 166

28	4		16		8		14	
	8		12		15		13	
	17					12		
	6		10		13		13	
	20			19				7
		12		19	23			
30					4	22		
				15		16	11	4
14								

HARD # 167

15	15			19		18		
		14				12	6	
10		7	24				8	13
23			17	10		9		
	21						11	13
		19		12	10			
			16			11	18	
	6							10
17				15		6		

HARD # 168

23	8		4	12	14	14		10
						12	9	
17		25	15					
					15	9		15
23								
12		20	10		32			
			17			11	11	
	18	7		12	7			23

HARD # 169

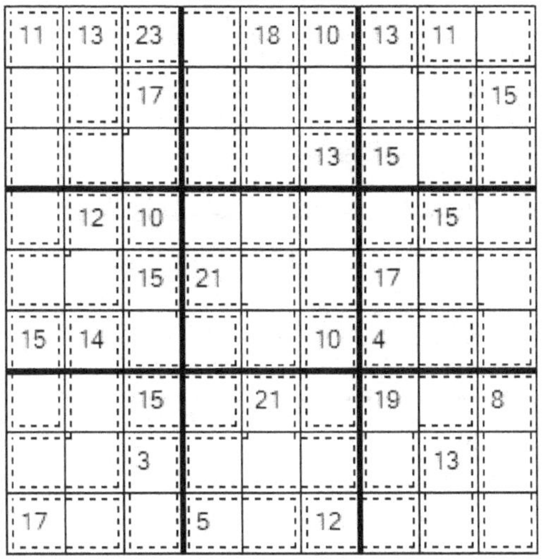

HARD # 170

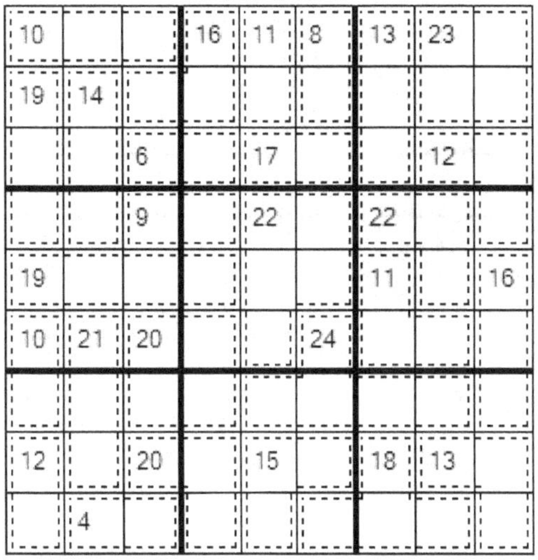

HARD # 171

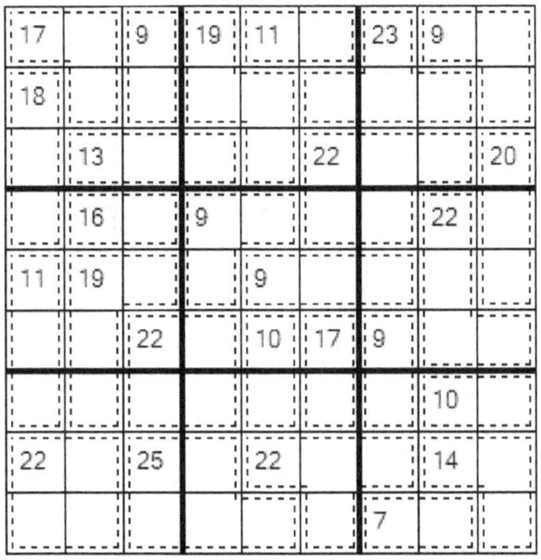

HARD # 172

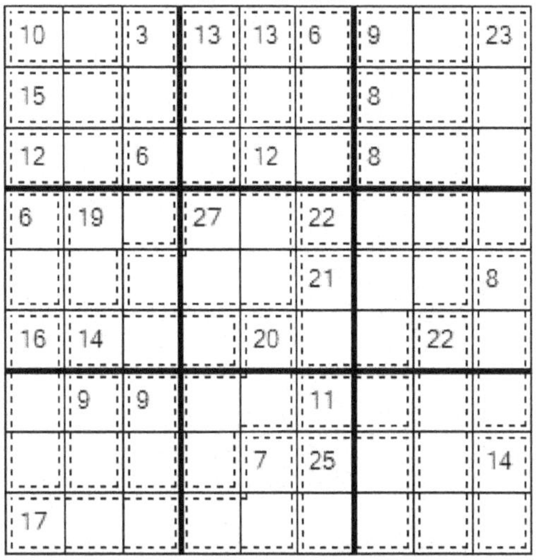

HARD # 173

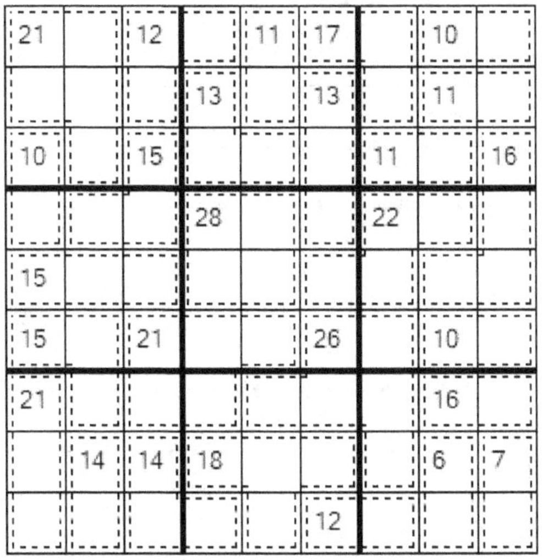

HARD # 174

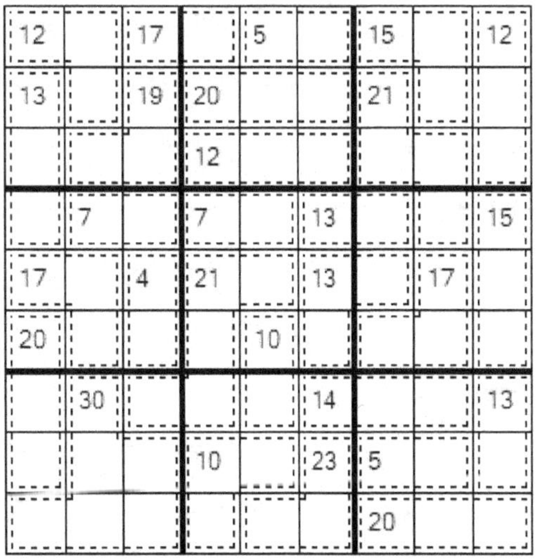

HARD # 175

18		22	13		11	14		
			13			10		21
14			14					
	14	10		12		11		7
			11		16	21		
19							18	
	6		20	8	21			8
17						12	13	
	11							

HARD # 176

17				24	17		11	
13					8		4	10
	8		21		10			
	28			11		22	7	
9			13					15
	7		16		6			
20	21			7		15		
				17		18	12	
		10		8				

HARD # 177

10		23	15			10	17	
			19	15				
22	9	18			11	17		13
						5		
			9		12	7		
11	20	6		23		22	8	10
			8		10			
7		9						19
				20				

HARD # 178

14	10		12		13		10	
	13		15	7		10		16
3	7				30			
	30			19		13		
14			12					
				16	12	19		20
		7						
23		21			10	10		
			12				7	

HARD # 179

16		21		20	12			10
			11			13		
18				24	15		20	
19								17
	14				4			
4		13			10	19		18
	28	23		15				
					13		13	
				15				

HARD # 180

8	13		19	15		10		
	6				6	24		
19	14	8		12		10	6	12
			15					
	18				11		26	
12			15		6			
	13	22	18	18				13
6						20		
							10	

HARD # 181

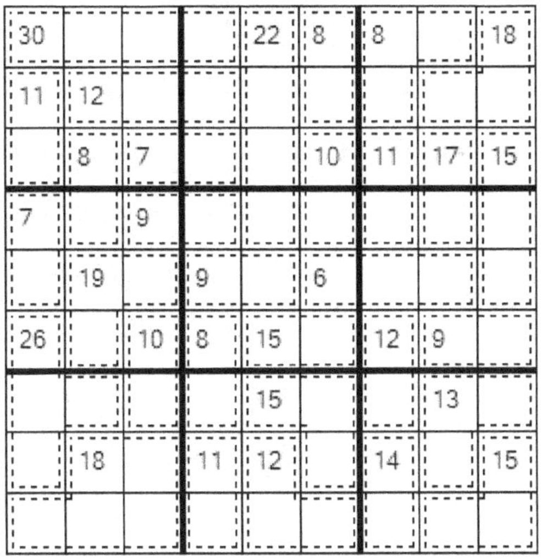

HARD # 182

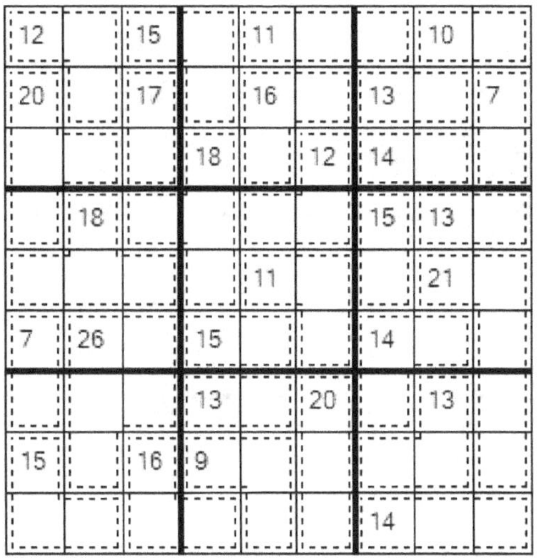

HARD # 183

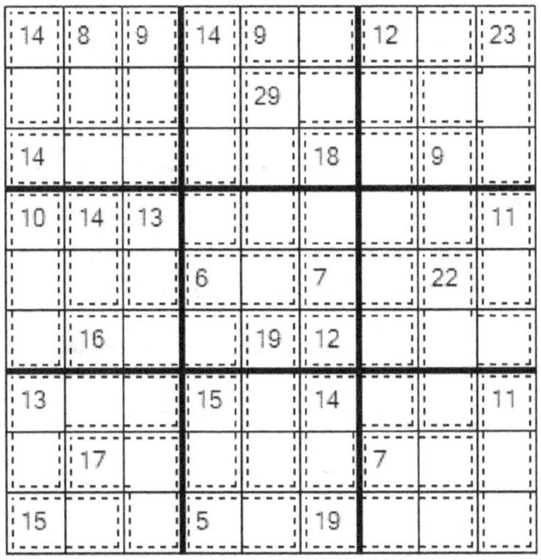

HARD # 184

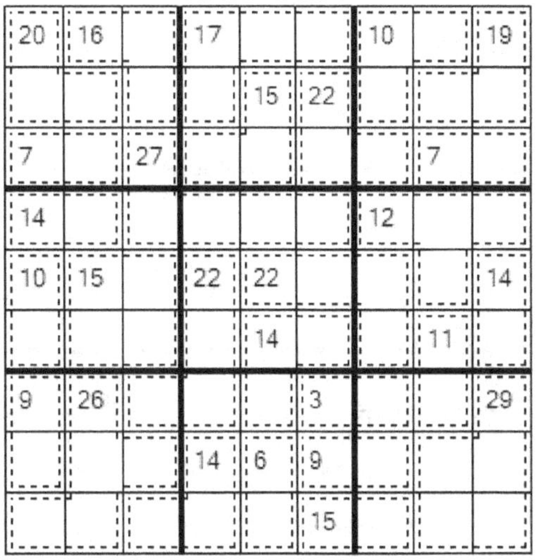

HARD # 185

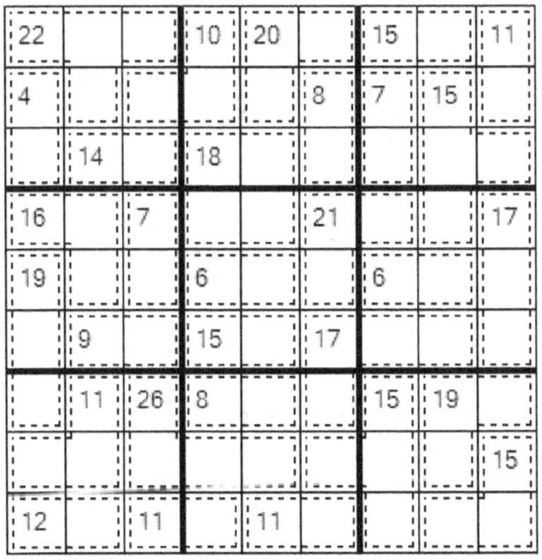

HARD # 186

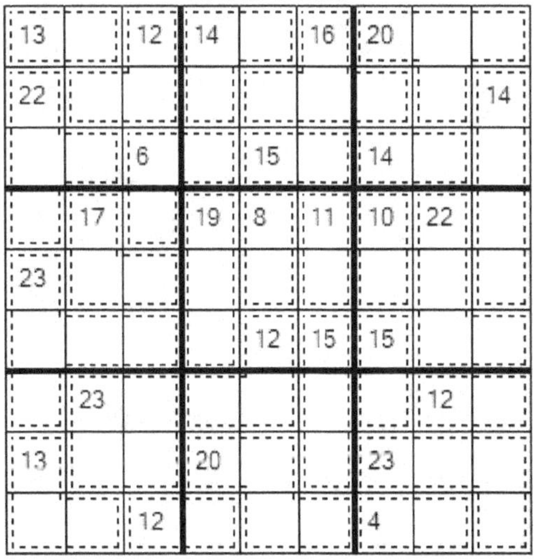

HARD # 187

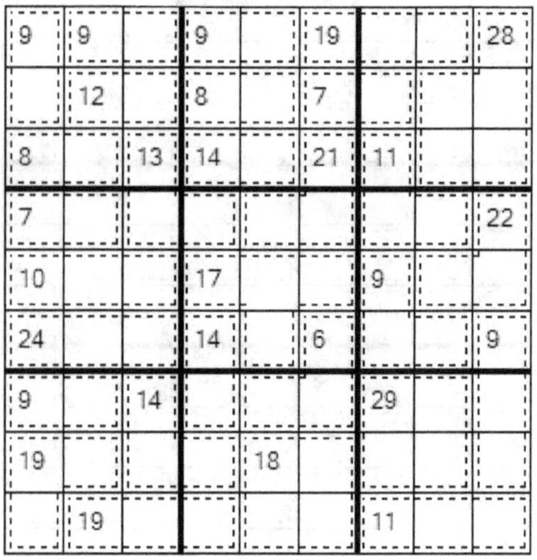

HARD # 188

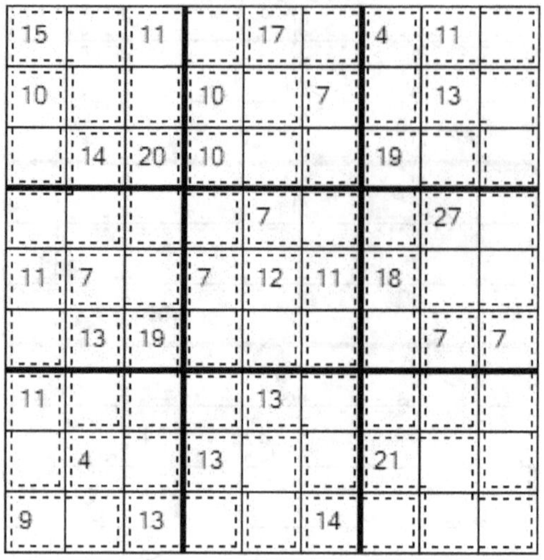

HARD # 189

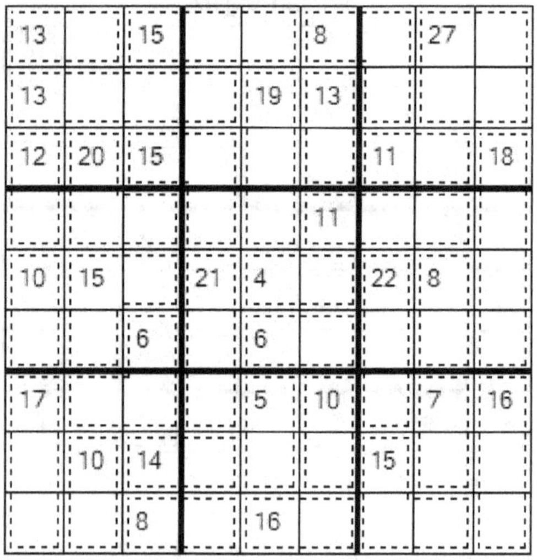

HARD # 190

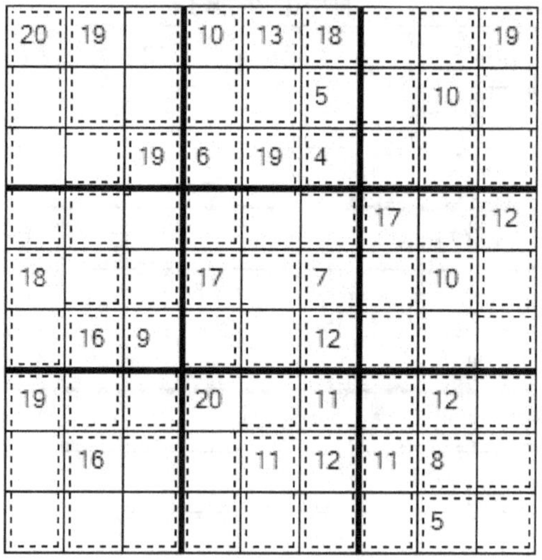

HARD # 191

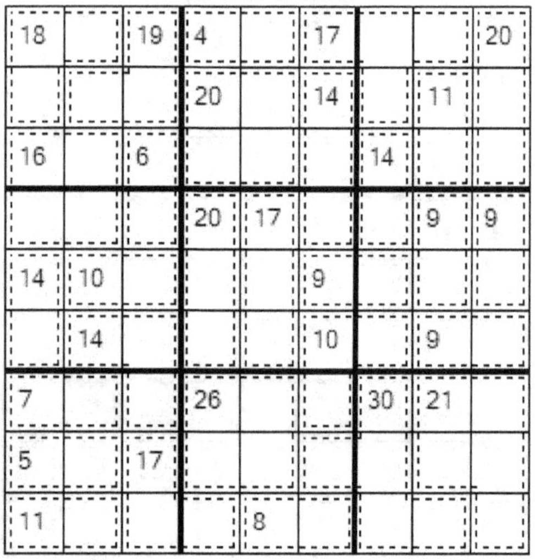

HARD # 192

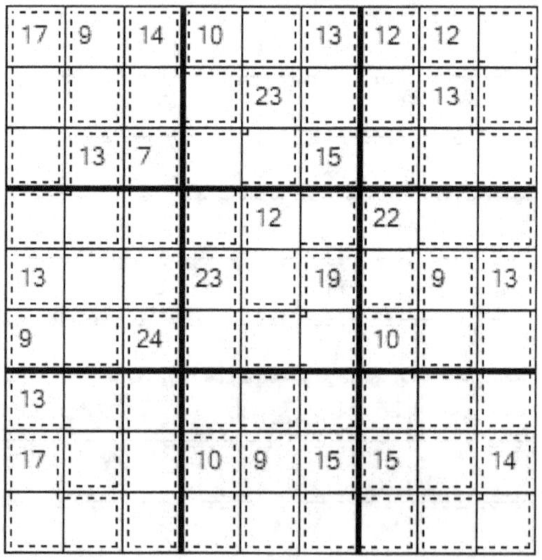

HARD # 193

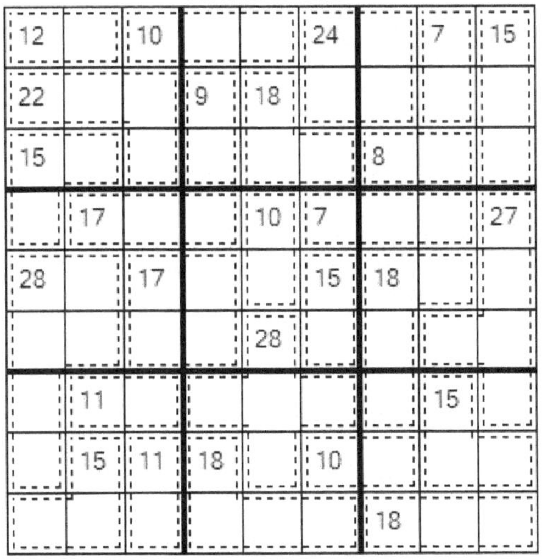

HARD # 194

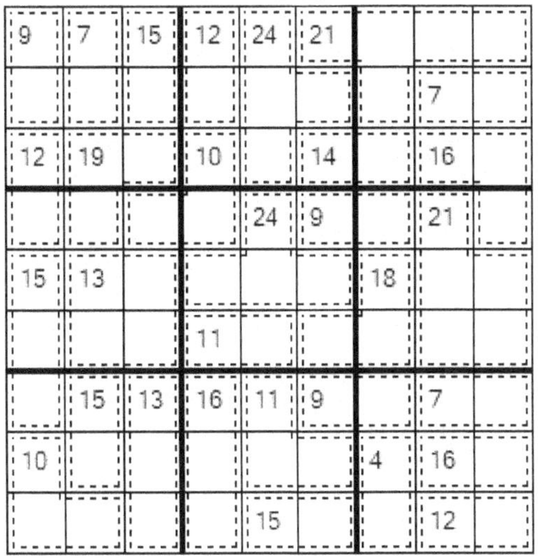

HARD # 195

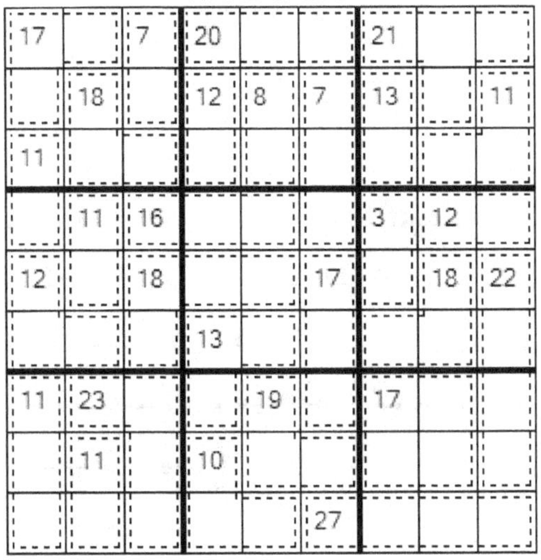

HARD # 196

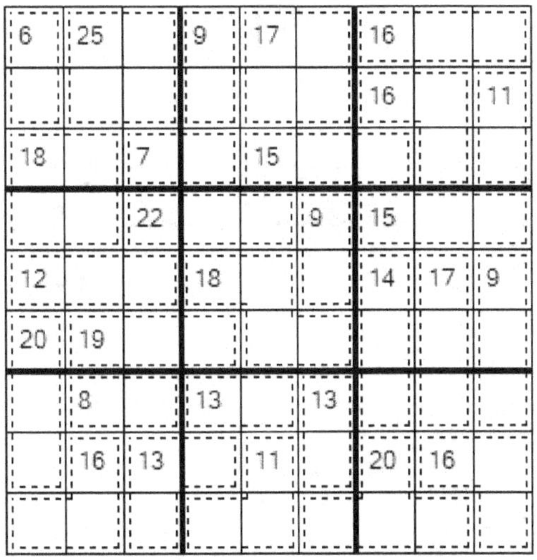

HARD # 197

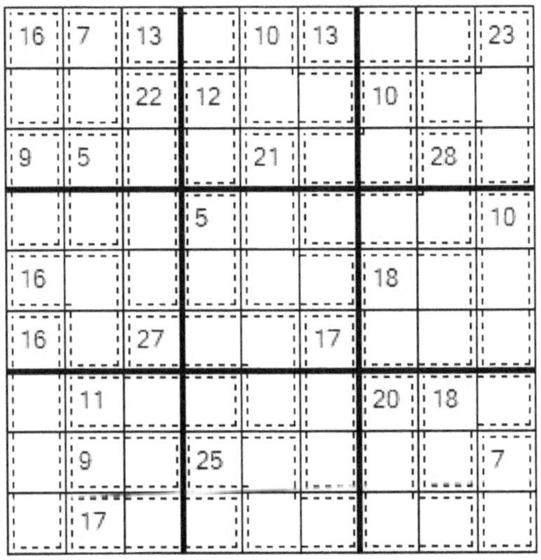

HARD # 198

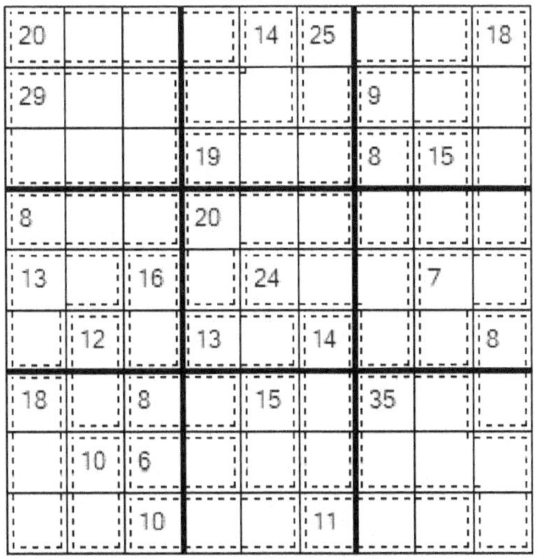

HARD # 199

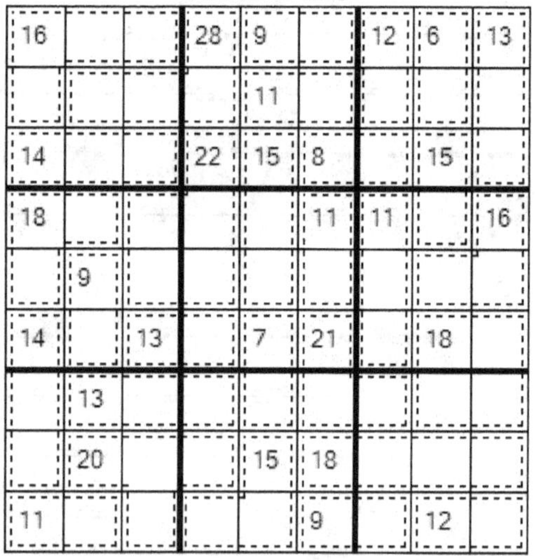

HARD # 200

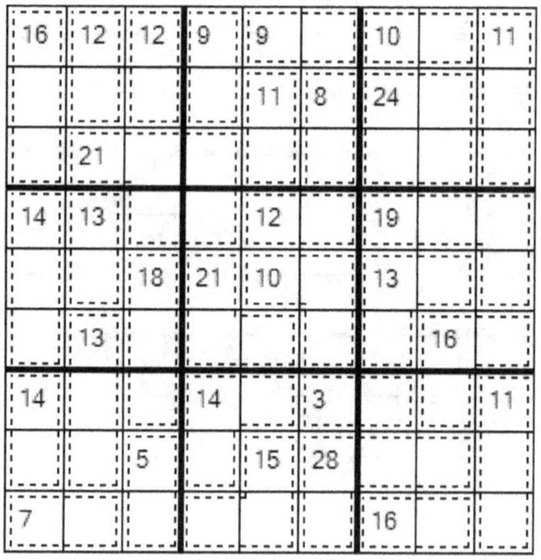

SOLUTIONS

EASY # 1

7	2	8	9	6	4	1	3	5
5	6	4	1	7	3	8	2	9
9	3	1	8	5	2	4	6	7
4	9	2	5	1	8	6	7	3
8	7	3	2	4	6	9	5	1
1	5	6	7	3	9	2	8	4
3	8	7	4	2	1	5	9	6
6	1	9	3	8	5	7	4	2
2	4	5	6	9	7	3	1	8

EASY # 2

9	3	6	2	1	8	4	5	7
4	5	1	6	3	7	2	8	9
8	7	2	9	4	5	6	3	1
6	4	3	5	7	1	8	9	2
2	9	5	3	8	6	1	7	4
1	8	7	4	2	9	3	6	5
3	2	9	7	6	4	5	1	8
5	6	8	1	9	2	7	4	3
7	1	4	8	5	3	9	2	6

EASY # 3

8	6	3	9	5	2	7	4	1
4	1	9	7	3	8	2	5	6
5	7	2	6	4	1	9	3	8
7	5	6	3	1	9	8	2	4
9	3	4	8	2	6	5	1	7
2	8	1	5	7	4	3	6	9
6	2	7	1	8	5	4	9	3
3	9	5	4	6	7	1	8	2
1	4	8	2	9	3	6	7	5

EASY # 4

2	7	1	3	4	5	9	8	6
8	3	5	7	6	9	1	4	2
9	6	4	8	2	1	3	7	5
7	1	2	6	3	8	5	9	4
3	5	8	9	1	4	6	2	7
4	9	6	2	5	7	8	3	1
1	8	7	5	9	2	4	6	3
5	2	3	4	8	6	7	1	9
6	4	9	1	7	3	2	5	8

EASY # 5

5	6	7	1	8	4	3	9	2
1	3	9	7	6	2	4	8	5
2	4	8	9	5	3	7	6	1
8	1	3	6	4	5	2	7	9
7	5	6	8	2	9	1	4	3
4	9	2	3	1	7	8	5	6
9	8	1	2	7	6	5	3	4
3	7	5	4	9	1	6	2	8
6	2	4	5	3	8	9	1	7

EASY # 6

4	6	9	1	2	3	7	8	5
8	3	1	5	7	4	6	9	2
2	7	5	9	6	8	1	3	4
1	4	7	3	8	5	2	6	9
9	8	6	4	1	2	5	7	3
3	5	2	7	9	6	8	4	1
6	1	3	8	5	9	4	2	7
5	2	4	6	3	7	9	1	8
7	9	8	2	4	1	3	5	6

EASY # 7

8	2	7	1	5	9	4	3	6
4	3	6	2	7	8	1	5	9
1	9	5	3	6	4	7	2	8
2	6	1	7	9	3	5	8	4
5	7	3	4	8	1	9	6	2
9	8	4	5	2	6	3	7	1
7	1	2	8	4	5	6	9	3
3	5	9	6	1	2	8	4	7
6	4	8	9	3	7	2	1	5

EASY # 8

5	8	9	7	6	4	2	3	1
6	4	7	3	2	1	8	5	9
3	2	1	8	5	9	7	6	4
8	6	5	1	7	3	4	9	2
7	9	3	4	8	2	5	1	6
4	1	2	5	9	6	3	7	8
2	7	8	9	1	5	6	4	3
9	5	4	6	3	8	1	2	7
1	3	6	2	4	7	9	8	5

EASY # 9

4	9	7	2	3	6	8	1	5
2	5	3	1	8	4	9	7	6
6	1	8	9	5	7	3	2	4
1	3	4	6	2	9	7	5	8
8	6	2	7	1	5	4	9	3
9	7	5	8	4	3	2	6	1
7	8	1	4	6	2	5	3	9
5	4	9	3	7	1	6	8	2
3	2	6	5	9	8	1	4	7

EASY # 10

2	3	1	7	5	8	9	6	4
7	8	9	2	6	4	3	1	5
6	4	5	1	9	3	7	2	8
9	7	8	5	4	2	1	3	6
1	6	4	8	3	7	2	5	9
3	5	2	9	1	6	8	4	7
4	1	7	6	2	9	5	8	3
5	9	3	4	8	1	6	7	2
8	2	6	3	7	5	4	9	1

EASY # 11

2	6	8	5	4	1	7	9	3
1	7	5	8	9	3	4	6	2
4	3	9	7	6	2	5	8	1
5	1	3	6	2	8	9	4	7
7	4	6	9	3	5	1	2	8
9	8	2	1	7	4	6	3	5
6	5	4	3	8	7	2	1	9
3	9	7	2	1	6	8	5	4
8	2	1	4	5	9	3	7	6

EASY # 12

4	3	6	1	8	2	7	5	9
2	1	9	4	7	5	6	3	8
5	8	7	3	9	6	4	1	2
7	6	5	9	4	3	2	8	1
1	9	4	6	2	8	3	7	5
3	2	8	7	5	1	9	6	4
9	4	1	8	3	7	5	2	6
6	5	3	2	1	9	8	4	7
8	7	2	5	6	4	1	9	3

EASY # 13

8	3	7	5	2	1	9	6	4
9	6	5	7	3	4	8	2	1
4	1	2	9	8	6	5	7	3
2	5	8	4	9	7	3	1	6
1	7	3	8	6	5	2	4	9
6	4	9	2	1	3	7	5	8
5	2	1	3	4	9	6	8	7
7	9	6	1	5	8	4	3	2
3	8	4	6	7	2	1	9	5

EASY # 14

7	2	3	9	4	5	6	8	1
4	9	6	2	8	1	3	5	7
1	8	5	7	6	3	2	9	4
9	7	8	3	2	4	5	1	6
5	3	2	6	1	8	7	4	9
6	4	1	5	9	7	8	2	3
8	5	9	1	3	6	4	7	2
2	6	7	4	5	9	1	3	8
3	1	4	8	7	2	9	6	5

EASY # 15

3	7	2	4	6	1	5	8	9
8	6	5	7	9	2	1	3	4
1	9	4	3	8	5	2	7	6
4	8	9	1	2	3	7	6	5
5	3	6	8	7	9	4	1	2
7	2	1	5	4	6	8	9	3
9	4	8	2	3	7	6	5	1
2	5	3	6	1	8	9	4	7
6	1	7	9	5	4	3	2	8

EASY # 16

6	4	9	7	2	5	1	3	8
5	2	1	9	3	8	4	7	6
7	3	8	1	6	4	2	5	9
4	1	6	3	9	7	5	8	2
9	5	7	8	4	2	6	1	3
2	8	3	6	5	1	9	4	7
3	6	4	5	8	9	7	2	1
1	9	2	4	7	3	8	6	5
8	7	5	2	1	6	3	9	4

EASY # 17

1	5	7	6	9	3	8	2	4
2	6	8	4	7	1	5	9	3
4	9	3	5	2	8	6	7	1
6	8	2	3	1	7	9	4	5
9	7	1	8	4	5	3	6	2
3	4	5	9	6	2	1	8	7
5	2	4	1	8	6	7	3	9
8	3	9	7	5	4	2	1	6
7	1	6	2	3	9	4	5	8

EASY # 18

2	7	4	1	8	9	5	6	3
8	1	5	6	7	3	9	2	4
6	3	9	2	5	4	1	7	8
1	2	7	3	9	6	8	4	5
9	8	6	5	4	7	3	1	2
5	4	3	8	1	2	7	9	6
3	9	1	4	6	8	2	5	7
4	5	2	7	3	1	6	8	9
7	6	8	9	2	5	4	3	1

EASY # 19

4	9	1	2	3	6	7	8	5
7	2	3	8	4	5	1	9	6
6	8	5	7	1	9	2	3	4
5	3	7	1	2	4	9	6	8
2	1	9	6	8	3	4	5	7
8	4	6	5	9	7	3	2	1
3	7	2	4	6	8	5	1	9
1	5	8	9	7	2	6	4	3
9	6	4	3	5	1	8	7	2

EASY # 20

3	2	1	6	7	5	8	9	4
8	9	4	3	1	2	7	5	6
5	6	7	8	9	4	1	3	2
2	7	3	9	4	8	6	1	5
1	4	9	2	5	6	3	7	8
6	8	5	7	3	1	2	4	9
7	3	2	4	6	9	5	8	1
4	1	6	5	8	3	9	2	7
9	5	8	1	2	7	4	6	3

EASY # 21

4	8	7	6	2	9	5	1	3
5	1	3	4	8	7	2	6	9
2	9	6	5	3	1	8	7	4
1	4	2	3	5	8	6	9	7
7	5	9	1	6	4	3	8	2
3	6	8	9	7	2	4	5	1
6	7	4	2	9	5	1	3	8
9	3	1	8	4	6	7	2	5
8	2	5	7	1	3	9	4	6

EASY # 22

2	6	4	9	7	8	3	5	1
8	5	7	3	2	1	9	4	6
3	1	9	5	4	6	8	2	7
5	7	3	1	9	2	4	6	8
9	8	1	7	6	4	2	3	5
6	4	2	8	5	3	7	1	9
4	9	5	6	3	7	1	8	2
7	2	8	4	1	5	6	9	3
1	3	6	2	8	9	5	7	4

EASY # 23

5	7	4	2	8	1	9	3	6
2	9	8	4	6	3	1	5	7
6	1	3	7	9	5	2	8	4
4	3	2	1	7	9	5	6	8
7	5	6	3	2	8	4	1	9
1	8	9	6	5	4	3	7	2
9	2	7	5	3	6	8	4	1
3	6	1	8	4	2	7	9	5
8	4	5	9	1	7	6	2	3

EASY # 24

7	6	9	1	2	4	5	3	8
8	1	2	9	5	3	7	4	6
4	5	3	6	7	8	1	9	2
5	9	7	3	6	1	2	8	4
1	4	6	8	9	2	3	7	5
3	2	8	7	4	5	9	6	1
2	7	1	4	3	6	8	5	9
6	3	5	2	8	9	4	1	7
9	8	4	5	1	7	6	2	3

EASY # 25

5	1	3	6	4	9	2	8	7
2	6	8	3	7	1	9	4	5
7	4	9	2	5	8	6	1	3
3	8	2	9	1	4	5	7	6
1	9	5	8	6	7	3	2	4
6	7	4	5	2	3	1	9	8
8	2	6	7	9	5	4	3	1
9	3	1	4	8	6	7	5	2
4	5	7	1	3	2	8	6	9

EASY # 26

1	3	8	7	6	5	9	4	2
6	7	2	8	9	4	5	1	3
5	4	9	3	1	2	7	6	8
7	2	1	4	8	9	6	3	5
9	6	5	2	3	1	4	8	7
3	8	4	5	7	6	2	9	1
4	9	7	1	5	3	8	2	6
2	5	3	6	4	8	1	7	9
8	1	6	9	2	7	3	5	4

EASY # 27

8	3	5	1	4	7	9	6	2
2	4	6	5	8	9	7	3	1
9	7	1	3	2	6	4	5	8
5	8	3	2	9	4	6	1	7
1	9	2	6	7	5	8	4	3
4	6	7	8	3	1	5	2	9
3	5	4	9	1	8	2	7	6
6	1	8	7	5	2	3	9	4
7	2	9	4	6	3	1	8	5

EASY # 28

7	4	3	1	2	5	6	9	8
5	9	6	8	3	7	2	1	4
8	1	2	9	4	6	5	3	7
1	6	5	7	9	4	8	2	3
2	7	4	5	8	3	1	6	9
3	8	9	6	1	2	7	4	5
6	5	1	4	7	9	3	8	2
4	2	8	3	5	1	9	7	6
9	3	7	2	6	8	4	5	1

EASY # 29

8	7	5	4	1	6	9	2	3
4	9	2	5	3	7	8	6	1
3	6	1	8	9	2	4	5	7
5	1	9	6	2	8	7	3	4
2	4	7	1	5	3	6	8	9
6	8	3	9	7	4	5	1	2
1	5	4	3	6	9	2	7	8
9	2	6	7	8	1	3	4	5
7	3	8	2	4	5	1	9	6

EASY # 30

3	6	4	2	8	7	1	9	5
8	7	5	9	6	1	4	3	2
9	2	1	4	3	5	6	7	8
6	1	3	8	2	9	5	4	7
7	4	8	1	5	6	3	2	9
2	5	9	7	4	3	8	6	1
1	8	2	3	9	4	7	5	6
4	9	6	5	7	8	2	1	3
5	3	7	6	1	2	9	8	4

EASY # 31

8	6	1	3	9	7	4	5	2
5	3	2	4	6	8	7	1	9
4	7	9	5	1	2	8	6	3
3	9	4	6	7	5	1	2	8
7	8	5	2	4	1	9	3	6
2	1	6	9	8	3	5	7	4
9	4	3	1	5	6	2	8	7
6	5	7	8	2	9	3	4	1
1	2	8	7	3	4	6	9	5

EASY # 32

9	4	2	1	8	6	7	5	3
6	7	5	4	2	3	1	9	8
8	1	3	5	9	7	6	2	4
1	6	4	2	3	9	5	8	7
7	2	9	6	5	8	4	3	1
5	3	8	7	1	4	9	6	2
4	5	1	3	6	2	8	7	9
2	9	6	8	7	1	3	4	5
3	8	7	9	4	5	2	1	6

EASY # 33

9	6	1	3	7	4	2	5	8
2	4	8	5	9	1	6	3	7
5	7	3	2	6	8	1	9	4
3	2	9	4	5	6	8	7	1
1	5	4	7	8	3	9	2	6
7	8	6	1	2	9	5	4	3
4	3	2	8	1	5	7	6	9
6	1	7	9	3	2	4	8	5
8	9	5	6	4	7	3	1	2

EASY # 34

5	8	6	9	7	2	3	4	1
3	4	2	5	1	6	9	7	8
1	9	7	3	8	4	2	5	6
9	3	5	4	2	1	8	6	7
2	7	4	8	6	9	5	1	3
8	6	1	7	5	3	4	2	9
7	2	9	6	3	5	1	8	4
4	5	8	1	9	7	6	3	2
6	1	3	2	4	8	7	9	5

EASY # 35

4	7	3	6	5	8	1	9	2
5	9	6	1	2	7	4	3	8
8	2	1	4	3	9	5	6	7
6	8	9	5	4	1	7	2	3
3	5	7	8	9	2	6	4	1
1	4	2	7	6	3	9	8	5
7	6	8	2	1	4	3	5	9
9	1	5	3	8	6	2	7	4
2	3	4	9	7	5	8	1	6

EASY # 36

6	1	9	5	8	7	2	4	3
8	2	4	6	1	3	9	7	5
5	7	3	9	4	2	1	8	6
9	6	7	1	3	8	5	2	4
1	3	2	4	7	5	6	9	8
4	5	8	2	9	6	7	3	1
7	4	6	8	2	1	3	5	9
3	9	1	7	5	4	8	6	2
2	8	5	3	6	9	4	1	7

EASY # 37

2	1	7	8	6	5	4	3	9
6	8	5	4	3	9	2	7	1
4	3	9	1	2	7	5	8	6
3	7	8	6	1	4	9	2	5
5	9	4	7	8	2	1	6	3
1	6	2	5	9	3	8	4	7
8	5	1	2	7	6	3	9	4
7	4	3	9	5	8	6	1	2
9	2	6	3	4	1	7	5	8

EASY # 38

4	9	3	5	2	7	6	8	1
6	7	5	1	4	8	2	9	3
2	1	8	3	6	9	4	5	7
3	4	1	6	8	5	7	2	9
5	2	7	4	9	1	3	6	8
8	6	9	2	7	3	5	1	4
7	5	2	8	1	4	9	3	6
1	3	4	9	5	6	8	7	2
9	8	6	7	3	2	1	4	5

EASY # 39

9	2	4	3	1	8	5	6	7
8	3	5	6	7	4	1	2	9
6	1	7	9	5	2	3	4	8
2	5	9	8	6	3	7	1	4
3	4	6	7	9	1	8	5	2
1	7	8	2	4	5	6	9	3
4	9	3	5	8	6	2	7	1
5	8	1	4	2	7	9	3	6
7	6	2	1	3	9	4	8	5

EASY # 40

8	6	7	9	4	1	2	5	3
1	4	5	6	2	3	9	8	7
9	3	2	5	7	8	6	4	1
4	8	3	1	9	2	5	7	6
2	7	9	8	5	6	1	3	4
6	5	1	4	3	7	8	9	2
3	1	6	7	8	9	4	2	5
7	9	4	2	1	5	3	6	8
5	2	8	3	6	4	7	1	9

EASY # 41

8	7	2	4	9	1	5	3	6
3	6	9	5	7	2	8	1	4
1	4	5	6	3	8	7	9	2
5	9	6	3	8	4	1	2	7
2	1	7	9	6	5	3	4	8
4	3	8	1	2	7	6	5	9
9	5	4	8	1	6	2	7	3
6	2	1	7	4	3	9	8	5
7	8	3	2	5	9	4	6	1

EASY # 42

1	2	4	7	5	6	3	8	9
6	7	8	4	3	9	2	1	5
9	5	3	2	1	8	4	7	6
3	1	7	9	2	5	6	4	8
2	9	6	8	7	4	1	5	3
8	4	5	3	6	1	9	2	7
4	3	2	5	9	7	8	6	1
7	8	1	6	4	3	5	9	2
5	6	9	1	8	2	7	3	4

EASY # 43

4	9	7	3	5	8	2	1	6
8	5	2	7	1	6	3	4	9
3	6	1	4	2	9	7	8	5
1	8	6	5	9	7	4	3	2
7	3	4	8	6	2	5	9	1
5	2	9	1	4	3	6	7	8
6	7	3	9	8	5	1	2	4
2	1	8	6	3	4	9	5	7
9	4	5	2	7	1	8	6	3

EASY # 44

2	1	7	9	4	8	6	5	3
8	9	3	6	5	7	4	2	1
4	5	6	2	1	3	7	8	9
9	8	4	3	6	2	5	1	7
6	3	2	5	7	1	9	4	8
5	7	1	4	8	9	2	3	6
3	4	8	7	2	6	1	9	5
7	2	9	1	3	5	8	6	4
1	6	5	8	9	4	3	7	2

EASY # 45

8	5	7	2	9	1	4	3	6
9	6	3	4	8	7	2	5	1
4	1	2	3	6	5	9	8	7
2	4	1	6	7	3	8	9	5
7	8	6	9	5	2	3	1	4
3	9	5	8	1	4	7	6	2
1	2	4	5	3	8	6	7	9
6	7	8	1	2	9	5	4	3
5	3	9	7	4	6	1	2	8

EASY # 46

9	5	2	7	6	1	3	8	4
7	4	8	3	5	9	1	6	2
3	6	1	2	4	8	7	9	5
6	1	7	5	9	4	2	3	8
2	9	3	8	7	6	4	5	1
4	8	5	1	3	2	6	7	9
1	2	6	9	8	7	5	4	3
8	3	4	6	2	5	9	1	7
5	7	9	4	1	3	8	2	6

EASY # 47

4	8	9	7	1	6	5	3	2
3	7	5	9	8	2	6	1	4
2	1	6	4	5	3	9	7	8
7	6	4	8	3	5	2	9	1
1	9	8	6	2	4	7	5	3
5	2	3	1	9	7	8	4	6
8	4	7	5	6	1	3	2	9
6	3	1	2	7	9	4	8	5
9	5	2	3	4	8	1	6	7

EASY # 48

6	2	8	9	4	5	7	3	1
7	9	1	6	2	3	8	4	5
5	3	4	7	8	1	6	9	2
9	6	5	1	3	8	4	2	7
4	7	3	2	5	9	1	8	6
1	8	2	4	7	6	3	5	9
8	4	9	5	1	7	2	6	3
3	1	6	8	9	2	5	7	4
2	5	7	3	6	4	9	1	8

EASY # 49

8	9	2	7	5	3	6	1	4
6	1	3	9	2	4	7	8	5
7	4	5	8	6	1	9	3	2
2	7	9	3	1	8	5	4	6
3	6	8	2	4	5	1	7	9
4	5	1	6	9	7	3	2	8
9	2	7	4	3	6	8	5	1
5	8	6	1	7	2	4	9	3
1	3	4	5	8	9	2	6	7

EASY # 50

8	5	9	7	6	2	4	3	1
2	4	3	8	5	1	6	7	9
1	7	6	9	3	4	8	2	5
3	8	4	2	1	5	9	6	7
7	2	5	4	9	6	1	8	3
9	6	1	3	7	8	2	5	4
6	3	8	1	4	7	5	9	2
5	1	7	6	2	9	3	4	8
4	9	2	5	8	3	7	1	6

EASY # 51

7	6	2	3	1	4	9	8	5
5	9	8	7	6	2	3	1	4
4	3	1	5	9	8	7	2	6
9	2	5	8	3	6	1	4	7
3	4	7	1	2	5	6	9	8
8	1	6	9	4	7	5	3	2
2	5	3	4	7	9	8	6	1
6	7	9	2	8	1	4	5	3
1	8	4	6	5	3	2	7	9

EASY # 52

5	2	9	6	8	7	3	1	4
3	6	8	1	5	4	7	9	2
1	7	4	3	9	2	5	6	8
8	9	3	4	2	6	1	7	5
6	5	1	8	7	3	2	4	9
7	4	2	9	1	5	8	3	6
9	3	7	2	4	8	6	5	1
4	8	5	7	6	1	9	2	3
2	1	6	5	3	9	4	8	7

EASY # 53

3	8	6	1	7	5	4	2	9
9	2	1	4	3	8	6	7	5
5	7	4	6	2	9	8	3	1
6	9	2	5	4	7	3	1	8
1	3	5	8	9	6	7	4	2
8	4	7	2	1	3	9	5	6
7	6	9	3	5	1	2	8	4
2	1	8	7	6	4	5	9	3
4	5	3	9	8	2	1	6	7

EASY # 54

8	5	1	7	2	3	9	4	6
3	4	9	6	1	5	2	7	8
6	2	7	8	9	4	1	5	3
7	1	6	9	3	8	5	2	4
5	9	8	4	7	2	3	6	1
4	3	2	1	5	6	7	8	9
1	6	5	3	8	7	4	9	2
9	7	4	2	6	1	8	3	5
2	8	3	5	4	9	6	1	7

EASY # 55

7	6	4	1	5	3	8	9	2
1	3	8	9	2	4	5	7	6
9	5	2	8	6	7	1	4	3
8	1	3	7	4	6	2	5	9
6	2	5	3	8	9	4	1	7
4	9	7	2	1	5	3	6	8
5	8	1	6	9	2	7	3	4
2	7	6	4	3	1	9	8	5
3	4	9	5	7	8	6	2	1

EASY # 56

4	7	9	1	8	6	2	3	5
3	8	6	7	2	5	9	4	1
1	2	5	4	3	9	7	8	6
7	6	1	5	4	8	3	2	9
8	9	4	2	6	3	1	5	7
2	5	3	9	1	7	8	6	4
6	1	7	8	5	2	4	9	3
5	4	8	3	9	1	6	7	2
9	3	2	6	7	4	5	1	8

EASY # 57

9	6	4	5	2	1	3	7	8
7	1	3	9	4	8	5	2	6
8	2	5	3	7	6	4	1	9
5	3	6	1	9	7	2	8	4
2	7	9	8	5	4	6	3	1
4	8	1	6	3	2	9	5	7
6	5	7	4	1	3	8	9	2
3	4	2	7	8	9	1	6	5
1	9	8	2	6	5	7	4	3

EASY # 58

7	5	8	3	2	6	9	4	1
6	2	3	9	1	4	8	5	7
1	9	4	8	5	7	6	3	2
8	6	2	7	4	9	5	1	3
5	7	9	6	3	1	2	8	4
3	4	1	2	8	5	7	6	9
2	8	6	1	9	3	4	7	5
9	3	5	4	7	8	1	2	6
4	1	7	5	6	2	3	9	8

EASY # 59

2	4	1	5	9	8	3	6	7
7	9	5	4	3	6	1	2	8
3	6	8	2	1	7	4	5	9
1	2	7	9	8	4	5	3	6
4	8	6	7	5	3	9	1	2
5	3	9	1	6	2	8	7	4
8	1	2	6	4	5	7	9	3
6	5	4	3	7	9	2	8	1
9	7	3	8	2	1	6	4	5

EASY # 60

4	5	9	8	6	1	7	3	2
7	8	1	2	3	4	5	6	9
6	2	3	7	5	9	4	8	1
5	6	7	1	9	8	2	4	3
8	3	4	6	2	7	1	9	5
1	9	2	5	4	3	6	7	8
3	7	5	9	1	6	8	2	4
2	4	8	3	7	5	9	1	6
9	1	6	4	8	2	3	5	7

EASY # 61

8	6	2	5	1	4	9	7	3
7	5	9	2	3	8	4	1	6
4	3	1	6	9	7	5	2	8
5	9	4	7	6	1	3	8	2
1	2	7	9	8	3	6	4	5
6	8	3	4	5	2	1	9	7
9	1	5	8	7	6	2	3	4
3	4	8	1	2	5	7	6	9
2	7	6	3	4	9	8	5	1

EASY # 62

3	4	1	9	7	8	6	2	5
2	8	7	4	6	5	3	9	1
6	9	5	2	3	1	4	7	8
4	1	6	8	5	2	7	3	9
9	3	2	1	4	7	8	5	6
7	5	8	6	9	3	1	4	2
1	6	4	3	2	9	5	8	7
8	7	9	5	1	4	2	6	3
5	2	3	7	8	6	9	1	4

EASY # 63

9	3	2	6	4	1	5	7	8
4	7	6	8	9	5	3	2	1
8	1	5	2	3	7	4	9	6
6	4	1	7	5	3	9	8	2
3	8	7	4	2	9	6	1	5
2	5	9	1	6	8	7	3	4
7	6	3	5	8	2	1	4	9
1	2	4	9	7	6	8	5	3
5	9	8	3	1	4	2	6	7

EASY # 64

1	6	4	5	7	8	9	3	2
3	9	7	6	2	4	1	8	5
2	8	5	1	3	9	6	4	7
5	4	3	7	9	2	8	1	6
9	1	2	3	8	6	7	5	4
6	7	8	4	5	1	3	2	9
4	5	9	8	6	3	2	7	1
7	3	6	2	1	5	4	9	8
8	2	1	9	4	7	5	6	3

EASY # 65

6	3	7	8	1	9	5	4	2
4	2	1	7	5	6	9	8	3
9	5	8	4	3	2	6	1	7
7	1	5	2	9	8	3	6	4
2	6	9	1	4	3	8	7	5
8	4	3	5	6	7	1	2	9
5	8	6	9	7	4	2	3	1
3	9	4	6	2	1	7	5	8
1	7	2	3	8	5	4	9	6

EASY # 66

5	6	1	7	4	8	2	9	3
8	9	2	3	1	6	7	4	5
4	7	3	5	2	9	8	6	1
7	1	8	4	6	3	9	5	2
2	4	6	8	9	5	1	3	7
3	5	9	2	7	1	6	8	4
6	2	7	9	3	4	5	1	8
1	3	5	6	8	7	4	2	9
9	8	4	1	5	2	3	7	6

EASY # 67

2	4	6	9	5	7	3	8	1
7	8	9	2	3	1	6	4	5
1	5	3	4	6	8	9	7	2
4	3	8	1	2	9	7	5	6
9	2	7	5	8	6	4	1	3
6	1	5	3	7	4	8	2	9
3	6	4	7	1	2	5	9	8
5	9	2	8	4	3	1	6	7
8	7	1	6	9	5	2	3	4

EASY # 68

3	9	7	8	5	6	2	4	1
4	5	2	9	1	7	8	6	3
6	8	1	4	2	3	7	5	9
9	2	6	5	3	4	1	7	8
8	1	4	6	7	9	3	2	5
7	3	5	2	8	1	4	9	6
2	7	9	1	6	8	5	3	4
5	4	8	3	9	2	6	1	7
1	6	3	7	4	5	9	8	2

EASY # 69

7	4	3	1	5	8	6	2	9
5	8	9	2	6	3	4	1	7
1	2	6	4	9	7	5	3	8
2	3	1	5	7	4	9	8	6
8	9	4	6	3	1	2	7	5
6	7	5	9	8	2	3	4	1
4	6	2	7	1	5	8	9	3
9	1	8	3	2	6	7	5	4
3	5	7	8	4	9	1	6	2

EASY # 70

4	2	3	8	6	7	5	1	9
8	7	5	3	9	1	4	2	6
9	1	6	5	4	2	8	3	7
5	8	4	6	7	3	1	9	2
3	9	2	4	1	5	6	7	8
1	6	7	2	8	9	3	5	4
2	5	8	7	3	4	9	6	1
6	3	1	9	2	8	7	4	5
7	4	9	1	5	6	2	8	3

EASY # 71

8	4	2	1	5	9	7	6	3
5	7	9	4	6	3	2	1	8
6	3	1	7	8	2	9	5	4
1	9	7	6	2	4	8	3	5
4	8	5	9	3	7	6	2	1
2	6	3	8	1	5	4	7	9
7	1	8	5	4	6	3	9	2
9	2	4	3	7	1	5	8	6
3	5	6	2	9	8	1	4	7

EASY # 72

9	7	5	8	3	1	4	2	6
1	3	8	6	4	2	9	5	7
2	4	6	9	7	5	8	1	3
8	9	4	1	6	7	5	3	2
5	1	7	4	2	3	6	9	8
6	2	3	5	9	8	7	4	1
7	8	1	2	5	9	3	6	4
4	5	2	3	8	6	1	7	9
3	6	9	7	1	4	2	8	5

EASY # 73

2	1	6	3	8	5	9	4	7
3	8	9	1	4	7	6	5	2
7	5	4	2	6	9	3	8	1
9	6	2	8	7	3	5	1	4
5	4	3	9	2	1	8	7	6
8	7	1	6	5	4	2	3	9
6	3	8	4	1	2	7	9	5
1	2	5	7	9	8	4	6	3
4	9	7	5	3	6	1	2	8

EASY # 74

6	4	3	1	7	9	8	2	5
9	5	1	8	2	3	7	6	4
8	2	7	6	4	5	9	1	3
1	6	4	2	9	8	5	3	7
7	9	8	5	3	1	6	4	2
5	3	2	7	6	4	1	9	8
4	1	6	3	5	7	2	8	9
2	7	9	4	8	6	3	5	1
3	8	5	9	1	2	4	7	6

EASY # 75

6	1	4	5	2	3	8	9	7
7	2	8	1	6	9	3	4	5
3	5	9	4	7	8	6	2	1
5	4	6	9	3	1	2	7	8
1	9	2	7	8	4	5	6	3
8	3	7	6	5	2	9	1	4
4	8	1	2	9	5	7	3	6
2	6	5	3	4	7	1	8	9
9	7	3	8	1	6	4	5	2

EASY # 76

3	8	2	4	5	6	7	1	9
7	6	5	2	1	9	8	4	3
4	9	1	7	8	3	5	2	6
2	7	3	6	4	8	1	9	5
1	4	6	5	9	2	3	7	8
8	5	9	3	7	1	4	6	2
9	3	8	1	6	4	2	5	7
5	2	4	9	3	7	6	8	1
6	1	7	8	2	5	9	3	4

EASY # 77

9	8	3	2	1	7	4	5	6
1	2	5	4	8	6	9	3	7
6	4	7	9	5	3	2	8	1
8	5	9	1	3	2	7	6	4
4	3	2	6	7	9	5	1	8
7	6	1	8	4	5	3	9	2
2	9	8	3	6	4	1	7	5
5	1	4	7	9	8	6	2	3
3	7	6	5	2	1	8	4	9

EASY # 78

7	3	1	4	6	8	9	5	2
8	4	9	7	2	5	3	6	1
5	6	2	3	1	9	4	7	8
4	7	6	2	9	3	1	8	5
9	2	5	1	8	7	6	3	4
3	1	8	6	5	4	2	9	7
2	5	7	9	3	1	8	4	6
1	9	4	8	7	6	5	2	3
6	8	3	5	4	2	7	1	9

EASY # 79

4	2	1	3	7	5	9	6	8
8	9	3	6	2	4	7	1	5
7	6	5	1	9	8	3	4	2
2	5	9	4	8	1	6	7	3
1	8	4	7	3	6	2	5	9
6	3	7	9	5	2	1	8	4
9	1	6	5	4	3	8	2	7
3	4	2	8	6	7	5	9	1
5	7	8	2	1	9	4	3	6

EASY # 80

3	1	6	4	5	8	9	2	7
8	5	2	9	1	7	3	4	6
7	9	4	2	6	3	1	5	8
4	3	5	1	8	6	2	7	9
9	6	1	5	7	2	8	3	4
2	8	7	3	9	4	6	1	5
1	4	9	8	3	5	7	6	2
6	2	3	7	4	9	5	8	1
5	7	8	6	2	1	4	9	3

EASY # 81

8	6	5	9	1	2	4	3	7
9	3	4	6	7	5	8	1	2
7	1	2	8	4	3	5	9	6
5	7	9	1	6	8	2	4	3
6	8	3	2	9	4	7	5	1
4	2	1	5	3	7	6	8	9
2	5	7	3	8	9	1	6	4
1	9	8	4	2	6	3	7	5
3	4	6	7	5	1	9	2	8

EASY # 82

1	7	4	8	9	3	5	2	6
3	2	8	1	5	6	4	9	7
9	6	5	4	7	2	1	3	8
8	1	7	3	6	4	9	5	2
5	9	2	7	8	1	6	4	3
4	3	6	5	2	9	8	7	1
7	5	1	9	3	8	2	6	4
2	8	3	6	4	5	7	1	9
6	4	9	2	1	7	3	8	5

EASY # 83

6	4	1	3	2	5	7	9	8
7	9	2	6	8	1	4	3	5
8	3	5	7	9	4	6	2	1
5	6	8	9	4	2	3	1	7
3	1	4	8	6	7	9	5	2
9	2	7	5	1	3	8	6	4
1	7	3	4	5	9	2	8	6
4	5	6	2	3	8	1	7	9
2	8	9	1	7	6	5	4	3

EASY # 84

4	3	5	1	7	2	9	8	6
1	6	8	9	5	3	4	7	2
7	2	9	4	8	6	3	5	1
9	4	2	5	1	8	7	6	3
3	1	7	6	9	4	8	2	5
5	8	6	3	2	7	1	9	4
8	9	4	2	6	1	5	3	7
2	5	1	7	3	9	6	4	8
6	7	3	8	4	5	2	1	9

EASY # 85

4	5	3	7	6	1	2	9	8
9	8	7	3	2	4	6	5	1
1	6	2	9	5	8	3	4	7
7	2	1	8	4	5	9	6	3
6	3	9	2	1	7	5	8	4
5	4	8	6	9	3	1	7	2
2	7	6	1	8	9	4	3	5
8	9	5	4	3	2	7	1	6
3	1	4	5	7	6	8	2	9

EASY # 86

3	1	8	7	6	2	5	4	9
2	7	4	8	5	9	6	1	3
5	9	6	3	1	4	8	2	7
7	5	3	4	9	8	2	6	1
6	4	9	1	2	3	7	5	8
8	2	1	6	7	5	9	3	4
1	8	7	5	3	6	4	9	2
9	3	5	2	4	7	1	8	6
4	6	2	9	8	1	3	7	5

EASY # 87

5	3	2	6	1	4	8	9	7
6	9	4	8	7	5	1	2	3
8	1	7	9	3	2	5	6	4
3	4	6	2	8	1	9	7	5
9	2	8	5	4	7	6	3	1
1	7	5	3	6	9	4	8	2
4	6	3	7	5	8	2	1	9
2	8	1	4	9	3	7	5	6
7	5	9	1	2	6	3	4	8

EASY # 88

4	1	6	8	2	7	3	5	9
9	7	8	5	1	3	2	4	6
3	2	5	4	9	6	7	8	1
7	4	9	6	3	1	8	2	5
8	3	1	2	4	5	9	6	7
5	6	2	7	8	9	4	1	3
6	5	4	3	7	2	1	9	8
2	9	7	1	5	8	6	3	4
1	8	3	9	6	4	5	7	2

EASY # 89

7	3	6	5	2	4	9	8	1
4	5	1	3	8	9	6	7	2
8	9	2	1	6	7	3	5	4
5	2	8	4	7	3	1	9	6
3	1	7	2	9	6	5	4	8
0	6	4	0	1	5	7	2	3
1	8	9	7	3	2	4	6	5
2	7	5	6	4	1	8	3	9
6	4	3	9	5	8	2	1	7

EASY # 90

9	8	3	5	7	1	4	6	2
6	2	7	4	3	9	8	5	1
5	1	4	8	6	2	9	7	3
3	6	9	2	1	7	5	4	8
2	7	8	3	5	4	6	1	9
4	5	1	6	9	8	3	2	7
7	4	6	9	2	3	1	8	5
8	3	2	1	4	5	7	9	6
1	9	5	7	8	6	2	3	4

EASY # 91

5	1	8	4	9	3	7	6	2
2	3	9	7	5	6	1	4	8
6	7	4	1	8	2	3	9	5
4	9	5	6	2	7	8	3	1
7	8	1	3	4	5	6	2	9
3	2	6	9	1	8	4	5	7
9	5	7	8	6	4	2	1	3
1	4	3	2	7	9	5	8	6
8	6	2	5	3	1	9	7	4

EASY # 92

4	5	9	6	7	1	3	2	8
2	8	7	3	4	9	6	1	5
3	6	1	5	2	8	4	9	7
8	9	6	1	3	2	5	7	4
5	1	3	4	9	7	2	8	6
7	2	4	8	6	5	9	3	1
9	3	5	7	8	4	1	6	2
6	4	8	2	1	3	7	5	9
1	7	2	9	5	6	8	4	3

EASY # 93

2	4	6	8	1	5	9	3	7
1	7	3	2	9	4	6	8	5
8	5	9	6	3	7	1	4	2
4	6	8	5	2	3	7	1	9
9	3	2	1	7	8	5	6	4
5	1	7	9	4	6	8	2	3
6	8	4	3	5	9	2	7	1
3	2	5	7	8	1	4	9	6
7	9	1	4	6	2	3	5	8

EASY # 94

5	1	6	2	9	3	4	7	8
4	2	9	7	8	5	3	1	6
3	7	8	6	4	1	2	9	5
2	9	5	3	1	6	7	8	4
1	3	4	5	7	8	6	2	9
6	8	7	4	2	9	1	5	3
9	5	2	1	6	4	8	3	7
7	6	3	8	5	2	9	4	1
8	4	1	9	3	7	5	6	2

EASY # 95

1	2	6	9	4	8	5	7	3
4	3	5	2	6	7	1	9	8
8	9	7	3	1	5	2	6	4
9	1	3	8	5	2	6	4	7
5	8	2	6	7	4	3	1	9
6	7	4	1	9	3	8	5	2
3	5	9	7	2	1	4	8	6
2	6	1	4	8	9	7	3	5
7	4	8	5	3	6	9	2	1

EASY # 96

4	8	3	9	2	5	7	1	6
2	7	5	8	1	6	4	3	9
1	6	9	3	7	4	5	8	2
5	9	2	1	8	7	3	6	4
8	4	1	6	5	3	2	9	7
6	3	7	2	4	9	1	5	8
9	2	6	4	3	1	8	7	5
3	5	8	7	9	2	6	4	1
7	1	4	5	6	8	9	2	3

EASY # 97

1	3	6	5	4	8	2	7	9
5	9	2	7	1	6	3	8	4
4	7	8	3	2	9	5	6	1
3	4	5	1	9	7	6	2	8
6	2	9	4	8	5	7	1	3
7	8	1	2	6	3	4	9	5
2	5	3	9	7	1	8	4	6
9	6	4	8	5	2	1	3	7
8	1	7	6	3	4	9	5	2

EASY # 98

1	6	4	3	7	8	9	2	5
7	8	3	5	9	2	1	4	6
2	9	5	1	6	4	7	3	8
9	3	7	6	2	1	5	8	4
6	2	1	4	8	5	3	9	7
4	5	8	7	3	9	2	6	1
3	1	9	8	4	7	6	5	2
8	7	6	2	5	3	4	1	9
5	4	2	9	1	6	8	7	3

EASY # 99

4	1	2	9	3	7	5	6	8
3	8	9	5	6	2	4	7	1
6	5	7	1	8	4	9	2	3
9	2	6	7	1	5	3	8	4
5	4	3	6	2	8	7	1	9
1	7	8	3	4	9	2	5	6
7	9	1	8	5	3	6	4	2
2	6	5	4	9	1	8	3	7
8	3	4	2	7	6	1	9	5

EASY # 100

4	7	2	3	5	9	8	6	1
6	5	3	1	8	2	7	9	4
8	1	9	7	4	6	5	3	2
3	8	1	6	9	7	4	2	5
7	6	5	4	2	1	9	8	3
9	2	4	5	3	8	6	1	7
5	9	6	2	7	3	1	4	8
1	3	7	8	6	4	2	5	9
2	4	8	9	1	5	3	7	6

EASY # 101

7	3	5	9	8	6	4	2	1
1	6	4	3	2	7	9	5	8
8	2	9	5	4	1	3	6	7
9	4	6	8	1	3	5	7	2
3	5	7	2	6	9	8	1	4
2	8	1	4	7	5	6	9	3
4	9	3	1	5	2	7	8	6
5	7	2	6	3	8	1	4	9
6	1	8	7	9	4	2	3	5

EASY # 102

6	1	9	4	2	7	8	3	5
3	7	2	1	8	5	6	4	9
5	4	8	6	9	3	2	1	7
2	8	5	7	4	9	3	6	1
4	3	6	5	1	8	9	7	2
1	9	7	3	6	2	4	5	8
8	6	4	9	7	1	5	2	3
7	2	3	8	5	6	1	9	4
9	5	1	2	3	4	7	8	6

EASY # 103

9	8	3	6	2	4	5	1	7
1	7	4	3	5	8	6	9	2
5	2	6	7	9	1	8	4	3
6	3	7	8	4	5	9	2	1
4	9	1	2	6	3	7	5	8
2	5	8	9	1	7	4	3	6
7	6	2	5	3	9	1	8	4
3	4	9	1	8	6	2	7	5
8	1	5	4	7	2	3	6	9

EASY # 104

7	2	5	4	8	6	9	3	1
3	1	8	7	2	9	4	5	6
4	6	9	1	5	3	8	2	7
6	9	7	5	1	4	2	8	3
8	5	4	3	7	2	6	1	9
1	3	2	9	6	8	7	4	5
9	7	3	8	4	1	5	6	2
2	4	1	6	9	5	3	7	8
5	8	6	2	3	7	1	9	4

EASY # 105

4	7	2	5	1	8	3	9	6
9	5	6	3	4	7	2	1	8
3	1	8	9	2	6	7	4	5
2	3	5	8	9	4	1	6	7
1	8	9	7	6	2	4	5	3
7	6	4	1	3	5	9	8	2
5	9	1	6	7	3	8	2	4
6	4	7	2	8	9	5	3	1
8	2	3	4	5	1	6	7	9

EASY # 106

3	6	9	7	4	1	8	5	2
8	5	4	3	9	2	7	1	6
1	7	2	6	5	8	9	3	4
9	8	1	2	6	5	4	7	3
7	3	6	4	1	9	2	8	5
4	2	5	8	3	7	6	9	1
2	9	3	5	7	4	1	6	8
6	4	7	1	8	3	5	2	9
5	1	8	9	2	6	3	4	7

EASY # 107

9	7	1	3	4	8	5	6	2
6	4	2	5	1	7	8	3	9
3	8	5	6	2	9	4	1	7
4	1	3	9	8	2	7	5	6
5	2	7	1	6	3	9	4	8
8	9	6	4	7	5	3	2	1
7	3	4	2	9	1	6	8	5
2	5	9	8	3	6	1	7	4
1	6	8	7	5	4	2	9	3

EASY # 108

9	5	2	7	4	6	3	8	1
8	4	3	5	1	9	7	2	6
1	6	7	3	2	8	9	5	4
2	9	6	4	8	3	5	1	7
7	3	5	2	6	1	4	9	8
4	1	8	9	7	5	2	6	3
5	2	1	6	3	7	8	4	9
6	7	9	8	5	4	1	3	2
3	8	4	1	9	2	6	7	5

EASY # 109

4	2	3	8	6	1	7	5	9
8	5	6	3	9	7	4	2	1
9	1	7	4	2	5	8	6	3
1	4	8	6	7	3	5	9	2
2	7	5	1	4	9	3	8	6
6	3	9	2	5	8	1	4	7
3	8	4	9	1	6	2	7	5
7	9	1	5	8	2	6	3	4
5	6	2	7	3	4	9	1	8

EASY # 110

2	5	9	1	6	4	3	8	7
3	1	7	2	5	8	4	6	9
4	8	6	9	3	7	5	2	1
9	6	2	7	1	5	8	3	4
1	4	5	3	8	9	6	7	2
8	7	3	6	4	2	1	9	5
6	2	1	4	9	3	7	5	8
7	3	8	5	2	1	9	4	6
5	9	4	8	7	6	2	1	3

EASY # 111

9	1	7	8	5	2	3	4	6
4	3	8	7	6	1	9	2	5
5	2	6	9	3	4	7	1	8
8	5	4	3	7	6	1	9	2
2	9	3	1	4	8	5	6	7
7	6	1	2	9	5	8	3	4
3	8	5	6	2	9	4	7	1
6	4	9	5	1	7	2	8	3
1	7	2	4	8	3	6	5	9

EASY # 112

8	6	2	3	5	4	1	9	7
7	9	5	1	6	2	4	3	8
3	1	4	9	8	7	6	5	2
6	4	3	8	2	1	5	7	9
5	8	9	6	7	3	2	4	1
2	7	1	4	9	5	8	6	3
4	2	8	5	3	9	7	1	6
1	3	7	2	4	6	9	8	5
9	5	6	7	1	8	3	2	4

EASY # 113

8	9	7	5	4	3	1	6	2
6	2	4	1	8	9	5	7	3
5	1	3	6	7	2	4	8	9
1	3	5	2	6	8	9	4	7
4	7	2	3	9	1	6	5	8
9	8	6	4	5	7	3	2	1
3	4	1	8	2	5	7	9	6
7	5	8	9	3	6	2	1	4
2	6	9	7	1	4	8	3	5

EASY # 114

4	8	9	1	7	6	2	5	3
7	2	6	8	5	3	1	9	4
1	5	3	9	2	4	8	7	6
9	6	7	2	1	5	4	3	8
5	3	1	4	8	9	7	6	2
8	4	2	6	3	7	5	1	9
6	9	5	7	4	8	3	2	1
2	7	8	3	9	1	6	4	5
3	1	4	5	6	2	9	8	7

EASY # 115

9	6	1	8	5	4	3	2	7
5	8	4	2	3	7	9	1	6
3	7	2	9	6	1	5	4	8
2	9	8	1	4	5	6	7	3
1	5	6	3	7	2	8	9	4
4	3	7	6	8	9	1	5	2
8	2	5	7	1	6	4	3	9
6	4	9	5	2	3	7	8	1
7	1	3	4	9	8	2	6	5

EASY # 116

4	2	1	7	5	8	6	3	9
7	9	3	6	2	1	5	4	8
8	6	5	4	3	9	7	2	1
2	8	7	9	6	3	4	1	5
6	5	4	1	8	7	2	9	3
1	3	9	2	4	5	8	6	7
3	7	2	5	1	4	9	8	6
9	4	8	3	7	6	1	5	2
5	1	6	8	9	2	3	7	4

EASY # 117

5	4	7	8	9	2	3	6	1
1	9	6	4	5	3	8	2	7
3	2	8	6	7	1	4	9	5
8	6	9	5	1	4	2	7	3
2	7	3	9	6	8	1	5	4
4	1	5	3	2	7	6	8	9
9	8	2	1	4	5	7	3	6
6	3	4	7	8	9	5	1	2
7	5	1	2	3	6	9	4	8

EASY # 118

5	2	6	1	4	9	8	3	7
8	4	9	2	3	7	5	1	6
1	7	3	6	8	5	4	2	9
4	6	1	7	9	2	3	8	5
3	9	8	4	5	1	6	7	2
2	5	7	3	6	8	1	9	4
6	1	4	9	2	3	7	5	8
7	8	2	5	1	4	9	6	3
9	3	5	8	7	6	2	4	1

EASY # 119

8	4	1	2	3	7	6	5	9
7	5	6	8	1	9	3	2	4
3	9	2	5	6	4	8	1	7
4	6	8	1	7	5	9	3	2
9	7	3	4	2	6	5	8	1
2	1	5	9	8	3	4	7	6
6	2	4	3	5	1	7	9	8
5	8	9	7	4	2	1	6	3
1	3	7	6	9	8	2	4	5

EASY # 120

9	4	6	8	3	1	7	5	2
1	8	5	4	7	2	6	3	9
7	3	2	9	6	5	1	4	8
4	7	1	6	2	8	3	9	5
8	5	9	3	1	7	4	2	6
6	2	3	5	9	4	8	1	7
5	1	8	2	4	6	9	7	3
2	9	4	7	8	3	5	6	1
3	6	7	1	5	9	2	8	4

EASY # 121

1	8	2	7	4	6	5	3	9
6	7	3	9	1	5	8	4	2
9	4	5	3	2	8	1	7	6
7	6	4	1	5	9	3	2	8
3	2	9	6	8	7	4	5	1
8	5	1	4	3	2	9	6	7
4	3	7	2	9	1	6	8	5
5	1	6	8	7	3	2	9	4
2	9	8	5	6	4	7	1	3

EASY # 122

9	5	8	1	6	3	4	7	2
4	2	3	5	8	7	6	1	9
1	7	6	4	2	9	8	5	3
5	1	2	6	4	8	9	3	7
6	4	7	9	3	5	1	2	8
3	8	9	7	1	2	5	6	4
7	9	4	3	5	1	2	8	6
2	6	1	8	7	4	3	9	5
8	3	5	2	9	6	7	4	1

EASY # 123

7	9	5	1	2	4	3	8	6
2	6	8	3	7	9	1	5	4
3	4	1	5	6	8	2	7	9
1	3	6	8	5	2	9	4	7
5	7	9	6	4	3	8	2	1
8	2	4	9	1	7	5	6	3
6	1	3	7	8	5	4	9	2
9	8	2	4	3	6	7	1	5
4	5	7	2	9	1	6	3	8

EASY # 124

3	6	7	4	8	1	2	9	5
5	2	8	6	9	7	4	1	3
4	1	9	2	5	3	8	7	6
1	3	6	9	4	8	5	2	7
9	4	2	7	6	5	3	8	1
8	7	5	3	1	2	9	6	4
2	8	4	5	7	6	1	3	9
6	5	3	1	2	9	7	4	8
7	9	1	8	3	4	6	5	2

EASY # 125

2	9	6	4	1	5	8	7	3
1	7	5	8	6	3	9	4	2
8	3	4	7	2	9	6	1	5
9	1	8	3	5	2	4	6	7
4	6	2	1	7	8	5	3	9
7	5	3	9	4	6	2	8	1
6	4	1	5	9	7	3	2	8
5	8	7	2	3	4	1	9	6
3	2	9	6	8	1	7	5	4

EASY # 126

8	4	7	9	1	3	6	5	2
6	5	3	7	8	2	9	4	1
1	9	2	5	6	4	8	3	7
9	6	8	4	2	7	5	1	3
7	3	1	8	9	5	4	2	6
5	2	4	1	3	6	7	9	8
4	1	6	2	7	9	3	8	5
2	7	9	3	5	8	1	6	4
3	8	5	6	4	1	2	7	9

EASY # 127

8	9	6	5	7	3	2	4	1
4	1	7	9	2	8	6	3	5
2	3	5	6	4	1	8	7	9
5	8	4	3	6	2	9	1	7
9	2	1	7	5	4	3	8	6
6	7	3	8	1	9	5	2	4
1	5	8	2	9	7	4	6	3
7	6	2	4	3	5	1	9	8
3	4	9	1	8	6	7	5	2

EASY # 128

7	1	2	8	6	4	3	9	5
5	4	8	9	3	2	6	7	1
6	3	9	1	7	5	8	2	4
8	2	7	6	1	9	4	5	3
4	9	6	3	5	8	7	1	2
3	5	1	2	4	7	9	8	6
2	8	4	5	9	6	1	3	7
9	7	3	4	2	1	5	6	8
1	6	5	7	8	3	2	4	9

EASY # 129

7	8	5	1	9	2	3	4	6
2	1	6	4	7	3	9	8	5
4	3	9	5	6	8	1	7	2
5	6	7	2	4	1	8	9	3
1	9	3	6	8	5	7	2	4
8	4	2	7	3	9	5	6	1
6	7	1	9	5	4	2	3	8
9	5	8	3	2	6	4	1	7
3	2	4	8	1	7	6	5	9

EASY # 130

6	3	8	5	4	9	2	1	7
9	5	2	1	3	7	4	6	8
7	1	4	6	2	8	3	9	5
8	6	5	9	7	2	1	3	4
4	2	3	8	1	6	5	7	9
1	9	7	4	5	3	6	8	2
5	4	6	7	8	1	9	2	3
3	8	9	2	6	5	7	4	1
2	7	1	3	9	4	8	5	6

EASY # 131

1	4	8	2	5	7	9	6	3
2	5	3	9	6	8	7	4	1
6	7	9	4	1	3	2	8	5
3	9	6	7	8	1	4	5	2
7	1	4	3	2	5	8	9	6
5	8	2	6	9	4	1	3	7
8	2	7	5	3	9	6	1	4
9	6	5	1	4	2	3	7	8
4	3	1	8	7	6	5	2	9

EASY # 132

9	1	8	2	3	4	5	7	6
5	4	7	8	9	6	2	3	1
6	2	3	5	7	1	4	9	8
8	3	4	1	6	5	9	2	7
2	7	5	3	8	9	1	6	4
1	6	9	4	2	7	8	5	3
4	8	2	6	5	3	7	1	9
3	9	1	7	4	2	6	8	5
7	5	6	9	1	8	3	4	2

EASY # 133

7	2	3	9	5	8	1	6	4
1	6	5	3	4	2	7	8	9
9	4	8	1	7	6	2	5	3
8	9	7	5	2	3	6	4	1
3	1	4	8	6	9	5	2	7
6	5	2	7	1	4	3	9	8
5	8	9	6	3	7	4	1	2
4	7	1	2	8	5	9	3	6
2	3	6	4	9	1	8	7	5

EASY # 134

9	3	4	2	8	7	6	5	1
5	8	2	1	6	4	3	9	7
7	1	6	3	5	9	2	8	4
3	6	7	4	9	8	5	1	2
2	9	5	7	3	1	8	4	6
8	4	1	5	2	6	7	3	9
6	2	3	9	4	5	1	7	8
4	7	8	6	1	3	9	2	5
1	5	9	8	7	2	4	6	3

EASY # 135

2	9	8	7	5	1	3	6	4
6	1	4	3	9	8	5	2	7
7	5	3	6	2	4	8	9	1
3	4	2	8	7	5	9	1	6
5	8	1	9	4	6	7	3	2
9	6	7	1	3	2	4	5	8
1	7	5	4	6	9	2	8	3
8	3	9	2	1	7	6	4	5
4	2	6	5	8	3	1	7	9

EASY # 136

1	3	8	6	2	7	4	5	9
2	6	5	8	4	9	1	7	3
7	9	4	1	3	5	6	8	2
3	7	1	2	9	8	5	4	6
6	8	9	5	1	4	3	2	7
4	5	2	3	7	6	9	1	8
8	1	6	9	5	2	7	3	4
5	2	7	4	6	3	8	9	1
9	4	3	7	8	1	2	6	5

EASY # 137

4	8	3	6	7	2	5	9	1
2	1	9	5	3	4	6	8	7
7	5	6	1	9	8	3	4	2
6	9	7	4	2	3	8	1	5
1	3	2	7	8	5	9	6	4
5	4	8	9	6	1	2	7	3
3	6	5	8	1	7	4	2	9
8	7	4	2	5	9	1	3	6
9	2	1	3	4	6	7	5	8

EASY # 138

9	8	3	1	5	6	7	2	4
4	7	5	2	8	9	3	6	1
1	6	2	3	7	4	5	8	9
2	4	7	8	9	3	1	5	6
3	9	6	7	1	5	2	4	8
5	1	8	6	4	2	9	3	7
7	2	1	4	3	8	6	9	5
8	3	9	5	6	1	4	7	2
6	5	4	9	2	7	8	1	3

EASY # 139

8	1	5	2	4	7	3	6	9
4	7	9	6	3	5	1	2	8
3	6	2	1	9	8	5	7	4
2	4	6	5	8	3	7	9	1
7	3	1	9	2	6	4	8	5
9	5	8	4	7	1	2	3	6
6	2	3	8	5	4	9	1	7
1	9	4	7	6	2	8	5	3
5	8	7	3	1	9	6	4	2

EASY # 140

2	8	4	7	5	3	1	9	6
7	6	9	4	8	1	2	3	5
3	5	1	2	9	6	8	7	4
5	1	7	8	3	9	6	4	2
8	9	2	1	6	4	3	5	7
6	4	3	5	2	7	9	8	1
1	2	5	9	7	8	4	6	3
9	7	6	3	4	2	5	1	8
4	3	8	6	1	5	7	2	9

EASY # 141

5	7	6	4	3	2	1	8	9
1	8	4	7	6	9	3	5	2
9	2	3	1	8	5	4	6	7
4	1	7	2	5	6	9	3	8
8	3	5	9	4	7	2	1	6
6	9	2	8	1	3	5	7	4
3	4	1	6	2	8	7	9	5
7	5	8	3	9	4	6	2	1
2	6	9	5	7	1	8	4	3

EASY # 142

6	9	1	3	7	8	4	5	2
7	4	2	1	5	9	8	3	6
5	3	8	4	2	6	7	1	9
4	8	5	9	3	2	6	7	1
1	7	9	8	6	5	3	2	4
3	2	6	7	4	1	9	8	5
9	1	3	2	8	4	5	6	7
8	5	4	6	1	7	2	9	3
2	6	7	5	9	3	1	4	8

EASY # 143

7	5	3	1	4	9	8	6	2
9	8	4	3	6	2	7	1	5
1	2	6	7	8	5	9	4	3
3	1	7	4	2	8	6	5	9
8	9	2	6	5	1	3	7	4
6	4	5	9	3	7	1	2	8
2	3	8	5	7	6	4	9	1
4	6	1	2	9	3	5	8	7
5	7	9	8	1	4	2	3	6

EASY # 144

8	3	4	1	6	9	7	5	2
1	2	6	5	7	4	9	3	8
5	9	7	8	2	3	1	4	6
6	4	1	2	9	5	8	7	3
2	8	9	7	3	1	4	6	5
7	5	3	6	4	8	2	9	1
4	7	8	3	5	2	6	1	9
9	1	5	4	8	6	3	2	7
3	6	2	9	1	7	5	8	4

EASY # 145

2	1	3	8	7	9	5	4	6
7	9	8	4	5	6	2	3	1
6	5	4	2	3	1	8	7	9
4	2	1	9	8	5	3	6	7
8	3	5	6	1	7	9	2	4
9	6	7	3	2	4	1	8	5
1	8	6	7	9	2	4	5	3
5	4	2	1	6	3	7	9	8
3	7	9	5	4	8	6	1	2

EASY # 146

3	7	1	5	2	8	6	4	9
5	4	8	6	3	9	2	1	7
6	9	2	1	4	7	3	5	8
1	6	5	8	7	2	9	3	4
7	8	3	4	9	1	5	6	2
4	2	9	3	5	6	7	8	1
8	5	7	9	1	3	4	2	6
9	1	4	2	6	5	8	7	3
2	3	6	7	8	4	1	9	5

EASY # 147

3	5	2	4	8	6	9	1	7
6	8	9	3	7	1	4	2	5
7	4	1	2	9	5	6	8	3
4	9	3	1	6	7	2	5	8
2	1	6	8	5	4	3	7	9
8	7	5	9	3	2	1	4	6
9	3	4	5	2	8	7	6	1
1	6	8	7	4	3	5	9	2
5	2	7	6	1	9	8	3	4

EASY # 148

8	9	6	2	1	4	7	5	3
4	5	3	7	9	8	1	2	6
2	7	1	6	5	3	8	4	9
7	1	8	9	3	2	5	6	4
5	6	2	4	7	1	9	3	8
9	3	4	5	8	6	2	7	1
3	8	7	1	4	5	6	9	2
1	2	9	3	6	7	4	8	5
6	4	5	8	2	9	3	1	7

EASY # 149

8	4	3	5	9	6	2	1	7
9	1	5	2	7	3	8	6	4
6	7	2	4	8	1	9	5	3
5	8	9	1	2	4	7	3	6
4	6	1	7	3	8	5	9	2
2	3	7	6	5	9	1	4	8
1	5	8	3	6	2	4	7	9
7	2	6	9	4	5	3	8	1
3	9	4	8	1	7	6	2	5

EASY # 150

4	8	7	3	2	9	6	5	1
1	2	5	6	4	8	9	3	7
9	3	6	5	7	1	2	8	4
6	5	4	7	9	2	3	1	8
3	7	9	8	1	5	4	6	2
8	1	2	4	6	3	5	7	9
2	6	3	1	8	4	7	9	5
7	4	8	9	5	6	1	2	3
5	9	1	2	3	7	8	4	6

EASY # 151

4	1	7	9	8	6	5	3	2
3	5	6	4	2	7	1	8	9
2	9	8	5	3	1	4	7	6
7	6	4	3	1	5	9	2	8
1	8	5	7	9	2	6	4	3
9	3	2	8	6	4	7	1	5
8	4	1	6	5	3	2	9	7
5	7	9	2	4	8	3	6	1
6	2	3	1	7	9	8	5	4

EASY # 152

5	7	9	4	3	2	1	8	6
1	3	6	7	9	8	2	4	5
2	4	8	6	5	1	7	3	9
7	8	2	9	1	4	5	6	3
3	9	1	2	6	5	8	7	4
4	6	5	3	8	7	9	1	2
9	1	3	8	2	6	4	5	7
8	2	7	5	4	3	6	9	1
6	5	4	1	7	9	3	2	8

EASY # 153

3	7	1	4	9	8	6	5	2
9	4	6	7	2	5	3	1	8
5	2	8	3	6	1	7	9	4
4	6	3	2	1	7	9	8	5
8	1	2	5	3	9	4	6	7
7	9	5	8	4	6	2	3	1
6	8	4	1	7	3	5	2	9
1	3	7	9	5	2	8	4	6
2	5	9	6	8	4	1	7	3

EASY # 154

9	2	8	5	7	6	3	4	1
3	5	7	1	4	8	9	6	2
4	6	1	2	9	3	7	5	8
2	7	9	3	8	4	5	1	6
5	1	3	6	2	7	4	8	9
6	8	4	9	5	1	2	7	3
7	9	2	8	6	5	1	3	4
8	3	5	4	1	2	6	9	7
1	4	6	7	3	9	8	2	5

EASY # 155

8	6	7	5	1	4	9	3	2
2	5	9	8	6	3	1	4	7
4	1	3	9	2	7	5	6	8
5	7	4	2	3	1	8	9	6
9	2	8	7	5	6	4	1	3
1	3	6	4	9	8	7	2	5
7	9	5	6	4	2	3	8	1
6	4	1	3	8	5	2	7	9
3	8	2	1	7	9	6	5	4

EASY # 156

4	5	1	2	8	9	7	6	3
3	9	8	4	6	7	1	5	2
2	7	6	5	3	1	4	9	8
8	4	5	9	2	6	3	1	7
9	2	7	1	5	3	6	8	4
6	1	3	7	4	8	5	2	9
5	8	9	6	7	4	2	3	1
7	3	2	8	1	5	9	4	6
1	6	4	3	9	2	8	7	5

EASY # 157

3	4	5	7	6	1	2	9	8
7	6	9	2	3	8	5	1	4
2	8	1	5	9	4	3	7	6
4	2	3	1	8	9	7	6	5
5	9	6	4	7	2	1	8	3
1	7	8	3	5	6	4	2	9
9	5	2	6	4	7	8	3	1
6	1	4	8	2	3	9	5	7
8	3	7	9	1	5	6	4	2

EASY # 158

5	1	7	6	4	9	2	8	3
3	4	6	2	5	8	9	7	1
2	8	9	7	1	3	4	5	6
7	9	8	3	6	1	5	4	2
6	5	3	8	2	4	1	9	7
4	2	1	5	9	7	6	3	8
9	7	5	1	3	2	8	6	4
8	6	2	4	7	5	3	1	9
1	3	4	9	8	6	7	2	5

EASY # 159

7	9	1	3	6	8	2	5	4
3	6	4	7	2	5	1	9	8
2	5	8	4	1	9	7	3	6
9	2	3	8	4	1	6	7	5
4	8	5	9	7	6	3	2	1
6	1	7	2	5	3	8	4	9
8	3	2	6	9	4	5	1	7
1	4	6	5	3	7	9	8	2
5	7	9	1	8	2	4	6	3

EASY # 160

6	3	2	9	1	4	7	5	8
5	4	9	6	7	8	1	2	3
7	8	1	3	2	5	9	4	6
1	6	5	7	4	9	3	8	2
9	2	4	1	8	3	6	7	5
3	7	8	2	5	6	4	1	9
4	1	6	5	3	2	8	9	7
2	9	7	8	6	1	5	3	4
8	5	3	4	9	7	2	6	1

EASY # 161

9	7	8	4	2	1	3	5	6
5	3	2	9	8	6	4	7	1
1	4	6	5	3	7	9	8	2
4	5	9	3	1	8	6	2	7
7	8	1	2	6	9	5	4	3
2	6	3	7	5	4	1	9	8
8	2	5	6	9	3	7	1	4
3	9	4	1	7	2	8	6	5
6	1	7	8	4	5	2	3	9

EASY # 162

8	5	1	4	3	9	2	7	6
3	9	6	5	2	7	1	8	4
2	4	7	1	6	8	3	9	5
5	1	2	9	4	3	7	6	8
4	7	3	8	1	6	5	2	9
9	6	8	7	5	2	4	3	1
7	3	4	6	9	5	8	1	2
1	2	9	3	8	4	6	5	7
6	8	5	2	7	1	9	4	3

EASY # 163

6	8	4	1	2	3	7	5	9
1	7	9	5	4	6	8	2	3
3	2	5	8	7	9	6	4	1
4	5	6	7	1	8	3	9	2
8	3	1	9	6	2	4	7	5
7	9	2	4	3	5	1	8	6
5	1	8	3	9	4	2	6	7
9	6	7	2	8	1	5	3	4
2	4	3	6	5	7	9	1	8

EASY # 164

1	6	5	4	9	8	2	3	7
3	4	2	1	6	7	5	8	9
8	7	9	5	2	3	1	4	6
4	3	6	8	7	2	9	5	1
5	1	8	9	4	6	3	7	2
2	9	7	3	5	1	4	6	8
9	2	4	6	8	5	7	1	3
6	5	3	7	1	9	8	2	4
7	8	1	2	3	4	6	9	5

EASY # 165

6	8	3	9	4	2	1	5	7
4	1	9	6	7	5	3	8	2
5	7	2	1	3	8	6	4	9
8	9	1	3	6	7	5	2	4
3	5	7	2	8	4	9	1	6
2	6	4	5	9	1	8	7	3
9	2	5	7	1	6	4	3	8
1	3	8	4	2	9	7	6	5
7	4	6	8	5	3	2	9	1

EASY # 166

6	8	9	2	4	1	3	7	5
7	3	5	6	9	8	1	2	4
2	4	1	5	7	3	9	8	6
9	1	6	7	2	4	8	5	3
8	5	2	1	3	6	4	9	7
3	7	4	8	5	9	6	1	2
1	2	8	4	6	5	7	3	9
5	6	3	9	1	7	2	4	8
4	9	7	3	8	2	5	6	1

EASY # 167

2	8	4	3	9	1	5	6	7
7	3	9	5	6	8	4	1	2
5	1	6	2	4	7	8	3	9
8	6	2	9	1	5	3	7	4
3	9	5	6	7	4	2	8	1
4	7	1	8	2	3	9	5	6
9	2	8	7	5	6	1	4	3
6	4	3	1	8	9	7	2	5
1	5	7	4	3	2	6	9	8

EASY # 168

6	8	3	7	5	9	4	1	2
7	4	9	6	1	2	5	8	3
2	5	1	8	4	3	6	7	9
5	1	7	2	3	4	8	9	6
4	6	8	1	9	7	2	3	5
9	3	2	5	8	6	7	4	1
1	7	5	9	2	8	3	6	4
8	2	4	3	6	1	9	5	7
3	9	6	4	7	5	1	2	8

EASY # 169

5	3	9	1	7	8	4	2	6
7	8	4	6	3	2	9	5	1
1	6	2	5	4	9	7	8	3
3	2	1	9	8	5	6	4	7
4	5	7	2	6	3	8	1	9
6	9	8	7	1	4	2	3	5
2	1	6	8	5	7	3	9	4
9	7	3	4	2	1	5	6	8
8	4	5	3	9	6	1	7	2

EASY # 170

6	5	8	7	3	9	1	4	2
1	3	2	8	4	6	7	5	9
9	7	4	5	1	2	6	3	8
8	6	5	1	2	7	4	9	3
7	1	3	4	9	8	5	2	6
4	2	9	6	5	3	8	7	1
5	9	7	3	6	1	2	8	4
3	8	6	2	7	4	9	1	5
2	4	1	9	8	5	3	6	7

EASY # 171

2	1	6	8	3	7	9	4	5
8	5	4	9	6	2	7	3	1
7	9	3	4	5	1	6	8	2
6	4	8	7	1	3	2	5	9
9	3	2	6	4	5	8	1	7
1	7	5	2	9	8	4	6	3
3	6	9	1	2	4	5	7	8
4	8	1	5	7	9	3	2	6
5	2	7	3	8	6	1	9	4

EASY # 172

9	8	2	6	7	4	1	5	3
4	6	7	1	3	5	2	8	9
1	3	5	2	8	9	7	4	6
2	7	4	5	6	3	9	1	8
8	5	9	4	1	7	6	3	2
6	1	3	9	2	8	4	7	5
7	2	6	3	5	1	8	9	4
5	4	8	7	9	6	3	2	1
3	9	1	8	4	2	5	6	7

EASY # 173

1	4	3	8	9	2	5	7	6
2	8	7	1	6	5	3	4	9
6	9	5	4	3	7	8	2	1
4	5	6	2	1	3	7	9	8
8	7	1	5	4	9	2	6	3
3	2	9	7	8	6	4	1	5
7	6	8	9	5	4	1	3	2
5	3	2	6	7	1	9	8	4
9	1	4	3	2	8	6	5	7

EASY # 174

5	3	9	4	2	7	8	1	6
2	8	6	3	9	1	5	7	4
1	4	7	8	5	6	3	2	9
4	6	5	1	3	2	9	8	7
8	9	1	6	7	5	4	3	2
3	7	2	9	4	8	1	6	5
6	5	4	7	8	3	2	9	1
9	1	3	2	6	4	7	5	8
7	2	8	5	1	9	6	4	3

EASY # 175

7	6	1	3	5	9	2	8	4
4	9	3	7	2	8	5	1	6
8	2	5	1	4	6	7	9	3
2	3	4	6	9	5	1	7	8
1	5	7	2	8	3	4	6	9
6	8	9	4	1	7	3	5	2
3	7	2	9	6	1	8	4	5
5	1	6	8	3	4	9	2	7
9	4	8	5	7	2	6	3	1

EASY # 176

3	5	9	1	8	6	7	2	4
4	8	2	7	9	3	1	5	6
1	7	6	2	5	4	3	9	8
9	1	8	5	6	7	2	4	3
7	6	5	3	4	2	8	1	9
2	3	4	9	1	8	5	6	7
5	9	7	6	3	1	4	8	2
8	2	1	4	7	9	6	3	5
6	4	3	8	2	5	9	7	1

EASY # 177

5	2	6	8	4	1	9	7	3
3	8	9	7	6	2	1	5	4
7	4	1	5	9	3	6	8	2
8	6	2	4	1	5	7	3	9
1	9	5	6	3	7	2	4	8
4	3	7	9	2	8	5	1	6
6	5	8	2	7	4	3	9	1
9	1	4	3	5	6	8	2	7
2	7	3	1	8	9	4	6	5

EASY # 178

2	1	5	6	3	4	7	9	8
9	3	8	7	2	1	5	4	6
7	4	6	5	9	8	2	1	3
6	2	7	1	8	3	4	5	9
3	5	9	2	4	7	6	8	1
1	8	4	9	6	5	3	7	2
4	7	3	8	1	2	9	6	5
8	9	2	4	5	6	1	3	7
5	6	1	3	7	9	8	2	4

EASY # 179

6	7	8	9	3	2	5	4	1
2	3	1	5	7	4	8	6	9
9	5	4	8	1	6	2	3	7
5	1	9	3	6	7	4	2	8
7	8	2	4	9	5	3	1	6
4	6	3	1	2	8	9	7	5
1	9	5	6	4	3	7	8	2
8	4	7	2	5	1	6	9	3
3	2	6	7	8	9	1	5	4

EASY # 180

6	4	5	8	9	2	3	7	1
1	7	9	6	3	4	8	2	5
3	2	8	5	7	1	6	4	9
4	9	7	3	1	8	5	6	2
8	5	6	2	4	9	1	3	7
2	1	3	7	6	5	4	9	8
7	8	4	9	5	6	2	1	3
5	3	1	4	2	7	9	8	6
9	6	2	1	8	3	7	5	4

EASY # 181

3	8	9	7	4	2	5	1	6
6	7	2	5	1	8	3	9	4
1	5	4	3	9	6	8	7	2
5	2	7	4	8	1	6	3	9
9	4	3	2	6	5	1	8	7
8	6	1	9	3	7	2	4	5
7	3	8	6	5	4	9	2	1
2	9	5	1	7	3	4	6	8
4	1	6	8	2	9	7	5	3

EASY # 182

3	8	5	1	4	7	9	6	2
1	2	7	9	3	6	8	4	5
9	4	6	2	8	5	7	3	1
2	6	1	3	9	8	5	7	4
4	7	9	6	5	1	3	2	8
8	5	3	4	7	2	1	9	6
7	9	2	8	1	4	6	5	3
5	1	4	7	6	3	2	8	9
6	3	8	5	2	9	4	1	7

EASY # 183

3	5	8	9	1	2	7	6	4
7	9	1	8	6	4	2	5	3
4	2	6	5	3	7	9	1	8
9	4	7	1	8	5	6	3	2
8	1	3	7	2	6	5	4	9
5	6	2	3	4	9	8	7	1
1	8	9	6	5	3	4	2	7
2	3	5	4	7	8	1	9	6
6	7	4	2	9	1	3	8	5

EASY # 184

5	7	3	9	1	8	2	4	6
6	8	2	4	3	7	5	9	1
9	4	1	2	5	6	3	7	8
3	1	9	8	6	4	7	2	5
4	2	5	1	7	9	6	8	3
7	6	8	3	2	5	4	1	9
1	3	4	6	9	2	8	5	7
2	9	7	5	8	3	1	6	4
8	5	6	7	4	1	9	3	2

EASY # 185

1	6	4	9	3	7	8	2	5
8	9	2	5	1	4	6	3	7
5	7	3	6	8	2	9	1	4
9	2	1	7	5	6	4	8	3
6	8	7	2	4	3	1	5	9
4	3	5	8	9	1	7	6	2
7	1	9	3	2	8	5	4	6
2	4	6	1	7	5	3	9	8
3	5	8	4	6	9	2	7	1

EASY # 186

4	8	9	3	1	7	2	6	5
5	2	7	8	4	6	3	1	9
1	3	6	9	2	5	8	7	4
3	7	4	2	5	8	1	9	6
8	9	1	6	3	4	7	5	2
6	5	2	7	9	1	4	3	8
7	4	3	5	6	2	9	8	1
2	6	8	1	7	9	5	4	3
9	1	5	4	8	3	6	2	7

EASY # 187

5	6	3	4	8	9	1	2	7
9	4	1	2	5	7	8	3	6
2	8	7	1	6	3	4	9	5
1	3	6	9	2	8	7	5	4
4	7	9	3	1	5	2	6	8
8	5	2	6	7	4	9	1	3
3	1	4	7	9	6	5	8	2
6	2	8	5	4	1	3	7	9
7	9	5	8	3	2	6	4	1

EASY # 188

6	5	4	9	2	3	8	1	7
8	1	7	4	5	6	9	2	3
9	3	2	8	1	7	4	6	5
4	6	8	5	3	9	1	7	2
5	9	3	1	7	2	6	4	8
2	7	1	6	4	8	5	3	9
3	4	6	7	9	5	2	8	1
1	2	5	3	8	4	7	9	6
7	8	9	2	6	1	3	5	4

EASY # 189

9	8	5	2	4	6	3	7	1
1	7	4	3	8	9	2	6	5
3	2	6	5	7	1	4	9	8
7	6	3	4	9	8	1	5	2
8	5	1	7	2	3	6	4	9
2	4	9	1	6	5	7	8	3
6	1	7	9	5	2	8	3	4
5	3	8	6	1	4	9	2	7
4	9	2	8	3	7	5	1	6

EASY # 190

4	8	7	5	3	2	6	9	1
9	5	2	6	1	8	3	7	4
1	3	6	4	7	9	5	8	2
5	6	4	1	9	7	8	2	3
3	7	9	8	2	5	4	1	6
8	2	1	3	6	4	9	5	7
7	4	8	2	5	3	1	6	9
6	9	5	7	4	1	2	3	8
2	1	3	9	8	6	7	4	5

EASY # 191

3	7	5	2	4	1	9	8	6
6	2	4	9	8	5	7	1	3
9	8	1	7	6	3	2	5	4
5	4	9	8	7	2	3	6	1
2	3	8	6	1	4	5	9	7
7	1	6	3	5	9	8	4	2
8	5	7	1	2	6	4	3	9
1	9	2	4	3	8	6	7	5
4	6	3	5	9	7	1	2	8

EASY # 192

1	2	4	8	6	5	7	9	3
5	3	9	4	7	1	8	2	6
6	7	8	2	9	3	1	5	4
4	9	6	7	5	2	3	8	1
8	1	7	9	3	4	5	6	2
2	5	3	1	8	6	4	7	9
7	8	1	6	4	9	2	3	5
9	4	5	3	2	8	6	1	7
3	6	2	5	1	7	9	4	8

EASY # 193

5	9	4	1	2	6	8	3	7
3	2	7	8	9	5	4	6	1
6	1	8	3	4	7	9	2	5
8	7	2	9	3	4	1	5	6
4	3	9	6	5	1	2	7	8
1	6	5	2	7	8	3	9	4
2	8	1	5	6	9	7	4	3
9	4	6	7	1	3	5	8	2
7	5	3	4	8	2	6	1	9

EASY # 194

1	2	8	4	6	5	7	3	9
3	4	5	8	9	7	2	6	1
6	7	9	2	3	1	5	8	4
4	1	3	5	2	8	6	9	7
2	8	7	9	4	6	1	5	3
5	9	6	7	1	3	4	2	8
7	3	2	6	8	4	9	1	5
8	6	4	1	5	9	3	7	2
9	5	1	3	7	2	8	4	6

EASY # 195

4	3	7	5	2	9	1	8	6
6	5	8	1	7	3	9	4	2
9	1	2	4	6	8	5	3	7
8	7	9	2	3	5	4	6	1
5	6	4	9	8	1	2	7	3
1	2	3	7	4	6	8	5	9
3	9	5	8	1	7	6	2	4
7	4	1	6	5	2	3	9	8
2	8	6	3	9	4	7	1	5

EASY # 196

5	9	3	1	4	7	8	6	2
1	8	6	5	2	3	9	4	7
2	7	4	8	9	6	5	1	3
6	1	9	3	7	2	4	8	5
8	2	5	6	1	4	3	7	9
4	3	7	9	8	5	6	2	1
9	6	8	7	3	1	2	5	4
3	4	1	2	5	8	7	9	6
7	5	2	4	6	9	1	3	8

EASY # 197

9	7	1	6	5	3	8	2	4
6	8	2	1	4	9	5	7	3
3	4	5	8	2	7	1	9	6
5	6	8	2	1	4	7	3	9
2	3	4	7	9	5	6	1	8
7	1	9	3	6	8	4	5	2
8	5	6	9	7	2	3	4	1
1	2	7	4	3	6	9	8	5
4	9	3	5	8	1	2	6	7

EASY # 198

9	1	7	6	5	4	3	2	8
6	2	8	3	7	1	9	5	4
4	5	3	2	9	8	1	6	7
2	3	4	1	6	5	7	8	9
5	8	1	7	3	9	6	4	2
7	9	6	4	8	2	5	3	1
8	6	2	9	1	3	4	7	5
1	7	5	8	4	6	2	9	3
3	4	9	5	2	7	8	1	6

EASY # 199

5	3	9	8	4	2	7	1	6
1	8	7	5	9	6	2	4	3
4	6	2	3	7	1	8	5	9
8	1	4	7	6	9	5	3	2
3	9	5	1	2	8	4	6	7
7	2	6	4	3	5	9	8	1
9	4	8	2	1	3	6	7	5
2	5	3	6	8	7	1	9	4
6	7	1	9	5	4	3	2	8

EASY # 200

9	2	6	5	7	3	8	1	4
4	7	8	6	9	1	5	2	3
3	5	1	2	4	8	6	9	7
6	9	5	4	1	2	3	7	8
1	3	7	8	5	9	4	6	2
8	4	2	3	6	7	1	5	9
5	6	9	7	3	4	2	8	1
2	1	3	9	8	5	7	4	6
7	8	4	1	2	6	9	3	5

MEDIUM # 1

6	1	2	8	3	4	7	5	9
9	8	5	7	6	1	3	4	2
4	3	7	2	9	5	8	1	6
3	2	6	4	1	7	5	9	8
7	5	4	6	8	9	1	2	3
8	9	1	5	2	3	6	7	4
5	6	3	1	4	2	9	8	7
2	7	8	9	5	6	4	3	1
1	4	9	3	7	8	2	6	5

MEDIUM # 2

3	4	6	1	2	8	7	9	5
2	9	8	6	7	5	4	1	3
5	1	7	4	3	9	2	8	6
1	8	5	2	6	4	3	7	9
6	2	3	9	1	7	8	5	4
4	7	9	8	5	3	1	6	2
8	6	1	5	4	2	9	3	7
7	5	4	3	9	1	6	2	8
9	3	2	7	8	6	5	4	1

MEDIUM # 3

4	9	3	8	6	7	1	5	2
7	5	2	1	4	9	3	8	6
6	1	8	5	3	2	9	7	4
8	7	6	3	2	1	5	4	9
9	3	4	6	7	5	8	2	1
1	2	5	9	8	4	7	6	3
5	8	1	2	9	6	4	3	7
2	4	9	7	5	3	6	1	8
3	6	7	4	1	8	2	9	5

MEDIUM # 4

6	3	8	1	2	9	4	5	7
4	1	5	3	7	6	8	2	9
7	2	9	8	4	5	1	6	3
9	8	6	5	3	4	2	7	1
1	5	4	2	9	7	3	8	6
3	7	2	6	1	8	9	4	5
2	6	1	7	8	3	5	9	4
8	9	7	4	5	1	6	3	2
5	4	3	9	6	2	7	1	8

MEDIUM # 5

5	9	2	7	8	1	3	4	6
7	1	6	9	3	4	2	8	5
4	8	3	5	2	6	9	7	1
2	7	4	6	5	3	1	9	8
3	5	8	4	1	9	7	6	2
9	6	1	2	7	8	5	3	4
6	2	5	8	9	7	4	1	3
8	3	7	1	4	5	6	2	9
1	4	9	3	6	2	8	5	7

MEDIUM # 6

7	6	9	8	1	2	5	4	3
5	3	8	6	4	9	7	1	2
2	1	4	7	5	3	9	6	8
6	7	3	4	9	8	1	2	5
8	5	1	3	2	7	6	9	4
4	9	2	1	6	5	3	8	7
3	4	7	9	8	1	2	5	6
1	8	5	2	7	6	4	3	9
9	2	6	5	3	4	8	7	1

MEDIUM # 7

7	2	5	8	9	4	1	3	6
9	8	4	3	1	6	7	5	2
3	6	1	2	5	7	4	9	8
2	4	7	9	6	3	8	1	5
8	5	3	4	2	1	6	7	9
1	9	6	7	8	5	2	4	3
4	7	8	5	3	2	9	6	1
5	1	2	6	7	9	3	8	4
6	3	9	1	4	8	5	2	7

MEDIUM # 8

5	9	4	6	7	2	3	8	1
7	1	3	9	8	4	2	5	6
8	6	2	3	5	1	7	4	9
6	4	8	2	1	7	9	3	5
9	2	7	5	3	6	8	1	4
3	5	1	4	9	8	6	7	2
2	8	9	1	4	3	5	6	7
4	3	5	7	6	9	1	2	8
1	7	6	8	2	5	4	9	3

MEDIUM # 9

9	7	6	1	3	2	5	8	4
2	8	4	6	5	7	9	3	1
5	1	3	9	8	4	6	7	2
8	5	1	7	9	6	2	4	3
7	4	9	5	2	3	1	6	8
6	3	2	8	4	1	7	5	9
4	6	5	3	1	9	8	2	7
1	2	8	4	7	5	3	9	6
3	9	7	2	6	8	4	1	5

MEDIUM # 10

9	6	5	8	3	2	4	1	7
4	3	1	6	9	7	5	2	8
2	7	8	5	1	4	9	3	6
6	4	9	7	2	8	1	5	3
8	5	3	4	6	1	7	9	2
7	1	2	9	5	3	6	8	4
5	9	7	3	8	6	2	4	1
1	8	6	2	4	9	3	7	5
3	2	4	1	7	5	8	6	9

MEDIUM # 11

3	1	7	2	8	4	6	5	9
9	8	6	7	5	3	2	4	1
2	4	5	9	6	1	8	3	7
7	2	1	6	3	8	4	9	5
6	3	4	5	1	9	7	2	8
5	9	8	4	7	2	1	6	3
1	6	2	3	9	7	5	8	4
8	5	3	1	4	6	9	7	2
4	7	9	8	2	5	3	1	6

MEDIUM # 12

6	1	4	7	3	9	8	2	5
3	5	9	2	8	6	4	1	7
2	8	7	1	4	5	3	9	6
1	4	8	3	5	7	2	6	9
7	3	6	9	2	8	5	4	1
9	2	5	6	1	4	7	8	3
8	9	1	5	7	2	6	3	4
4	7	3	8	6	1	9	5	2
5	6	2	4	9	3	1	7	8

MEDIUM # 13

8	1	3	5	9	2	4	7	6
4	2	7	8	6	3	5	9	1
9	5	6	7	4	1	8	3	2
5	4	9	3	2	6	1	8	7
3	7	2	4	1	8	6	5	9
1	6	8	9	5	7	2	4	3
6	9	5	2	7	4	3	1	8
7	3	1	6	8	5	9	2	4
2	8	4	1	3	9	7	6	5

MEDIUM # 14

3	7	2	5	4	1	8	9	6
1	9	8	2	6	7	3	5	4
6	4	5	8	3	9	7	1	2
2	1	4	3	9	8	5	6	7
7	8	9	4	5	6	1	2	3
5	3	6	7	1	2	4	8	9
4	2	1	9	8	3	6	7	5
8	5	7	6	2	4	9	3	1
9	6	3	1	7	5	2	4	8

MEDIUM # 15

9	6	2	3	4	5	8	7	1
1	7	5	9	8	2	3	6	4
3	4	8	6	7	1	9	2	5
8	9	6	1	2	7	5	4	3
7	3	4	5	9	6	2	1	8
5	2	1	8	3	4	6	9	7
6	8	7	2	1	3	4	5	9
4	5	9	7	6	8	1	3	2
2	1	3	4	5	9	7	8	6

MEDIUM # 16

1	5	9	4	2	7	6	8	3
2	3	8	1	6	9	5	7	4
6	4	7	5	3	8	2	1	9
4	1	6	7	9	3	8	2	5
5	7	2	6	8	4	9	3	1
8	9	3	2	5	1	4	6	7
3	2	4	9	1	6	7	5	8
9	6	1	8	7	5	3	4	2
7	8	5	3	4	2	1	9	6

MEDIUM # 17

7	5	9	1	3	4	8	6	2
4	1	2	8	7	6	9	3	5
8	6	3	9	2	5	7	1	4
1	9	4	7	6	8	5	2	3
6	7	8	3	5	2	1	4	9
2	3	5	4	1	9	6	7	8
9	4	1	2	8	7	3	5	6
3	8	6	5	4	1	2	9	7
5	2	7	6	9	3	4	8	1

MEDIUM # 18

1	3	2	5	6	4	8	9	7
9	5	7	8	2	1	6	3	4
6	4	8	3	9	7	2	5	1
5	2	6	7	1	3	4	8	9
7	9	4	6	5	8	3	1	2
3	8	1	2	4	9	7	6	5
2	1	3	4	8	5	9	7	6
8	6	9	1	7	2	5	4	3
4	7	5	9	3	6	1	2	8

MEDIUM # 19

9	4	2	6	1	5	3	7	8
3	8	5	2	7	9	4	6	1
7	6	1	4	3	8	2	9	5
6	9	3	1	5	2	8	4	7
2	1	8	9	4	7	6	5	3
4	5	7	3	8	6	1	2	9
8	2	6	5	9	3	7	1	4
1	7	9	8	2	4	5	3	6
5	3	4	7	6	1	9	8	2

MEDIUM # 20

3	5	1	4	6	2	9	7	8
6	4	2	7	9	8	3	1	5
9	8	7	5	3	1	2	6	4
4	1	3	8	2	7	5	9	6
7	2	9	3	5	6	8	4	1
5	6	8	9	1	4	7	3	2
2	9	4	1	7	5	6	8	3
8	7	5	6	4	3	1	2	9
1	3	6	2	8	9	4	5	7

MEDIUM # 21

8	2	6	5	3	9	4	7	1
7	9	4	2	1	8	5	3	6
5	3	1	4	6	7	2	9	8
1	4	8	9	7	3	6	5	2
9	6	3	1	5	2	8	4	7
2	7	5	6	8	4	3	1	9
3	5	9	7	2	6	1	8	4
4	8	2	3	9	1	7	6	5
6	1	7	8	4	5	9	2	3

MEDIUM # 22

6	2	5	8	9	1	3	7	4
9	3	4	2	6	7	1	8	5
7	8	1	3	4	5	2	9	6
2	4	7	1	5	8	6	3	9
8	9	3	6	2	4	7	5	1
5	1	6	9	7	3	8	4	2
3	6	2	5	8	9	4	1	7
1	7	9	4	3	2	5	6	8
4	5	8	7	1	6	9	2	3

MEDIUM # 23

5	6	7	8	1	4	9	3	2
2	8	9	6	3	7	4	1	5
3	4	1	5	2	9	6	7	8
8	3	6	4	5	2	1	9	7
1	5	4	7	9	3	8	2	6
9	7	2	1	8	6	3	5	4
6	9	8	2	7	1	5	4	3
7	1	5	3	4	8	2	6	9
4	2	3	9	6	5	7	8	1

MEDIUM # 24

1	4	3	8	9	2	5	6	7
8	5	2	1	6	7	3	4	9
9	6	7	5	4	3	2	1	8
5	9	8	2	3	1	6	7	4
4	2	1	6	7	9	8	5	3
3	7	6	4	5	8	1	9	2
6	8	5	7	2	4	9	3	1
2	3	4	9	1	5	7	8	6
7	1	9	3	8	6	4	2	5

MEDIUM # 25

7	6	5	9	2	3	1	8	4
1	8	9	6	7	4	3	2	5
3	2	4	5	1	8	9	6	7
5	3	1	7	8	9	6	4	2
8	7	2	1	4	6	5	3	9
9	4	6	2	3	5	7	1	8
2	1	3	4	5	7	8	9	6
6	5	8	3	9	2	4	7	1
4	9	7	8	6	1	2	5	3

MEDIUM # 26

8	2	1	7	9	3	4	6	5
4	5	7	2	6	8	1	9	3
9	6	3	5	4	1	8	2	7
1	4	5	3	2	6	7	8	9
6	9	8	4	1	7	3	5	2
7	3	2	9	8	5	6	4	1
5	1	4	8	7	2	9	3	6
3	7	9	6	5	4	2	1	8
2	8	6	1	3	9	5	7	4

MEDIUM # 27

3	2	9	5	1	4	8	7	6
6	4	7	9	3	8	1	2	5
8	5	1	7	2	6	9	3	4
5	6	8	4	9	3	2	1	7
9	1	4	8	7	2	5	6	3
2	7	3	1	6	5	4	8	9
1	9	2	3	5	7	6	4	8
4	3	6	2	8	9	7	5	1
7	8	5	6	4	1	3	9	2

MEDIUM # 28

7	8	6	3	5	2	4	1	9
1	3	4	8	7	9	5	6	2
5	2	9	4	6	1	7	3	8
6	1	8	7	9	5	3	2	4
4	7	5	2	1	3	8	9	6
3	9	2	6	4	8	1	5	7
2	4	1	5	8	6	9	7	3
8	5	3	9	2	7	6	4	1
9	6	7	1	3	4	2	8	5

MEDIUM # 29

7	8	2	5	6	4	9	3	1
4	5	9	3	1	7	6	8	2
1	3	6	8	9	2	7	4	5
8	4	7	2	3	9	5	1	6
5	6	3	7	8	1	4	2	9
9	2	1	4	5	6	8	7	3
6	7	8	1	2	5	3	9	4
3	1	5	9	4	8	2	6	7
2	9	4	6	7	3	1	5	8

MEDIUM # 30

2	4	9	6	7	5	1	8	3
6	1	7	8	9	3	2	5	4
8	3	5	1	4	2	9	7	6
1	5	6	2	8	7	3	4	9
9	2	8	4	3	1	7	6	5
4	7	3	9	5	6	8	2	1
5	6	2	7	1	9	4	3	8
3	9	4	5	2	8	6	1	7
7	8	1	3	6	4	5	9	2

MEDIUM # 31

9	2	4	5	3	7	1	6	8
6	7	1	8	2	4	9	5	3
5	3	8	1	9	6	2	7	4
4	9	2	3	6	5	8	1	7
8	5	7	2	4	1	6	3	9
3	1	6	9	7	8	5	4	2
2	8	5	7	1	3	4	9	6
1	4	3	6	8	9	7	2	5
7	6	9	4	5	2	3	8	1

MEDIUM # 32

3	4	7	2	8	5	6	9	1
8	6	5	9	4	1	3	7	2
2	9	1	6	3	7	8	4	5
7	8	6	4	1	9	2	5	3
9	5	3	7	6	2	4	1	8
4	1	2	8	5	3	7	6	9
6	3	9	5	2	4	1	8	7
5	2	4	1	7	8	9	3	6
1	7	8	3	9	6	5	2	4

MEDIUM # 33

1	5	8	7	9	3	4	6	2
7	3	2	8	6	4	1	5	9
4	9	6	2	1	5	8	3	7
8	7	5	4	2	6	9	1	3
6	4	3	1	7	9	2	8	5
2	1	9	5	3	8	7	4	6
5	2	7	3	4	1	6	9	8
9	8	4	6	5	7	3	2	1
3	6	1	9	8	2	5	7	4

MEDIUM # 34

9	2	8	7	5	6	1	4	3
7	4	5	1	2	3	6	9	8
6	1	3	8	4	9	7	2	5
2	7	9	3	1	4	5	8	6
8	5	6	9	7	2	4	3	1
1	3	4	6	8	5	9	7	2
3	8	7	5	9	1	2	6	4
4	9	1	2	6	8	3	5	7
5	6	2	4	3	7	8	1	9

MEDIUM # 35

5	9	6	8	2	3	4	7	1
4	3	2	7	9	1	8	5	6
8	1	7	5	6	4	3	9	2
2	8	9	1	3	7	6	4	5
3	5	4	2	8	6	7	1	9
7	6	1	9	4	5	2	8	3
1	2	3	4	5	8	9	6	7
9	7	8	6	1	2	5	3	4
6	4	5	3	7	9	1	2	8

MEDIUM # 36

8	2	3	5	7	9	6	4	1
6	5	4	3	1	2	7	8	9
7	1	9	6	8	4	3	5	2
4	6	7	9	2	1	5	3	8
5	8	2	7	4	3	9	1	6
9	3	1	8	5	6	4	2	7
1	7	5	4	9	8	2	6	3
2	4	6	1	3	7	8	9	5
3	9	8	2	6	5	1	7	4

MEDIUM # 37

9	6	4	5	3	1	8	7	2
1	2	3	8	7	4	9	5	6
7	5	8	9	2	6	1	3	4
3	7	2	4	1	8	5	6	9
4	1	5	2	6	9	3	8	7
8	9	6	3	5	7	4	2	1
2	3	1	7	4	5	6	9	8
6	8	7	1	9	3	2	4	5
5	4	9	6	8	2	7	1	3

MEDIUM # 38

4	8	9	5	3	6	2	7	1
6	5	2	8	1	7	3	9	4
3	7	1	4	2	9	8	6	5
5	9	4	3	6	8	7	1	2
2	6	8	9	7	1	4	5	3
7	1	3	2	4	5	6	8	9
8	2	5	6	9	4	1	3	7
9	4	7	1	8	3	5	2	6
1	3	6	7	5	2	9	4	8

MEDIUM # 39

7	4	8	5	2	9	1	3	6
5	3	9	1	6	4	2	7	8
1	6	2	8	7	3	9	5	4
8	5	3	7	1	2	4	6	9
9	1	7	4	3	6	8	2	5
4	2	6	9	8	5	3	1	7
2	8	1	6	9	7	5	4	3
3	7	4	2	5	8	6	9	1
6	9	5	3	4	1	7	8	2

MEDIUM # 40

9	6	2	5	1	4	3	8	7
7	8	5	3	9	2	4	6	1
1	4	3	8	6	7	5	9	2
8	2	4	7	5	9	6	1	3
6	3	9	4	8	1	7	2	5
5	1	7	6	2	3	8	4	9
2	5	6	1	7	8	9	3	4
3	7	1	9	4	6	2	5	8
4	9	8	2	3	5	1	7	6

MEDIUM # 41

9	3	4	5	8	6	1	7	2
5	6	2	1	9	7	3	8	4
1	8	7	4	2	3	6	5	9
4	7	3	2	1	5	8	9	6
8	9	5	3	6	4	7	2	1
6	2	1	8	7	9	5	4	3
7	4	6	9	3	8	2	1	5
2	5	8	6	4	1	9	3	7
3	1	9	7	5	2	4	6	8

MEDIUM # 42

7	2	9	1	6	5	8	4	3
5	6	4	8	3	9	7	1	2
3	8	1	4	7	2	6	5	9
9	5	8	3	1	6	2	7	4
6	7	3	5	2	4	9	8	1
1	4	2	7	9	8	5	3	6
4	9	7	6	8	1	3	2	5
8	1	6	2	5	3	4	9	7
2	3	5	9	4	7	1	6	8

MEDIUM # 43

6	2	8	4	7	9	3	5	1
7	4	3	5	8	1	6	2	9
5	1	9	2	6	3	4	8	7
4	9	6	1	2	7	8	3	5
2	8	5	9	3	4	1	7	6
3	7	1	6	5	8	9	4	2
8	6	4	7	9	2	5	1	3
9	3	2	8	1	5	7	6	4
1	5	7	3	4	6	2	9	8

MEDIUM # 44

9	8	2	5	4	6	3	7	1
3	5	6	7	2	1	9	4	8
4	7	1	9	8	3	5	6	2
8	2	9	4	7	5	6	1	3
6	4	5	3	1	9	2	8	7
7	1	3	8	6	2	4	9	5
5	9	8	6	3	7	1	2	4
1	3	7	2	9	4	8	5	6
2	6	4	1	5	8	7	3	9

MEDIUM # 45

1	5	8	3	6	2	7	9	4
4	2	9	5	1	7	8	6	3
7	6	3	8	4	9	2	1	5
5	9	4	2	8	1	3	7	6
3	8	7	4	5	6	9	2	1
6	1	2	7	9	3	5	4	8
9	3	5	1	7	4	6	8	2
8	7	1	6	2	5	4	3	9
2	4	6	9	3	8	1	5	7

MEDIUM # 46

1	5	8	6	4	2	3	9	7
2	9	7	1	3	8	6	4	5
6	4	3	5	9	7	1	2	8
7	6	4	9	8	1	2	5	3
3	1	9	4	2	5	7	8	6
8	2	5	7	6	3	4	1	9
4	3	1	8	5	6	9	7	2
5	7	6	2	1	9	8	3	4
9	8	2	3	7	4	5	6	1

MEDIUM # 47

8	6	1	4	5	2	9	7	3
4	2	7	9	1	3	8	5	6
9	5	3	8	6	7	2	1	4
1	8	4	2	3	6	5	9	7
5	3	9	1	7	4	6	2	8
2	7	6	5	8	9	3	4	1
6	1	8	7	9	5	4	3	2
7	4	5	3	2	8	1	6	9
3	9	2	6	4	1	7	8	5

MEDIUM # 48

6	1	3	9	2	5	4	8	7
8	4	9	7	3	1	2	5	6
2	7	5	4	8	6	9	1	3
9	2	7	5	1	4	3	6	8
4	5	1	8	6	3	7	2	9
3	8	6	2	9	7	1	4	5
7	9	4	1	5	8	6	3	2
5	3	2	6	4	9	8	7	1
1	6	8	3	7	2	5	9	4

MEDIUM # 49

2	9	6	1	3	5	8	7	4
8	3	7	9	2	4	6	5	1
1	5	4	7	8	6	3	2	9
5	7	8	3	4	1	9	6	2
3	6	1	2	7	9	5	4	8
9	4	2	5	6	8	7	1	3
6	1	5	4	9	3	2	8	7
7	8	3	6	1	2	4	9	5
4	2	9	8	5	7	1	3	6

MEDIUM # 50

6	9	7	5	2	4	1	8	3
4	2	3	8	7	1	9	5	6
8	5	1	9	6	3	2	4	7
5	6	8	2	4	7	3	1	9
7	1	9	3	5	6	8	2	4
2	3	4	1	8	9	6	7	5
1	7	5	6	3	8	4	9	2
3	8	2	4	9	5	7	6	1
9	4	6	7	1	2	5	3	8

MEDIUM # 51

2	4	1	8	7	5	9	6	3
7	3	6	2	4	9	8	5	1
9	8	5	1	3	6	4	7	2
4	7	2	5	9	3	6	1	8
1	9	8	6	2	4	7	3	5
6	5	3	7	1	8	2	9	4
8	1	4	3	6	7	5	2	9
5	2	7	9	8	1	3	4	6
3	6	9	4	5	2	1	8	7

MEDIUM # 52

3	7	8	4	1	6	5	9	2
5	9	6	3	2	7	1	4	8
4	2	1	9	5	8	3	6	7
9	3	5	6	4	2	7	8	1
1	4	2	8	7	9	6	5	3
6	8	7	1	3	5	4	2	9
2	1	9	5	6	3	8	7	4
7	6	3	2	8	4	9	1	5
8	5	4	7	9	1	2	3	6

MEDIUM # 53

9	6	5	2	8	1	7	3	4
1	2	7	3	5	4	6	9	8
4	3	8	6	9	7	1	2	5
2	7	1	5	4	3	8	6	9
8	5	3	1	6	9	2	4	7
6	4	9	7	2	8	5	1	3
7	8	6	4	3	2	9	5	1
3	1	2	9	7	5	4	8	6
5	9	4	8	1	6	3	7	2

MEDIUM # 54

3	9	1	4	5	6	2	8	7
8	7	6	2	3	1	4	5	9
2	4	5	8	7	9	3	1	6
4	1	7	5	9	2	6	3	8
6	2	9	3	1	8	7	4	5
5	3	8	6	4	7	1	9	2
1	5	2	9	6	3	8	7	4
7	8	4	1	2	5	9	6	3
9	6	3	7	8	4	5	2	1

MEDIUM # 55

3	8	9	7	2	6	4	1	5
7	2	5	1	3	4	6	9	8
4	1	6	8	5	9	3	2	7
6	3	7	4	8	1	9	5	2
1	5	4	2	9	7	8	6	3
8	9	2	3	6	5	7	4	1
2	7	1	9	4	8	5	3	6
9	6	8	5	1	3	2	7	4
5	4	3	6	7	2	1	8	9

MEDIUM # 56

5	1	9	2	7	8	4	3	6
2	6	3	4	9	5	7	1	8
4	7	8	3	6	1	9	2	5
9	5	1	7	3	6	2	8	4
3	2	4	1	8	9	5	6	7
7	8	6	5	4	2	3	9	1
1	3	5	8	2	4	6	7	9
8	9	7	6	5	3	1	4	2
6	4	2	9	1	7	8	5	3

MEDIUM # 57

2	9	7	4	3	5	8	6	1
3	6	5	7	1	8	9	2	4
1	8	4	6	9	2	3	5	7
4	3	9	1	2	6	5	7	8
5	7	8	9	4	3	6	1	2
6	1	2	5	8	7	4	3	9
7	4	6	8	5	1	2	9	3
9	5	3	2	7	4	1	8	6
8	2	1	3	6	9	7	4	5

MEDIUM # 58

1	5	9	3	7	2	4	8	6
4	6	2	1	8	5	3	9	7
3	7	8	9	4	6	1	5	2
8	1	3	6	9	4	7	2	5
6	9	4	5	2	7	8	3	1
5	2	7	8	1	3	9	6	4
7	3	1	2	6	8	5	4	9
2	4	5	7	3	9	6	1	8
9	8	6	4	5	1	2	7	3

MEDIUM # 59

7	2	9	1	6	5	8	4	3
5	8	3	7	9	4	2	1	6
6	1	4	8	3	2	9	5	7
1	9	7	4	8	6	5	3	2
8	4	5	2	7	3	1	6	9
2	3	6	5	1	9	7	8	4
4	7	1	6	2	8	3	9	5
3	5	8	9	4	7	6	2	1
9	6	2	3	5	1	4	7	8

MEDIUM # 60

7	2	3	4	9	8	5	6	1
1	4	6	5	7	2	3	8	9
8	5	9	3	1	6	2	4	7
3	8	5	6	4	7	9	1	2
9	6	4	2	3	1	8	7	5
2	1	7	9	8	5	4	3	6
4	9	2	1	6	3	7	5	8
6	3	8	7	5	9	1	2	4
5	7	1	8	2	4	6	9	3

MEDIUM # 61

1	6	2	3	8	9	7	5	4
3	4	7	5	6	1	8	9	2
9	8	5	2	4	7	3	6	1
7	3	6	8	5	2	1	4	9
5	1	8	7	9	4	2	3	6
2	9	4	1	3	6	5	7	8
6	7	3	4	1	8	9	2	5
8	5	9	6	2	3	4	1	7
4	2	1	9	7	5	6	8	3

MEDIUM # 62

1	4	6	5	9	7	2	8	3
7	2	8	6	1	3	4	9	5
9	5	3	2	8	4	1	6	7
5	1	7	3	4	9	6	2	8
6	3	9	8	7	2	5	1	4
2	8	4	1	6	5	3	7	9
8	9	5	4	2	6	7	3	1
3	7	2	9	5	1	8	4	6
4	6	1	7	3	8	9	5	2

MEDIUM # 63

6	9	7	3	4	1	2	5	8
5	8	1	2	6	7	9	3	4
3	2	4	5	8	9	7	6	1
1	3	5	6	7	2	8	4	9
7	6	8	4	9	3	5	1	2
2	4	9	8	1	5	3	7	6
4	7	2	9	3	6	1	8	5
8	5	3	1	2	4	6	9	7
9	1	6	7	5	8	4	2	3

MEDIUM # 64

2	6	4	8	3	9	1	7	5
5	8	3	7	1	2	4	9	6
7	9	1	4	5	6	8	3	2
9	4	7	2	8	3	5	6	1
3	1	2	9	6	5	7	4	8
8	5	6	1	4	7	3	2	9
4	3	9	5	2	1	6	8	7
1	7	8	6	9	4	2	5	3
6	2	5	3	7	8	9	1	4

MEDIUM # 65

7	1	2	4	9	8	6	5	3
8	9	3	1	5	6	4	2	7
5	4	6	7	3	2	1	8	9
1	2	5	9	8	3	7	6	4
3	6	7	2	1	4	8	9	5
9	8	4	6	7	5	3	1	2
6	5	1	3	2	7	9	4	8
2	7	9	8	4	1	5	3	6
4	3	8	5	6	9	2	7	1

MEDIUM # 66

6	2	3	4	7	9	5	1	8
4	1	9	8	3	5	2	7	6
8	5	7	2	1	6	4	9	3
2	6	1	9	8	4	3	5	7
3	4	8	1	5	7	9	6	2
9	7	5	3	6	2	8	4	1
5	3	2	6	4	1	7	8	9
1	9	4	7	2	8	6	3	5
7	8	6	5	9	3	1	2	4

MEDIUM # 67

4	6	7	2	5	8	9	3	1
1	8	2	3	7	9	6	4	5
9	5	3	6	1	4	7	2	8
3	4	8	7	9	2	5	1	6
2	9	1	4	6	5	3	8	7
6	7	5	8	3	1	2	9	4
7	3	4	1	2	6	8	5	9
8	2	9	5	4	7	1	6	3
5	1	6	9	8	3	4	7	2

MEDIUM # 68

1	6	9	4	2	5	7	8	3
8	2	4	7	6	3	5	1	9
5	3	7	1	8	9	4	6	2
7	8	2	5	9	6	3	4	1
3	5	6	8	4	1	9	2	7
4	9	1	3	7	2	8	5	6
2	7	5	6	3	4	1	9	8
9	4	3	2	1	8	6	7	5
6	1	8	9	5	7	2	3	4

MEDIUM # 69

9	1	6	8	5	2	4	7	3
3	5	8	4	9	7	2	6	1
4	7	2	1	3	6	8	5	9
1	4	5	7	6	8	9	3	2
2	9	3	5	4	1	6	8	7
8	6	7	9	2	3	1	4	5
5	2	1	6	7	4	3	9	8
7	8	4	3	1	9	5	2	6
6	3	9	2	8	5	7	1	4

MEDIUM # 70

3	4	6	2	9	7	8	1	5
2	5	7	8	6	1	3	4	9
9	1	8	4	5	3	6	7	2
8	7	2	5	1	4	9	6	3
4	6	9	3	8	2	1	5	7
1	3	5	9	7	6	2	8	4
7	8	4	6	2	9	5	3	1
5	2	1	7	3	8	4	9	6
6	9	3	1	4	5	7	2	8

MEDIUM # 71

7	4	2	3	6	8	5	1	9
1	8	6	5	7	9	3	4	2
9	5	3	1	2	4	8	7	6
3	6	7	8	9	1	2	5	4
5	9	1	6	4	2	7	3	8
8	2	4	7	3	5	6	9	1
6	1	5	9	8	7	4	2	3
2	7	8	4	1	3	9	6	5
4	3	9	2	5	6	1	8	7

MEDIUM # 72

1	8	3	4	9	7	6	5	2
9	4	2	1	6	5	7	3	8
5	7	6	3	8	2	1	4	9
4	5	1	8	2	6	9	7	3
6	2	8	9	7	3	5	1	4
3	9	7	5	1	4	2	8	6
8	1	5	6	4	9	3	2	7
2	6	4	7	3	1	8	9	5
7	3	9	2	5	8	4	6	1

MEDIUM # 73

3	8	1	4	9	7	6	5	2
2	4	6	5	3	1	8	9	7
5	9	7	8	6	2	3	1	4
4	6	5	2	1	8	9	7	3
9	7	8	6	4	3	5	2	1
1	2	3	9	7	5	4	6	8
8	3	9	7	2	6	1	4	5
6	1	2	3	5	4	7	8	9
7	5	4	1	8	9	2	3	6

MEDIUM # 74

6	9	7	8	3	4	1	5	2
1	8	5	6	7	2	3	4	9
4	2	3	5	1	9	8	6	7
5	1	9	2	4	3	6	7	8
2	6	4	9	8	7	5	1	3
3	7	8	1	6	5	9	2	4
9	3	2	4	5	1	7	8	6
8	4	1	7	9	6	2	3	5
7	5	6	3	2	8	4	9	1

MEDIUM # 75

4	1	8	5	7	9	2	3	6
2	6	9	8	3	1	5	4	7
7	5	3	2	4	6	9	1	8
8	7	1	3	9	5	4	6	2
5	2	6	1	8	4	3	7	9
9	3	4	6	2	7	8	5	1
6	8	5	4	1	2	7	9	3
1	9	2	7	5	3	6	8	4
3	4	7	9	6	8	1	2	5

MEDIUM # 76

4	2	8	5	1	6	3	7	9
6	9	5	8	3	7	2	4	1
1	3	7	9	2	4	5	6	8
9	4	3	2	7	8	1	5	6
5	8	2	1	6	9	7	3	4
7	1	6	4	5	3	8	9	2
3	5	4	6	8	2	9	1	7
8	7	9	3	4	1	6	2	5
2	6	1	7	9	5	4	8	3

MEDIUM # 77

2	7	4	5	1	6	3	8	9
5	3	1	9	7	8	4	6	2
9	6	8	3	4	2	5	1	7
3	5	7	1	6	9	2	4	8
4	2	6	7	8	5	9	3	1
8	1	9	4	2	3	6	7	5
1	4	5	6	9	7	8	2	3
7	8	3	2	5	4	1	9	6
6	9	2	8	3	1	7	5	4

MEDIUM # 78

3	7	8	4	6	5	2	9	1
5	2	4	3	9	1	8	7	6
9	1	6	8	7	2	3	5	4
7	6	2	1	3	9	5	4	8
1	9	5	2	8	4	6	3	7
8	4	3	6	5	7	9	1	2
4	8	7	9	2	3	1	6	5
2	5	9	7	1	6	4	8	3
6	3	1	5	4	8	7	2	9

MEDIUM # 79

2	5	7	1	9	6	4	3	8
6	4	8	7	3	5	9	1	2
9	3	1	8	2	4	6	5	7
7	9	4	3	1	2	5	8	6
1	6	3	5	4	8	2	7	9
8	2	5	6	7	9	1	4	3
4	1	9	2	8	7	3	6	5
5	7	2	4	6	3	8	9	1
3	8	6	9	5	1	7	2	4

MEDIUM # 80

9	8	4	1	6	3	7	2	5
1	6	5	2	7	4	9	8	3
2	7	3	8	5	9	1	4	6
3	5	8	7	1	2	4	6	9
6	9	1	4	3	5	2	7	8
7	4	2	6	9	8	3	5	1
8	3	7	5	4	1	6	9	2
5	1	6	9	2	7	8	3	4
4	2	9	3	8	6	5	1	7

MEDIUM # 81

1	5	9	2	4	7	3	8	6
8	7	6	1	3	9	2	4	5
3	2	4	6	5	8	9	7	1
2	9	1	3	8	6	4	5	7
4	8	3	7	1	5	6	9	2
7	6	5	9	2	4	1	3	8
9	1	2	8	7	3	5	6	4
6	4	7	5	9	1	8	2	3
5	3	8	4	6	2	7	1	9

MEDIUM # 82

6	7	8	4	3	2	9	5	1
9	1	4	5	7	6	3	2	8
2	3	5	9	8	1	7	4	6
5	9	6	7	4	8	1	3	2
4	2	3	1	6	9	5	8	7
7	8	1	2	5	3	6	9	4
8	4	9	3	1	7	2	6	5
3	6	7	8	2	5	4	1	9
1	5	2	6	9	4	8	7	3

MEDIUM # 83

7	4	8	9	6	1	5	3	2
2	1	5	3	4	8	6	7	9
3	6	9	7	2	5	4	1	8
5	3	6	8	1	2	7	9	4
9	8	7	4	3	6	2	5	1
4	2	1	5	9	7	3	8	6
6	9	3	1	5	4	8	2	7
8	5	4	2	7	9	1	6	3
1	7	2	6	8	3	9	4	5

MEDIUM # 84

5	8	1	7	2	6	4	9	3
9	4	7	8	5	3	6	1	2
3	6	2	9	1	4	7	5	8
2	7	9	5	6	8	1	3	4
4	1	5	2	3	9	8	7	6
6	3	8	1	4	7	9	2	5
7	2	4	3	8	1	5	6	9
1	5	6	4	9	2	3	8	7
8	9	3	6	7	5	2	4	1

MEDIUM # 85

3	9	2	5	1	7	6	8	4
8	6	5	4	2	3	9	7	1
4	1	7	9	6	8	5	3	2
1	7	3	6	8	4	2	9	5
9	8	6	7	5	2	1	4	3
5	2	4	3	9	1	8	6	7
7	5	1	8	4	9	3	2	6
6	4	9	2	3	5	7	1	8
2	3	8	1	7	6	4	5	9

MEDIUM # 86

4	3	7	2	8	6	1	5	9
1	2	5	7	4	9	3	6	8
8	6	9	1	5	3	2	7	4
6	5	8	3	9	2	4	1	7
2	4	1	8	6	7	9	3	5
7	9	3	5	1	4	6	8	2
5	1	6	4	2	8	7	9	3
3	8	2	9	7	1	5	4	6
9	7	4	6	3	5	8	2	1

MEDIUM # 87

1	2	9	6	5	4	8	3	7
3	4	6	7	2	8	9	5	1
8	7	5	1	3	9	4	6	2
7	5	3	8	4	2	6	1	9
9	1	2	5	7	6	3	4	8
6	8	4	3	9	1	2	7	5
5	9	8	4	1	3	7	2	6
2	3	7	9	6	5	1	8	4
4	6	1	2	8	7	5	9	3

MEDIUM # 88

9	7	6	1	3	8	4	5	2
3	8	2	5	7	4	6	9	1
5	4	1	9	6	2	8	7	3
7	2	4	3	5	6	1	8	9
1	6	5	2	8	9	3	4	7
8	9	3	4	1	7	5	2	6
4	1	7	6	9	5	2	3	8
6	5	8	7	2	3	9	1	4
2	3	9	8	4	1	7	6	5

MEDIUM # 89

2	4	3	6	7	1	8	5	9
5	9	1	8	3	2	7	6	4
6	7	8	5	9	4	2	3	1
7	6	5	3	4	8	1	9	2
8	2	9	7	1	6	5	4	3
1	3	4	2	5	9	6	8	7
3	8	6	9	2	7	4	1	5
9	1	2	4	8	5	3	7	6
4	5	7	1	6	3	9	2	8

MEDIUM # 90

6	2	8	1	4	7	5	3	9
5	7	1	3	8	9	6	2	4
9	3	4	6	2	5	7	1	8
1	6	9	8	7	3	4	5	2
4	8	7	5	6	2	3	9	1
2	5	3	4	9	1	8	7	6
8	1	2	7	5	4	9	6	3
7	9	6	2	3	8	1	4	5
3	4	5	9	1	6	2	8	7

MEDIUM # 91

5	7	3	2	6	8	9	4	1
9	4	6	5	3	1	8	7	2
8	1	2	7	9	4	5	6	3
6	9	1	3	2	5	7	8	4
3	5	7	8	4	6	2	1	9
2	8	4	9	1	7	3	5	6
7	6	9	1	8	3	4	2	5
1	2	5	4	7	9	6	3	8
4	3	8	6	5	2	1	9	7

MEDIUM # 92

2	7	6	8	9	4	5	1	3
3	4	9	6	5	1	8	7	2
8	1	5	3	2	7	6	9	4
9	6	8	7	4	3	2	5	1
1	3	2	9	6	5	4	8	7
4	5	7	2	1	8	3	6	9
6	8	1	4	3	9	7	2	5
7	9	4	5	8	2	1	3	6
5	2	3	1	7	6	9	4	8

MEDIUM # 93

9	4	3	8	7	5	1	2	6
6	5	7	4	2	1	8	9	3
1	2	8	9	6	3	4	5	7
7	1	2	5	3	4	6	8	9
8	9	6	7	1	2	5	3	4
5	3	4	6	8	9	7	1	2
4	8	1	3	9	7	2	6	5
2	7	9	1	5	6	3	4	8
3	6	5	2	4	8	9	7	1

MEDIUM # 94

3	2	9	5	6	7	1	8	4
5	7	1	3	4	8	9	6	2
6	4	8	2	1	9	3	7	5
2	5	6	1	7	4	8	3	9
1	3	4	9	8	2	7	5	6
8	9	7	6	3	5	2	4	1
4	1	3	8	2	6	5	9	7
7	8	5	4	9	1	6	2	3
9	6	2	7	5	3	4	1	8

MEDIUM # 95

8	2	6	4	1	5	3	9	7
3	5	7	8	6	9	4	2	1
1	4	9	2	7	3	8	6	5
6	7	8	9	5	4	2	1	3
2	9	5	3	8	1	6	7	4
4	1	3	6	2	7	9	5	8
7	8	2	1	3	6	5	4	9
5	6	4	7	9	8	1	3	2
9	3	1	5	4	2	7	8	6

MEDIUM # 96

4	2	8	6	5	9	1	7	3
6	1	5	2	7	3	4	8	9
9	7	3	4	8	1	2	6	5
2	3	6	5	1	7	8	9	4
7	9	1	8	4	6	5	3	2
8	5	4	3	9	2	6	1	7
3	4	7	1	2	8	9	5	6
1	6	2	9	3	5	7	4	8
5	8	9	7	6	4	3	2	1

MEDIUM # 97

3	6	1	5	2	9	8	4	7
4	5	8	1	7	3	2	6	9
7	2	9	6	8	4	1	5	3
5	8	4	9	1	7	3	2	6
6	1	3	2	5	8	7	9	4
2	9	7	4	3	6	5	1	8
8	4	5	3	9	2	6	7	1
1	3	6	7	4	5	9	8	2
9	7	2	8	6	1	4	3	5

MEDIUM # 98

5	1	7	6	2	8	4	3	9
6	4	2	9	3	5	1	8	7
8	9	3	4	7	1	6	2	5
4	8	1	3	6	7	9	5	2
2	6	9	8	5	4	3	7	1
7	3	5	2	1	9	8	6	4
9	7	6	1	8	2	5	4	3
1	2	8	5	4	3	7	9	6
3	5	4	7	9	6	2	1	8

MEDIUM # 99

8	7	5	9	6	4	2	3	1
2	9	1	7	3	8	6	5	4
6	4	3	5	1	2	8	9	7
5	3	9	2	4	1	7	6	8
7	1	2	6	8	5	9	4	3
4	8	6	3	7	9	5	1	2
3	2	7	4	5	6	1	8	9
1	6	4	8	9	7	3	2	5
9	5	8	1	2	3	4	7	6

MEDIUM # 100

1	5	6	3	7	4	2	8	9
3	9	7	2	8	1	5	4	6
4	8	2	5	9	6	7	1	3
5	1	4	9	6	2	8	3	7
7	6	3	8	1	5	4	9	2
8	2	9	4	3	7	1	6	5
2	4	1	6	5	3	9	7	8
9	3	5	7	4	8	6	2	1
6	7	8	1	2	9	3	5	4

MEDIUM # 101

7	6	2	4	5	1	8	9	3
5	3	8	6	2	9	7	4	1
1	4	9	3	7	8	2	6	5
6	1	7	5	3	2	4	8	9
8	2	5	7	9	4	3	1	6
4	9	3	1	8	6	5	7	2
3	7	6	9	4	5	1	2	8
2	5	1	8	6	7	9	3	4
9	8	4	2	1	3	6	5	7

MEDIUM # 102

1	7	6	2	3	5	4	9	8
3	8	2	9	4	1	5	6	7
4	5	9	8	6	7	2	3	1
6	3	8	7	5	9	1	2	4
5	4	1	3	2	8	9	7	6
9	2	7	6	1	4	3	8	5
7	6	5	1	9	2	8	4	3
2	1	3	4	8	6	7	5	9
8	9	4	5	7	3	6	1	2

MEDIUM # 103

7	6	2	3	4	1	8	9	5
4	8	1	6	9	5	3	7	2
9	5	3	8	2	7	4	1	6
3	4	6	9	5	2	1	8	7
1	9	5	4	7	8	2	6	3
8	2	7	1	3	6	9	5	4
6	3	4	7	1	9	5	2	8
5	1	8	2	6	3	7	4	9
2	7	9	5	8	4	6	3	1

MEDIUM # 104

9	3	8	4	5	6	2	1	7
7	2	4	3	1	9	5	8	6
6	5	1	2	8	7	3	4	9
2	1	7	9	4	5	8	6	3
4	8	3	7	6	2	1	9	5
5	6	9	1	3	8	4	7	2
1	4	2	6	7	3	9	5	8
3	7	5	8	9	4	6	2	1
8	9	6	5	2	1	7	3	4

MEDIUM # 105

7	4	5	6	9	8	3	2	1
2	6	9	7	3	1	8	4	5
3	1	8	4	5	2	7	9	6
5	3	4	2	8	7	1	6	9
9	7	1	3	6	4	2	5	8
6	8	2	9	1	5	4	3	7
4	5	3	1	7	6	9	8	2
1	9	6	8	2	3	5	7	4
8	2	7	5	4	9	6	1	3

MEDIUM # 106

1	3	6	8	4	5	9	7	2
9	2	4	7	1	3	8	6	5
7	8	5	6	9	2	1	4	3
5	9	1	4	2	8	7	3	6
8	7	3	1	5	6	4	2	9
6	4	2	9	3	7	5	1	8
2	5	8	3	7	1	6	9	4
4	6	7	2	8	9	3	5	1
3	1	9	5	6	4	2	8	7

MEDIUM # 107

4	9	6	7	2	3	8	1	5
8	1	7	9	5	6	3	2	4
5	2	3	1	8	4	9	7	6
1	3	9	8	4	2	6	5	7
7	6	4	3	1	5	2	8	9
2	5	8	6	7	9	1	4	3
3	7	1	4	9	8	5	6	2
6	8	2	5	3	7	4	9	1
9	4	5	2	6	1	7	3	8

MEDIUM # 108

3	7	6	8	1	5	4	2	9
2	8	4	6	7	9	1	3	5
1	5	9	2	4	3	8	6	7
8	3	2	5	6	4	7	9	1
4	6	1	3	9	7	5	8	2
7	9	5	1	8	2	3	4	6
5	4	8	7	2	6	9	1	3
6	1	3	9	5	8	2	7	4
9	2	7	4	3	1	6	5	8

MEDIUM # 109

1	9	6	8	3	7	2	5	4
5	7	2	1	4	6	8	3	9
4	8	3	5	9	2	7	1	6
8	5	7	3	1	9	4	6	2
2	1	4	6	5	8	9	7	3
3	6	9	2	7	4	5	8	1
7	2	5	9	6	1	3	4	8
9	3	1	4	8	5	6	2	7
6	4	8	7	2	3	1	9	5

MEDIUM # 110

2	9	6	3	1	8	5	4	7
5	3	1	6	4	7	9	2	8
7	4	8	2	9	5	6	1	3
9	8	2	5	7	6	4	3	1
3	1	5	4	8	2	7	6	9
6	7	4	9	3	1	2	8	5
4	5	9	1	2	3	8	7	6
8	2	3	7	6	9	1	5	4
1	6	7	8	5	4	3	9	2

MEDIUM # 111

2	4	8	7	5	1	6	3	9
3	6	5	4	9	2	7	1	8
9	1	7	6	8	3	4	2	5
6	8	3	5	4	7	2	9	1
7	2	1	3	6	9	8	5	4
4	5	9	2	1	8	3	7	6
8	3	6	1	7	5	9	4	2
1	7	4	9	2	6	5	8	3
5	9	2	8	3	4	1	6	7

MEDIUM # 112

5	8	7	2	9	4	1	3	6
2	6	4	1	5	3	8	9	7
1	9	3	8	6	7	5	4	2
8	3	2	4	7	5	9	6	1
6	4	1	9	8	2	3	7	5
9	7	5	3	1	6	4	2	8
3	1	8	7	2	9	6	5	4
4	2	6	5	3	8	7	1	9
7	5	9	6	4	1	2	8	3

MEDIUM # 113

9	7	2	8	6	3	1	4	5
5	1	8	4	9	7	2	6	3
3	4	6	2	5	1	7	8	9
2	6	7	3	4	8	5	9	1
4	5	1	6	7	9	3	2	8
8	3	9	5	1	2	6	7	4
6	2	4	1	8	5	9	3	7
7	8	5	9	3	6	4	1	2
1	9	3	7	2	4	8	5	6

MEDIUM # 114

7	5	3	2	8	9	4	6	1
4	2	6	7	3	1	8	5	9
9	1	8	4	6	5	7	3	2
5	8	4	1	9	2	6	7	3
6	7	9	5	4	3	2	1	8
2	3	1	8	7	6	9	4	5
8	4	2	3	1	7	5	9	6
3	6	5	9	2	4	1	8	7
1	9	7	6	5	8	3	2	4

MEDIUM # 115

6	9	2	3	7	4	5	1	8
8	7	1	2	9	5	4	3	6
5	4	3	8	1	6	2	9	7
3	8	4	7	2	9	1	6	5
2	1	7	5	6	3	9	8	4
9	5	6	1	4	8	7	2	3
1	3	5	4	8	2	6	7	9
4	2	9	6	3	7	8	5	1
7	6	8	9	5	1	3	4	2

MEDIUM # 116

6	9	1	7	5	3	8	4	2
8	3	4	9	6	2	7	1	5
2	5	7	4	8	1	3	6	9
7	1	6	5	2	8	4	9	3
9	4	8	1	3	7	5	2	6
3	2	5	6	9	4	1	7	8
4	6	9	8	1	5	2	3	7
5	7	3	2	4	6	9	8	1
1	8	2	3	7	9	6	5	4

MEDIUM # 117

3	9	5	6	8	1	7	2	4
6	4	7	2	9	5	8	1	3
2	8	1	7	3	4	6	9	5
7	6	4	5	2	8	1	3	9
5	2	9	1	6	3	4	7	8
1	3	8	4	7	9	5	6	2
4	7	6	3	5	2	9	8	1
9	5	2	8	1	6	3	4	7
8	1	3	9	4	7	2	5	6

MEDIUM # 118

1	3	4	2	5	8	7	9	6
7	5	9	1	4	6	2	8	3
8	2	6	9	7	3	5	4	1
5	1	7	6	3	9	4	2	8
2	9	8	5	1	4	6	3	7
4	6	3	7	8	2	9	1	5
3	7	2	8	9	5	1	6	4
9	8	5	4	6	1	3	7	2
6	4	1	3	2	7	8	5	9

MEDIUM # 119

2	4	5	7	6	3	8	1	9
1	7	3	8	4	9	6	2	5
9	8	6	5	1	2	3	4	7
7	3	8	2	5	6	1	9	4
6	1	4	3	9	7	5	8	2
5	9	2	4	8	1	7	3	6
4	5	7	9	3	8	2	6	1
3	6	9	1	2	5	4	7	8
8	2	1	6	7	4	9	5	3

MEDIUM # 120

4	5	7	8	9	3	1	6	2
3	1	6	4	2	7	8	9	5
8	9	2	1	6	5	7	4	3
1	4	5	6	7	2	9	3	8
6	8	3	9	1	4	5	2	7
7	2	9	5	3	8	4	1	6
5	6	4	3	8	1	2	7	9
9	7	8	2	4	6	3	5	1
2	3	1	7	5	9	6	8	4

MEDIUM # 121

6	8	2	9	5	4	3	7	1
9	3	4	1	7	2	5	6	8
5	7	1	6	3	8	2	4	9
4	2	6	5	8	1	9	3	7
7	1	9	2	6	3	4	8	5
3	5	8	4	9	7	1	2	6
2	6	3	7	1	9	8	5	4
8	9	5	3	4	6	7	1	2
1	4	7	8	2	5	6	9	3

MEDIUM # 122

9	5	4	6	2	7	3	1	8
6	8	7	3	4	1	2	5	9
1	2	3	9	5	8	4	6	7
2	6	9	1	3	5	7	8	4
7	4	5	2	8	9	6	3	1
3	1	8	7	6	4	9	2	5
4	9	2	8	1	6	5	7	3
8	7	6	5	9	3	1	4	2
5	3	1	4	7	2	8	9	6

MEDIUM # 123

3	6	5	1	2	4	9	8	7
8	1	7	9	6	5	3	2	4
2	9	4	3	7	8	5	1	6
5	2	1	8	9	7	4	6	3
6	7	3	5	4	2	8	9	1
9	4	8	6	3	1	2	7	5
7	5	9	2	1	3	6	4	8
1	3	2	4	8	6	7	5	9
4	8	6	7	5	9	1	3	2

MEDIUM # 124

6	2	1	3	5	9	8	7	4
9	5	7	1	4	8	3	6	2
8	4	3	7	2	6	5	9	1
1	6	5	4	8	3	9	2	7
7	8	2	5	9	1	4	3	6
3	9	4	2	6	7	1	5	8
5	1	6	8	3	2	7	4	9
2	3	8	9	7	4	6	1	5
4	7	9	6	1	5	2	8	3

MEDIUM # 125

4	8	3	9	2	5	1	6	7
5	6	2	8	1	7	4	9	3
1	9	7	6	4	3	8	2	5
8	7	9	5	6	4	3	1	2
3	5	4	1	7	2	9	8	6
6	2	1	3	8	9	7	5	4
9	4	6	7	5	8	2	3	1
7	1	8	2	3	6	5	4	9
2	3	5	4	9	1	6	7	8

MEDIUM # 126

2	6	4	9	7	8	1	3	5
8	5	1	2	6	3	9	7	4
7	3	9	4	5	1	2	8	6
1	2	5	3	4	6	8	9	7
6	8	3	1	9	7	4	5	2
4	9	7	8	2	5	6	1	3
5	1	2	7	8	4	3	6	9
3	4	6	5	1	9	7	2	8
9	7	8	6	3	2	5	4	1

MEDIUM # 127

3	5	9	6	8	4	2	1	7
1	6	4	3	2	7	8	9	5
8	7	2	9	1	5	4	6	3
6	8	3	7	9	1	5	4	2
9	1	7	4	5	2	6	3	8
2	4	5	8	6	3	1	7	9
4	9	6	5	3	8	7	2	1
7	2	8	1	4	9	3	5	6
5	3	1	2	7	6	9	8	4

MEDIUM # 128

4	1	8	7	3	6	5	2	9
9	6	3	8	5	2	7	4	1
2	7	5	1	9	4	6	3	8
1	8	6	9	4	7	3	5	2
7	5	2	3	1	8	9	6	4
3	4	9	6	2	5	8	1	7
6	3	1	4	8	9	2	7	5
8	2	4	5	7	3	1	9	6
5	9	7	2	6	1	4	8	3

MEDIUM # 129

1	5	7	2	6	4	3	8	9
2	3	6	9	1	8	5	7	4
9	8	4	7	5	3	1	6	2
7	2	3	1	9	6	8	4	5
4	6	8	3	2	5	7	9	1
5	9	1	4	8	7	2	3	6
6	7	5	8	4	2	9	1	3
3	4	9	5	7	1	6	2	8
8	1	2	6	3	9	4	5	7

MEDIUM # 130

6	4	2	1	8	5	9	7	3
3	9	5	6	4	7	2	1	8
1	7	8	9	3	2	4	5	6
2	8	1	7	5	4	6	3	9
4	3	6	8	1	9	7	2	5
9	5	7	2	6	3	1	8	4
8	1	9	3	7	6	5	4	2
5	6	3	4	2	1	8	9	7
7	2	4	5	9	8	3	6	1

MEDIUM # 131

4	9	2	5	7	8	1	6	3
8	5	6	1	3	2	4	7	9
1	7	3	9	6	4	5	8	2
9	3	4	6	5	7	2	1	8
5	2	7	3	8	1	9	4	6
6	8	1	2	4	9	3	5	7
3	4	9	7	1	6	8	2	5
7	1	5	8	2	3	6	9	4
2	6	8	4	9	5	7	3	1

MEDIUM # 132

8	5	7	4	3	6	9	1	2
4	1	2	9	7	8	5	3	6
3	9	6	5	1	2	8	7	4
5	7	4	2	9	1	6	8	3
1	2	3	6	8	7	4	5	9
6	8	9	3	4	5	1	2	7
9	4	5	8	2	3	7	6	1
2	6	1	7	5	4	3	9	8
7	3	8	1	6	9	2	4	5

MEDIUM # 133

9	4	6	5	2	1	7	8	3
2	8	3	6	9	7	1	4	5
5	7	1	8	3	4	2	6	9
6	5	7	2	8	3	9	1	4
4	2	8	1	7	9	5	3	6
1	3	9	4	6	5	8	7	2
7	6	5	9	4	8	3	2	1
8	1	4	3	5	2	6	9	7
3	9	2	7	1	6	4	5	8

MEDIUM # 134

6	4	8	3	5	7	1	9	2
3	7	2	4	1	9	8	5	6
9	5	1	8	2	6	4	7	3
2	3	5	1	7	8	9	6	4
8	9	4	2	6	3	5	1	7
1	6	7	5	9	4	2	3	8
5	2	3	7	8	1	6	4	9
4	8	9	6	3	5	7	2	1
7	1	6	9	4	2	3	8	5

MEDIUM # 135

4	3	6	2	8	1	7	5	9
5	8	7	9	4	3	2	1	6
9	2	1	5	6	7	4	8	3
2	1	4	3	7	8	6	9	5
8	7	9	1	5	6	3	4	2
3	6	5	4	2	9	8	7	1
1	4	2	7	3	5	9	6	8
6	5	3	8	9	4	1	2	7
7	9	8	6	1	2	5	3	4

MEDIUM # 136

6	3	7	9	2	8	1	5	4
2	4	1	5	7	3	8	9	6
9	8	5	1	6	4	7	3	2
7	9	6	4	3	1	5	2	8
1	5	8	2	9	6	4	7	3
4	2	3	7	8	5	9	6	1
3	7	9	8	4	2	6	1	5
8	1	2	6	5	9	3	4	7
5	6	4	3	1	7	2	8	9

MEDIUM # 137

2	6	8	5	3	7	9	4	1
7	1	5	4	8	9	6	2	3
4	9	3	6	1	2	5	8	7
8	2	6	1	9	5	7	3	4
5	4	7	3	6	8	2	1	9
1	3	9	2	7	4	8	5	6
6	8	2	9	4	3	1	7	5
3	5	1	7	2	6	4	9	8
9	7	4	8	5	1	3	6	2

MEDIUM # 138

5	4	7	8	3	1	6	2	9
8	1	2	9	6	7	3	4	5
9	3	6	5	2	4	7	8	1
6	2	5	7	8	3	1	9	4
3	9	8	4	1	5	2	6	7
1	7	4	6	9	2	5	3	8
4	6	3	1	5	8	9	7	2
2	8	1	3	7	9	4	5	6
7	5	9	2	4	6	8	1	3

MEDIUM # 139

1	2	9	8	6	7	4	5	3
5	7	3	2	4	9	6	1	8
6	8	4	1	5	3	7	9	2
8	4	6	3	2	1	5	7	9
2	3	5	9	7	4	1	8	6
9	1	7	6	8	5	2	3	4
7	9	2	4	1	8	3	6	5
4	5	8	7	3	6	9	2	1
3	6	1	5	9	2	8	4	7

MEDIUM # 140

7	8	6	9	3	5	1	2	4
9	5	2	7	1	4	3	6	8
1	3	4	2	6	8	9	7	5
3	9	7	8	5	2	6	4	1
2	1	8	3	4	6	7	5	9
6	4	5	1	9	7	2	8	3
8	2	9	4	7	1	5	3	6
4	6	1	5	2	3	8	9	7
5	7	3	6	8	9	4	1	2

MEDIUM # 141

2	9	7	1	5	3	8	4	6
8	6	5	4	7	2	9	1	3
3	4	1	9	8	6	7	5	2
1	7	6	3	9	4	2	8	5
4	2	3	8	6	5	1	9	7
5	8	9	7	2	1	6	3	4
6	3	8	5	1	7	4	2	9
7	1	4	2	3	9	5	6	8
9	5	2	6	4	8	3	7	1

MEDIUM # 142

8	2	7	4	6	5	9	1	3
4	6	3	8	1	9	2	7	5
5	1	9	7	3	2	4	6	8
2	8	6	9	7	3	1	5	4
7	3	1	5	4	6	8	9	2
9	4	5	2	8	1	7	3	6
6	7	2	1	5	8	3	4	9
1	5	8	3	9	4	6	2	7
3	9	4	6	2	7	5	8	1

MEDIUM # 143

1	7	3	9	8	5	4	6	2
2	6	9	4	7	1	8	5	3
8	5	4	3	2	6	7	9	1
3	1	5	6	9	4	2	7	8
9	8	6	7	3	2	1	4	5
4	2	7	1	5	8	9	3	6
6	3	1	8	4	9	5	2	7
5	9	8	2	6	7	3	1	4
7	4	2	5	1	3	6	8	9

MEDIUM # 144

4	9	7	8	2	3	1	5	6
3	6	8	5	1	9	4	7	2
2	1	5	7	4	6	3	8	9
7	4	9	3	6	1	5	2	8
1	5	2	4	7	8	9	6	3
8	3	6	9	5	2	7	1	4
9	7	1	2	8	4	6	3	5
5	8	4	6	3	7	2	9	1
6	2	3	1	9	5	8	4	7

MEDIUM # 145

1	2	7	5	4	3	9	6	8
8	9	3	1	6	7	5	4	2
6	5	4	8	2	9	7	1	3
5	1	9	6	3	2	8	7	4
7	6	2	4	9	8	1	3	5
4	3	8	7	1	5	6	2	9
3	8	1	2	5	6	4	9	7
9	7	6	3	8	4	2	5	1
2	4	5	9	7	1	3	8	6

MEDIUM # 146

6	3	8	4	7	2	9	5	1
7	1	2	9	3	5	4	6	8
4	9	5	6	1	8	7	2	3
3	5	4	1	2	9	6	8	7
1	8	6	3	4	7	5	9	2
9	2	7	5	8	6	1	3	4
5	4	3	2	9	1	8	7	6
2	7	9	8	6	4	3	1	5
8	6	1	7	5	3	2	4	9

MEDIUM # 147

7	3	9	4	1	5	2	8	6
5	4	2	8	6	3	7	1	9
8	1	6	2	7	9	5	3	4
4	9	7	5	3	8	1	6	2
2	8	5	1	9	6	4	7	3
3	6	1	7	2	4	9	5	8
1	7	4	6	8	2	3	9	5
6	2	3	9	5	7	8	4	1
9	5	8	3	4	1	6	2	7

MEDIUM # 148

9	5	4	6	1	2	3	8	7
8	1	3	9	5	7	2	6	4
7	2	6	8	4	3	5	1	9
6	4	9	7	3	5	1	2	8
5	7	8	2	6	1	9	4	3
1	3	2	4	8	9	6	7	5
2	6	7	5	9	4	8	3	1
4	9	1	3	2	8	7	5	6
3	8	5	1	7	6	4	9	2

MEDIUM # 149

9	6	7	2	3	4	8	5	1
4	8	5	7	9	1	3	2	6
1	2	3	8	5	6	7	9	4
7	9	6	4	1	5	2	8	3
3	5	8	9	6	2	4	1	7
2	4	1	3	8	7	9	6	5
5	7	9	1	4	8	6	3	2
8	1	2	6	7	3	5	4	9
6	3	4	5	2	9	1	7	8

MEDIUM # 150

5	2	9	1	4	6	3	7	8
6	3	8	5	7	2	4	9	1
1	4	7	3	8	9	6	2	5
7	5	6	2	1	4	9	8	3
3	8	1	9	6	5	7	4	2
4	9	2	7	3	8	1	5	6
9	6	5	4	2	3	8	1	7
8	1	4	6	5	7	2	3	9
2	7	3	8	9	1	5	6	4

MEDIUM # 151

9	4	7	6	3	1	2	8	5
3	5	8	2	4	9	1	7	6
6	2	1	8	7	5	9	4	3
1	7	3	4	5	2	8	6	9
2	9	5	7	6	8	3	1	4
4	8	6	9	1	3	7	5	2
8	6	4	3	2	7	5	9	1
7	1	2	5	9	6	4	3	8
5	3	9	1	8	4	6	2	7

MEDIUM # 152

6	9	5	7	8	4	1	3	2
3	4	1	5	2	6	8	7	9
7	8	2	3	9	1	4	6	5
4	7	8	6	3	2	5	9	1
5	6	3	8	1	9	7	2	4
1	2	9	4	7	5	6	8	3
8	5	7	9	4	3	2	1	6
9	1	4	2	6	7	3	5	8
2	3	6	1	5	8	9	4	7

MEDIUM # 153

6	3	8	1	7	5	2	4	9
7	4	1	3	2	9	5	8	6
9	2	5	8	4	6	7	3	1
8	5	2	9	1	7	4	6	3
1	9	4	6	5	3	8	7	2
3	6	7	2	8	4	1	9	5
2	8	9	4	3	1	6	5	7
5	1	3	7	6	8	9	2	4
4	7	6	5	9	2	3	1	8

MEDIUM # 154

4	1	5	8	7	3	2	9	6
9	6	7	2	5	1	4	8	3
8	2	3	9	6	4	5	1	7
2	3	9	7	1	8	6	5	4
1	4	6	5	2	9	3	7	8
5	7	8	3	4	6	1	2	9
7	8	2	4	3	5	9	6	1
3	5	1	6	9	7	8	4	2
6	9	4	1	8	2	7	3	5

MEDIUM # 155

6	8	1	4	5	2	3	7	9
9	5	3	8	7	1	4	6	2
4	7	2	3	6	9	8	5	1
3	9	5	6	1	4	7	2	8
7	2	4	5	9	8	6	1	3
8	1	6	7	2	3	5	9	4
5	4	9	2	8	6	1	3	7
1	3	7	9	4	5	2	8	6
2	6	8	1	3	7	9	4	5

MEDIUM # 156

6	4	9	8	5	1	3	7	2
8	7	1	4	2	3	9	6	5
5	3	2	6	9	7	1	4	8
3	8	6	2	4	5	7	1	9
4	1	5	9	7	6	8	2	3
9	2	7	1	3	8	4	5	6
7	6	3	5	1	9	2	8	4
1	5	4	3	8	2	6	9	7
2	9	8	7	6	4	5	3	1

MEDIUM # 157

4	3	7	9	1	8	2	5	6
5	1	8	4	2	6	9	7	3
2	9	6	3	7	5	4	1	8
9	7	4	8	5	3	6	2	1
3	5	1	6	9	2	7	8	4
6	8	2	1	4	7	3	9	5
7	4	9	5	3	1	8	6	2
1	6	3	2	8	9	5	4	7
8	2	5	7	6	4	1	3	9

MEDIUM # 158

5	2	1	9	3	4	7	6	8
4	6	3	7	8	2	1	9	5
9	8	7	6	1	5	4	3	2
7	4	8	1	2	9	6	5	3
3	9	5	8	7	6	2	4	1
6	1	2	4	5	3	9	8	7
1	7	4	5	6	8	3	2	9
8	3	9	2	4	7	5	1	6
2	5	6	3	9	1	8	7	4

MEDIUM # 159

5	1	8	9	7	4	6	2	3
9	6	2	1	3	5	8	7	4
7	3	4	6	2	8	1	5	9
6	8	7	2	1	9	3	4	5
2	5	9	4	8	3	7	6	1
1	4	3	7	5	6	2	9	8
8	9	6	3	4	7	5	1	2
3	7	1	5	9	2	4	8	6
4	2	5	8	6	1	9	3	7

MEDIUM # 160

9	5	4	2	3	6	7	8	1
8	7	3	9	5	1	2	4	6
1	6	2	7	4	8	3	9	5
2	3	1	6	7	9	4	5	8
4	9	7	3	8	5	1	6	2
5	8	6	4	1	2	9	3	7
3	2	9	8	6	7	5	1	4
7	1	8	5	9	4	6	2	3
6	4	5	1	2	3	8	7	9

MEDIUM # 161

2	1	5	8	4	9	3	6	7
6	4	7	3	1	2	9	5	8
3	9	8	6	7	5	1	2	4
8	2	6	1	5	3	4	7	9
4	5	3	2	9	7	8	1	6
1	7	9	4	6	8	2	3	5
5	8	1	7	2	4	6	9	3
9	6	4	5	3	1	7	8	2
7	3	2	9	8	6	5	4	1

MEDIUM # 162

4	7	1	9	6	3	2	5	8
3	2	8	4	1	5	7	9	6
6	5	9	2	8	7	4	1	3
2	1	3	5	7	9	6	8	4
5	9	4	6	3	8	1	7	2
7	8	6	1	4	2	5	3	9
8	3	2	7	5	6	9	4	1
9	4	5	8	2	1	3	6	7
1	6	7	3	9	4	8	2	5

MEDIUM # 163

1	6	7	5	3	9	8	4	2
3	9	2	7	8	4	5	1	6
8	5	4	6	1	2	7	9	3
7	4	8	3	9	5	6	2	1
5	3	6	4	2	1	9	8	7
9	2	1	8	7	6	3	5	4
4	7	5	2	6	8	1	3	9
6	8	9	1	4	3	2	7	5
2	1	3	9	5	7	4	6	8

MEDIUM # 164

4	6	1	8	3	2	5	9	7
8	9	2	7	4	5	1	3	6
5	7	3	6	9	1	4	2	8
2	8	5	9	1	6	7	4	3
3	4	7	2	5	8	9	6	1
9	1	6	3	7	4	2	8	5
6	2	4	5	8	7	3	1	9
7	3	8	1	2	9	6	5	4
1	5	9	4	6	3	8	7	2

MEDIUM # 165

8	7	5	2	1	3	4	9	6
1	3	4	8	6	9	5	7	2
2	9	6	4	7	5	3	1	8
7	5	1	3	8	6	2	4	9
3	4	8	9	2	1	7	6	5
6	2	9	7	5	4	8	3	1
4	8	2	1	9	7	6	5	3
9	6	7	5	3	2	1	8	4
5	1	3	6	4	8	9	2	7

MEDIUM # 166

1	8	5	6	9	2	3	4	7
6	4	2	7	8	3	9	5	1
7	9	3	4	5	1	6	2	8
9	7	6	8	4	5	2	1	3
5	3	8	2	1	9	4	7	6
2	1	4	3	7	6	5	8	9
4	6	9	1	2	8	7	3	5
8	5	7	9	3	4	1	6	2
3	2	1	5	6	7	8	9	4

MEDIUM # 167

7	6	9	5	8	1	2	3	4
3	8	2	9	4	7	6	5	1
1	4	5	2	3	6	8	9	7
9	7	6	4	1	3	5	8	2
2	3	8	7	9	5	4	1	6
5	1	4	6	2	8	9	7	3
6	2	7	1	5	9	3	4	8
4	9	3	8	7	2	1	6	5
8	5	1	3	6	4	7	2	9

MEDIUM # 168

2	9	3	1	5	8	6	7	4
7	5	1	2	6	4	8	3	9
6	4	8	7	3	9	5	1	2
9	3	6	4	8	1	7	2	5
4	2	7	5	9	3	1	6	8
1	8	5	6	7	2	4	9	3
5	1	9	3	4	6	2	8	7
3	6	4	8	2	7	9	5	1
8	7	2	9	1	5	3	4	6

MEDIUM # 169

7	1	5	9	6	4	2	3	8
8	3	2	5	7	1	9	6	4
4	6	9	3	2	8	7	1	5
2	8	6	7	1	9	4	5	3
5	7	1	4	8	3	6	2	9
9	4	3	2	5	6	1	8	7
3	2	8	6	4	7	5	9	1
6	9	7	1	3	5	8	4	2
1	5	4	8	9	2	3	7	6

MEDIUM # 170

8	3	1	5	9	6	2	4	7
7	6	9	2	4	3	8	5	1
5	2	4	8	7	1	3	6	9
9	5	3	4	8	2	7	1	6
2	8	7	6	1	5	4	9	3
4	1	6	9	3	7	5	2	8
1	9	2	7	5	8	6	3	4
3	7	5	1	6	4	9	8	2
6	4	8	3	2	9	1	7	5

MEDIUM # 171

6	7	4	5	1	3	8	2	9
5	2	3	9	8	6	7	4	1
8	9	1	7	4	2	3	6	5
7	3	5	1	2	4	6	9	8
4	6	9	3	5	8	1	7	2
2	1	8	6	7	9	4	5	3
3	5	7	2	6	1	9	8	4
1	4	6	8	9	5	2	3	7
9	8	2	4	3	7	5	1	6

MEDIUM # 172

6	9	5	2	3	8	1	4	7
7	1	3	4	9	6	5	2	8
4	2	8	5	1	7	3	9	6
9	8	6	1	4	2	7	5	3
1	5	4	7	8	3	9	6	2
2	3	7	9	6	5	4	8	1
5	6	9	8	7	1	2	3	4
3	4	1	6	2	9	8	7	5
8	7	2	3	5	4	6	1	9

MEDIUM # 173

6	5	7	9	8	1	2	3	4
8	9	4	2	5	3	7	1	6
2	3	1	7	6	4	8	5	9
9	7	2	6	1	8	3	4	5
1	6	5	3	4	2	9	8	7
3	4	8	5	9	7	1	6	2
7	1	3	4	2	5	6	9	8
4	2	9	8	3	6	5	7	1
5	8	6	1	7	9	4	2	3

MEDIUM # 174

1	2	9	3	5	6	4	8	7
5	8	7	2	9	4	3	6	1
6	4	3	1	8	7	5	2	9
2	7	1	8	4	5	9	3	6
3	9	5	7	6	2	1	4	8
8	6	4	9	1	3	2	7	5
7	5	8	4	2	1	6	9	3
9	1	2	6	3	8	7	5	4
4	3	6	5	7	9	8	1	2

MEDIUM # 175

2	8	9	7	3	6	1	5	4
3	4	5	2	1	8	6	7	9
6	1	7	4	9	5	2	8	3
7	9	2	6	4	3	8	1	5
4	5	3	1	8	2	7	9	6
1	6	8	5	7	9	4	3	2
9	2	1	8	5	4	3	6	7
8	3	4	9	6	7	5	2	1
5	7	6	3	2	1	9	4	8

MEDIUM # 176

5	6	7	1	4	2	3	9	8
9	3	2	6	5	8	7	1	4
4	1	8	3	9	7	6	5	2
6	2	9	4	8	1	5	7	3
1	8	5	9	7	3	2	4	6
3	7	4	5	2	6	1	8	9
2	9	1	7	6	4	8	3	5
7	5	6	8	3	9	4	2	1
8	4	3	2	1	5	9	6	7

MEDIUM # 177

9	4	7	2	3	6	5	8	1
2	5	6	1	9	8	7	3	4
3	1	8	5	4	7	2	6	9
5	8	2	3	1	9	4	7	6
4	9	3	6	7	2	1	5	8
6	7	1	4	8	5	9	2	3
8	3	5	9	2	4	6	1	7
1	2	4	7	6	3	8	9	5
7	6	9	8	5	1	3	4	2

MEDIUM # 178

9	2	1	8	4	6	7	5	3
5	4	3	7	1	2	9	8	6
6	7	8	5	9	3	4	2	1
8	6	7	2	3	4	1	9	5
4	5	9	1	8	7	3	6	2
1	3	2	6	5	9	8	7	4
3	8	0	9	2	1	5	4	7
7	9	4	3	6	5	2	1	8
2	1	5	4	7	8	6	3	9

MEDIUM # 179

9	5	4	8	7	2	1	3	6
7	8	2	1	3	6	4	5	9
6	1	3	4	5	9	2	8	7
4	3	5	2	6	1	7	9	8
8	2	6	3	9	7	5	4	1
1	7	9	5	4	8	3	6	2
3	6	8	7	1	4	9	2	5
2	4	1	9	8	5	6	7	3
5	9	7	6	2	3	8	1	4

MEDIUM # 180

5	6	9	1	2	8	3	4	7
4	2	7	3	5	6	8	1	9
8	1	3	9	4	7	2	6	5
6	7	5	4	3	1	9	2	8
3	9	4	8	6	2	5	7	1
1	8	2	5	7	9	4	3	6
7	4	6	2	8	5	1	9	3
2	5	1	7	9	3	6	8	4
9	3	8	6	1	4	7	5	2

MEDIUM # 181

2	1	7	4	9	6	3	5	8
9	6	8	5	2	3	1	7	4
4	5	3	1	7	8	9	6	2
5	9	2	7	3	4	6	8	1
3	8	4	9	6	1	5	2	7
6	7	1	2	8	5	4	3	9
8	2	5	3	4	9	7	1	6
1	4	6	8	5	7	2	9	3
7	3	9	6	1	2	8	4	5

MEDIUM # 182

8	5	9	2	3	6	1	4	7
3	2	1	4	9	7	5	6	8
7	6	4	8	5	1	3	2	9
2	8	3	5	1	9	6	7	4
1	4	6	7	8	3	2	9	5
5	9	7	6	2	4	8	3	1
6	7	8	3	4	5	9	1	2
4	1	2	9	6	8	7	5	3
9	3	5	1	7	2	4	8	6

MEDIUM # 183

6	2	4	8	9	3	1	7	5
7	8	3	1	5	6	4	2	9
1	5	9	7	4	2	6	3	8
4	1	6	2	8	9	7	5	3
2	9	7	3	1	5	8	4	6
8	3	5	6	7	4	2	9	1
9	7	2	5	6	8	3	1	4
3	4	8	9	2	1	5	6	7
5	6	1	4	3	7	9	8	2

MEDIUM # 184

8	6	4	7	1	9	5	3	2
1	5	9	2	3	4	7	6	8
3	2	7	8	6	5	1	4	9
2	4	8	5	7	6	3	9	1
7	9	6	3	8	1	4	2	5
5	1	3	9	4	2	8	7	6
9	7	2	1	5	3	6	8	4
4	3	1	6	9	8	2	5	7
6	8	5	4	2	7	9	1	3

MEDIUM # 185

7	5	1	6	2	8	9	3	4
4	9	8	5	1	3	2	6	7
2	3	6	4	9	7	5	1	8
5	4	9	3	8	1	7	2	6
1	7	2	9	6	5	4	8	3
6	8	3	7	4	2	1	5	9
9	1	5	8	7	6	3	4	2
3	6	4	2	5	9	8	7	1
8	2	7	1	3	4	6	9	5

MEDIUM # 186

5	1	9	3	8	6	4	2	7
4	2	6	9	1	7	3	8	5
3	8	7	4	2	5	9	6	1
9	5	1	8	7	3	2	4	6
2	6	3	5	9	4	7	1	8
8	7	4	1	6	2	5	3	9
1	3	8	2	5	9	6	7	4
6	9	2	7	4	8	1	5	3
7	4	5	6	3	1	8	9	2

MEDIUM # 187

9	8	7	6	5	4	1	2	3
4	5	6	3	2	1	8	7	9
3	1	2	8	9	7	6	4	5
1	6	4	7	3	9	5	8	2
8	2	3	5	1	6	4	9	7
5	7	9	4	8	2	3	1	6
6	3	1	2	7	8	9	5	4
2	4	8	9	6	5	7	3	1
7	9	5	1	4	3	2	6	8

MEDIUM # 188

8	7	4	3	5	1	9	2	6
3	1	6	2	7	9	5	4	8
5	2	9	8	4	6	7	1	3
1	4	5	9	6	8	3	7	2
9	8	3	4	2	7	1	6	5
2	6	7	1	3	5	8	9	4
7	3	1	6	8	2	4	5	9
4	5	2	7	9	3	6	8	1
6	9	8	5	1	4	2	3	7

MEDIUM # 189

1	8	9	4	3	5	7	2	6
5	7	2	1	8	6	9	4	3
4	6	3	7	9	2	8	1	5
9	1	5	8	6	7	4	3	2
3	2	7	9	5	4	6	8	1
8	4	6	3	2	1	5	7	9
2	5	1	6	7	8	3	9	4
7	9	4	5	1	3	2	6	8
6	3	8	2	4	9	1	5	7

MEDIUM # 190

8	4	1	7	6	5	3	9	2
5	9	2	1	8	3	7	4	6
6	3	7	9	2	4	8	1	5
1	2	6	4	3	8	9	5	7
7	8	4	5	9	6	1	2	3
3	5	9	2	1	7	4	6	8
9	1	8	6	7	2	5	3	4
2	7	5	3	4	9	6	8	1
4	6	3	8	5	1	2	7	9

MEDIUM # 191

5	4	3	2	1	6	7	9	8
2	9	7	3	5	8	1	6	4
6	1	8	4	7	9	3	5	2
1	3	2	8	9	5	4	7	6
4	8	6	7	3	2	5	1	9
7	5	9	1	6	4	8	2	3
3	2	1	9	4	7	6	8	5
8	6	4	5	2	1	9	3	7
9	7	5	6	8	3	2	4	1

MEDIUM # 192

9	2	7	4	6	5	8	1	3
4	5	1	3	8	2	9	6	7
3	6	8	9	7	1	2	4	5
8	7	9	2	1	3	4	5	6
2	1	4	5	9	6	7	3	8
5	3	6	8	4	7	1	2	9
6	9	2	1	5	8	3	7	4
1	4	5	7	3	9	6	8	2
7	8	3	6	2	4	5	9	1

MEDIUM # 193

2	3	9	5	1	6	7	4	8
7	8	6	2	9	4	5	1	3
1	4	5	7	8	3	2	6	9
9	2	3	8	4	7	6	5	1
5	7	8	3	6	1	9	2	4
4	6	1	9	5	2	8	3	7
8	9	2	1	3	5	4	7	6
3	5	4	6	7	8	1	9	2
6	1	7	4	2	9	3	8	5

MEDIUM # 194

7	2	8	6	9	1	4	3	5
4	5	9	3	7	2	1	6	8
3	1	6	4	8	5	2	9	7
6	4	7	2	1	3	8	5	9
9	3	1	8	5	7	6	4	2
2	8	5	9	6	4	3	7	1
1	6	4	7	2	9	5	8	3
8	9	2	5	3	6	7	1	4
5	7	3	1	4	8	9	2	6

MEDIUM # 195

6	2	9	5	4	3	1	7	8
3	8	1	6	7	9	4	5	2
5	4	7	8	2	1	3	9	6
9	3	5	1	8	4	2	6	7
2	1	8	9	6	7	5	4	3
4	7	6	2	3	5	9	8	1
1	6	3	4	5	8	7	2	9
7	5	2	3	9	6	8	1	4
8	9	4	7	1	2	6	3	5

MEDIUM # 196

1	2	9	3	5	4	7	6	8
7	8	4	6	9	1	2	3	5
6	5	3	2	8	7	9	4	1
9	1	8	7	6	2	4	5	3
2	6	7	4	3	5	8	1	9
3	4	5	9	1	8	6	7	2
8	7	6	5	2	3	1	9	4
5	9	2	1	4	6	3	8	7
4	3	1	8	7	9	5	2	6

MEDIUM # 197

7	4	8	9	6	1	5	2	3
2	9	1	5	7	3	8	4	6
5	6	3	2	4	8	7	9	1
9	7	2	8	1	4	3	6	5
4	1	5	6	3	2	9	8	7
3	8	6	7	9	5	2	1	4
6	2	9	1	5	7	4	3	8
1	5	4	3	8	9	6	7	2
8	3	7	4	2	6	1	5	9

MEDIUM # 198

3	1	5	2	4	9	7	8	6
6	4	9	8	7	3	5	2	1
2	8	7	5	6	1	4	3	9
8	5	3	1	9	6	2	4	7
4	9	2	7	3	8	1	6	5
7	6	1	4	5	2	3	9	8
5	3	8	9	2	7	6	1	4
1	2	4	6	8	5	9	7	3
9	7	6	3	1	4	8	5	2

MEDIUM # 199

6	4	9	2	5	3	1	8	7
5	7	2	8	1	4	6	3	9
3	1	8	6	9	7	5	2	4
2	9	3	5	6	1	7	4	8
8	5	4	3	7	9	2	1	6
1	6	7	4	2	8	9	5	3
4	2	6	9	8	5	3	7	1
9	3	1	7	4	2	8	6	5
7	8	5	1	3	6	4	9	2

MEDIUM # 200

9	1	8	3	4	6	7	5	2
7	2	3	5	8	1	9	6	4
6	4	5	9	7	2	1	8	3
1	6	2	7	5	3	4	9	8
5	7	9	4	2	8	6	3	1
3	8	4	1	6	9	2	7	5
8	9	6	2	1	5	3	4	7
2	3	7	8	9	4	5	1	6
4	5	1	6	3	7	8	2	9

HARD # 1

7	5	3	9	6	4	1	2	8
8	9	6	1	2	7	5	4	3
2	4	1	5	8	3	6	9	7
1	2	5	3	7	9	4	8	6
6	7	4	2	1	8	3	5	9
9	3	8	6	4	5	7	1	2
5	1	7	8	3	2	9	6	4
3	6	2	4	9	1	8	7	5
4	8	9	7	5	6	2	3	1

HARD # 2

7	4	8	1	3	2	6	9	5
2	6	1	5	7	9	4	3	8
9	3	5	6	4	8	1	2	7
4	8	3	7	9	6	5	1	2
6	5	2	4	8	1	3	7	9
1	9	7	3	2	5	8	4	6
8	1	4	2	6	7	9	5	3
5	7	6	9	1	3	2	8	4
3	2	9	8	5	4	7	6	1

HARD # 3

7	3	2	4	5	8	6	1	9
4	5	8	6	1	9	2	7	3
9	1	6	3	2	7	4	8	5
3	4	1	7	9	2	8	5	6
8	6	5	1	3	4	7	9	2
2	7	9	8	6	5	3	4	1
6	8	3	5	4	1	9	2	7
1	2	4	9	7	3	5	6	8
5	9	7	2	8	6	1	3	4

HARD # 4

4	8	3	1	9	2	7	6	5
5	6	9	7	4	3	1	2	8
2	1	7	8	6	5	4	9	3
1	2	4	5	3	6	9	8	7
7	3	8	2	1	9	6	5	4
6	9	5	4	8	7	3	1	2
3	4	1	9	2	8	5	7	6
8	5	6	3	7	1	2	4	9
9	7	2	6	5	4	8	3	1

HARD # 5

7	3	2	4	8	6	5	1	9
1	5	6	3	2	9	4	8	7
8	4	9	7	1	5	6	3	2
9	2	7	1	4	8	3	6	5
3	1	8	5	6	2	7	9	4
4	6	5	9	3	7	8	2	1
2	7	1	6	5	3	9	4	8
5	8	3	2	9	4	1	7	6
6	9	4	8	7	1	2	5	3

HARD # 6

4	6	2	7	3	9	8	1	5
5	3	1	8	6	4	2	7	9
9	7	8	5	2	1	4	3	6
8	1	6	3	4	2	5	9	7
7	4	5	9	8	6	3	2	1
3	2	9	1	5	7	6	4	8
6	8	7	2	9	3	1	5	4
1	5	3	4	7	8	9	6	2
2	9	4	6	1	5	7	8	3

HARD # 7

7	9	2	4	1	3	5	6	8
4	1	5	6	8	7	9	3	2
3	6	8	5	9	2	1	7	4
9	8	4	7	2	5	3	1	6
6	7	1	8	3	9	4	2	5
5	2	3	1	6	4	7	8	9
1	4	9	2	7	6	8	5	3
8	5	6	3	4	1	2	9	7
2	3	7	9	5	8	6	4	1

HARD # 8

6	5	9	3	1	4	2	8	7
3	8	2	7	9	5	4	1	6
1	4	7	2	6	8	5	3	9
4	9	3	5	7	1	8	6	2
2	7	5	8	3	6	9	4	1
8	6	1	4	2	9	7	5	3
9	2	4	6	5	3	1	7	8
7	3	8	1	4	2	6	9	5
5	1	6	9	8	7	3	2	4

HARD # 9

8	4	1	2	5	6	9	7	3
9	2	6	4	7	3	5	1	8
5	3	7	8	9	1	2	4	6
2	7	8	1	4	5	6	3	9
4	1	9	3	6	8	7	5	2
3	6	5	9	2	7	1	8	4
7	8	2	6	1	4	3	9	5
1	9	3	5	8	2	4	6	7
6	5	4	7	3	9	8	2	1

HARD # 10

4	3	2	6	5	9	8	7	1
1	8	9	2	7	4	5	3	6
7	6	5	8	1	3	9	2	4
2	4	8	5	9	6	7	1	3
6	5	3	7	8	1	4	9	2
9	7	1	4	3	2	6	5	8
5	2	4	3	6	7	1	8	9
8	9	6	1	2	5	3	4	7
3	1	7	9	4	8	2	6	5

HARD # 11

9	3	5	6	4	8	1	2	7
4	8	7	9	1	2	5	6	3
2	1	6	3	7	5	9	8	4
1	5	9	2	3	4	8	7	6
3	2	8	1	6	7	4	9	5
6	7	4	8	5	9	3	1	2
5	9	1	4	2	6	7	3	8
8	4	2	7	9	3	6	5	1
7	6	3	5	8	1	2	4	9

HARD # 12

1	3	6	4	2	5	9	8	7
2	7	5	3	8	9	6	1	4
8	9	4	1	6	7	2	3	5
4	2	7	9	5	1	3	6	8
9	1	8	7	3	6	4	5	2
5	6	3	8	4	2	1	7	9
7	4	2	6	1	8	5	9	3
6	5	9	2	7	3	8	4	1
3	8	1	5	9	4	7	2	6

HARD # 13

5	7	2	1	6	3	4	8	9
4	6	1	8	9	7	3	5	2
3	9	8	4	5	2	6	7	1
7	2	4	9	8	5	1	6	3
6	8	9	7	3	1	2	4	5
1	3	5	2	4	6	8	9	7
2	1	6	5	7	4	9	3	8
8	4	7	3	1	9	5	2	6
9	5	3	6	2	8	7	1	4

HARD # 14

3	2	9	1	8	4	7	6	5
8	4	5	3	7	6	1	9	2
7	1	6	2	9	5	3	4	8
2	6	3	9	4	7	8	5	1
1	9	8	5	2	3	4	7	6
4	5	7	8	6	1	2	3	9
6	3	2	4	1	9	5	8	7
9	8	4	7	5	2	6	1	3
5	7	1	6	3	8	9	2	4

HARD # 15

2	4	7	6	3	1	8	5	9
6	8	9	5	7	2	4	1	3
3	5	1	4	9	8	6	7	2
8	3	6	1	2	5	7	9	4
4	1	5	7	6	9	2	3	8
7	9	2	8	4	3	5	6	1
5	2	8	3	1	6	9	4	7
1	6	4	9	8	7	3	2	5
9	7	3	2	5	4	1	8	6

HARD # 16

3	2	9	6	5	8	1	7	4
8	4	1	3	2	7	9	5	6
7	5	6	4	1	9	8	3	2
6	3	2	8	9	5	7	4	1
1	8	5	7	3	4	2	6	9
9	7	4	1	6	2	5	8	3
2	1	3	5	7	6	4	9	8
5	6	8	9	4	1	3	2	7
4	9	7	2	8	3	6	1	5

HARD # 17

6	5	8	4	3	7	9	1	2
2	3	4	9	5	1	7	6	8
1	9	7	8	2	6	5	3	4
8	4	1	6	7	5	3	2	9
5	2	6	3	4	9	8	7	1
3	7	9	1	8	2	6	4	5
4	8	5	7	1	3	2	9	6
9	1	3	2	6	8	4	5	7
7	6	2	5	9	4	1	8	3

HARD # 18

9	8	7	1	6	5	3	4	2
1	5	2	9	3	4	7	8	6
4	3	6	7	8	2	9	1	5
7	9	4	6	2	1	8	5	3
3	1	8	4	5	9	6	2	7
2	6	5	3	7	8	4	9	1
8	7	9	5	1	3	2	6	4
6	2	1	8	4	7	5	3	9
5	4	3	2	9	6	1	7	8

HARD # 19

8	3	6	2	7	5	9	1	4
5	9	4	3	1	8	2	6	7
7	1	2	9	4	6	5	8	3
3	8	9	4	5	7	6	2	1
6	7	1	8	9	2	4	3	5
2	4	5	1	6	3	8	7	9
9	6	8	7	3	4	1	5	2
4	5	7	6	2	1	3	9	8
1	2	3	5	8	9	7	4	6

HARD # 20

8	7	6	4	2	9	1	3	5
5	1	9	3	7	6	4	2	8
4	3	2	8	1	5	6	7	9
3	5	8	6	4	2	7	9	1
6	2	4	7	9	1	8	5	3
1	9	7	5	3	8	2	4	6
2	8	3	1	5	4	9	6	7
7	4	1	9	6	3	5	8	2
9	6	5	2	8	7	3	1	4

HARD # 21

7	1	4	2	9	3	5	6	8
6	3	2	4	8	5	7	1	9
5	8	9	7	1	6	3	2	4
1	7	6	9	3	4	2	8	5
2	5	3	8	6	7	9	4	1
9	4	8	1	5	2	6	7	3
3	2	7	5	4	1	8	9	6
8	6	1	3	2	9	4	5	7
4	9	5	6	7	8	1	3	2

HARD # 22

4	7	9	5	8	6	2	3	1
5	2	6	3	9	1	8	4	7
8	3	1	2	7	4	5	9	6
3	4	5	1	2	8	7	6	9
9	1	8	4	6	7	3	5	2
2	6	7	9	3	5	4	1	8
7	5	4	6	1	2	9	8	3
1	9	2	8	4	3	6	7	5
6	8	3	7	5	9	1	2	4

HARD # 23

4	9	1	3	2	5	8	7	6
5	2	6	9	8	7	4	3	1
7	3	8	4	1	6	2	9	5
9	4	5	6	7	2	3	1	8
3	6	2	8	4	1	9	5	7
8	1	7	5	3	9	6	2	4
2	8	9	1	5	4	7	6	3
6	5	4	7	9	3	1	8	2
1	7	3	2	6	8	5	4	9

HARD # 24

6	5	1	8	2	9	3	7	4
4	3	9	6	5	7	2	1	8
8	7	2	1	3	4	5	6	9
3	4	6	9	7	5	8	2	1
1	2	7	3	6	8	4	9	5
5	9	8	2	4	1	6	3	7
2	1	5	4	9	6	7	8	3
7	8	3	5	1	2	9	4	6
9	6	4	7	8	3	1	5	2

HARD # 25

1	6	5	3	8	9	2	7	4
3	8	2	4	7	5	6	1	9
7	4	9	6	1	2	5	3	8
4	1	3	2	6	8	7	9	5
6	5	7	9	4	3	8	2	1
9	2	8	7	5	1	4	6	3
5	9	4	1	2	7	3	8	6
2	3	6	8	9	4	1	5	7
8	7	1	5	3	6	9	4	2

HARD # 26

9	3	7	6	2	8	1	5	4
1	4	2	9	3	5	7	8	6
8	5	6	1	7	4	9	2	3
2	1	3	4	8	9	5	6	7
5	9	4	7	6	2	8	3	1
6	7	8	5	1	3	4	9	2
7	8	1	2	9	6	3	4	5
4	2	9	3	5	1	6	7	8
3	6	5	8	4	7	2	1	9

HARD # 27

8	3	2	9	7	1	4	6	5
5	1	9	8	6	4	7	2	3
7	6	4	3	5	2	9	1	8
3	4	7	6	9	5	1	8	2
9	8	1	2	4	3	6	5	7
6	2	5	1	8	7	3	9	4
1	7	3	5	2	9	8	4	6
4	5	6	7	1	8	2	3	9
2	9	8	4	3	6	5	7	1

HARD # 28

3	7	8	4	9	1	2	6	5
9	4	2	5	3	6	1	7	8
1	5	6	2	7	8	4	9	3
2	9	7	8	4	3	5	1	6
4	8	5	6	1	2	7	3	9
6	1	3	9	5	7	8	2	4
7	2	9	3	8	5	6	4	1
8	6	4	1	2	9	3	5	7
5	3	1	7	6	4	9	8	2

HARD # 29

6	3	4	8	7	5	9	2	1
1	9	7	6	4	2	8	3	5
5	8	2	3	9	1	4	6	7
9	5	8	7	2	6	3	1	4
3	4	1	9	5	8	6	7	2
7	2	6	4	1	3	5	9	8
4	1	9	5	3	7	2	8	6
8	7	5	2	6	9	1	4	3
2	6	3	1	8	4	7	5	9

HARD # 30

9	2	3	4	8	6	5	7	1
1	5	4	2	9	7	8	3	6
7	8	6	3	5	1	4	2	9
5	3	7	9	2	8	1	6	4
4	6	2	1	3	5	7	9	8
8	1	9	7	6	4	3	5	2
3	4	5	6	1	2	9	8	7
2	7	8	5	4	9	6	1	3
6	9	1	8	7	3	2	4	5

HARD # 31

6	8	5	7	9	2	3	1	4
7	3	4	1	8	6	9	5	2
9	1	2	5	4	3	7	8	6
5	6	9	4	1	7	8	2	3
1	4	7	2	3	8	5	6	9
8	2	3	9	6	5	1	4	7
3	9	1	6	5	4	2	7	8
2	5	6	8	7	9	4	3	1
4	7	8	3	2	1	6	9	5

HARD # 32

8	6	9	5	1	3	2	4	7
3	1	7	9	2	4	8	6	5
2	5	4	6	7	8	1	9	3
5	8	2	3	6	9	7	1	4
9	3	1	2	4	7	6	5	8
4	7	6	8	5	1	9	3	2
6	9	5	7	3	2	4	8	1
1	2	8	4	9	5	3	7	6
7	4	3	1	8	6	5	2	9

HARD # 33

9	1	2	8	6	5	7	4	3
6	8	5	7	4	3	9	1	2
7	4	3	1	2	9	8	6	5
1	2	9	6	8	4	5	3	7
5	6	7	9	3	2	1	8	4
8	3	4	5	7	1	6	2	9
4	7	1	2	5	8	3	9	6
2	5	8	3	9	6	4	7	1
3	9	6	4	1	7	2	5	8

HARD # 34

9	8	4	2	5	3	7	1	6
1	6	2	7	4	8	9	3	5
5	3	7	9	1	6	2	8	4
2	1	9	6	8	4	5	7	3
3	7	8	5	2	9	6	4	1
6	4	5	1	3	7	8	9	2
7	5	3	4	9	2	1	6	8
8	2	6	3	7	1	4	5	9
4	9	1	8	6	5	3	2	7

HARD # 35

1	2	3	7	9	8	5	6	4
6	7	4	1	5	3	2	9	8
9	8	5	6	4	2	1	3	7
4	5	9	3	8	6	7	2	1
7	3	8	4	2	1	9	5	6
2	1	6	5	7	9	8	4	3
3	9	7	2	1	4	6	8	5
5	6	2	8	3	7	4	1	9
8	4	1	9	6	5	3	7	2

HARD # 36

4	9	7	2	6	3	5	8	1
5	1	3	8	4	7	2	9	6
8	2	6	1	9	5	3	4	7
2	4	5	7	8	6	1	3	9
3	6	9	5	1	4	7	2	8
1	7	8	3	2	9	4	6	5
6	5	2	9	3	1	8	7	4
7	3	4	6	5	8	9	1	2
9	8	1	4	7	2	6	5	3

HARD # 37

1	4	9	8	2	5	6	7	3
2	8	3	7	6	9	1	4	5
7	5	6	4	1	3	2	8	9
8	9	2	5	7	1	4	3	6
4	7	5	9	3	6	8	1	2
6	3	1	2	8	4	5	9	7
5	2	4	1	9	7	3	6	8
3	1	7	6	5	8	9	2	4
9	6	8	3	4	2	7	5	1

HARD # 38

8	7	9	2	1	4	3	6	5
2	3	1	5	9	6	4	8	7
6	4	5	7	8	3	1	2	9
4	1	2	6	7	5	8	9	3
7	5	8	3	2	9	6	1	4
3	9	6	8	4	1	7	5	2
5	2	3	4	6	8	9	7	1
1	8	7	9	3	2	5	4	6
9	6	4	1	5	7	2	3	8

HARD # 39

4	2	9	5	6	1	8	3	7
6	7	1	8	3	4	5	2	9
8	5	3	7	2	9	1	6	4
2	1	8	3	4	6	7	9	5
5	9	6	1	7	8	3	4	2
7	3	4	2	9	5	6	8	1
9	8	7	6	5	2	4	1	3
1	4	5	9	8	3	2	7	6
3	6	2	4	1	7	9	5	8

HARD # 40

9	1	3	8	6	5	4	2	7
8	4	6	2	1	7	3	5	9
2	5	7	4	3	9	8	1	6
6	2	9	3	7	4	5	8	1
4	8	1	5	9	2	6	7	3
3	7	5	1	8	6	9	4	2
1	6	2	9	4	8	7	3	5
7	3	4	6	5	1	2	9	8
5	9	8	7	2	3	1	6	4

HARD # 41

4	7	5	9	3	8	6	2	1
9	3	2	4	6	1	8	7	5
6	1	8	5	2	7	3	4	9
5	4	1	2	7	6	9	8	3
8	9	7	1	4	3	5	6	2
2	6	3	8	9	5	4	1	7
1	5	4	7	8	9	2	3	6
7	8	6	3	5	2	1	9	4
3	2	9	6	1	4	7	5	8

HARD # 42

6	4	9	2	8	1	5	3	7
5	7	1	9	6	3	2	4	8
2	8	3	7	4	5	6	1	9
1	2	7	3	9	4	8	6	5
9	6	4	5	2	8	3	7	1
8	3	5	1	7	6	9	2	4
7	1	2	6	5	9	4	8	3
3	9	8	4	1	2	7	5	6
4	5	6	8	3	7	1	9	2

HARD # 43

7	2	5	9	8	4	3	1	6
6	8	9	3	1	7	5	4	2
4	1	3	5	6	2	9	7	8
3	9	1	4	2	6	7	8	5
8	7	6	1	5	9	4	2	3
5	4	2	8	7	3	1	6	9
1	5	7	6	9	8	2	3	4
9	3	8	2	4	1	6	5	7
2	6	4	7	3	5	8	9	1

HARD # 44

6	5	7	1	4	2	9	3	8
8	2	3	5	7	9	4	6	1
4	1	9	6	3	8	7	5	2
5	8	2	3	9	1	6	7	4
3	7	1	4	2	6	5	8	9
9	6	4	7	8	5	2	1	3
2	3	6	9	1	7	8	4	5
1	9	5	8	6	4	3	2	7
7	4	8	2	5	3	1	9	6

HARD # 45

8	3	2	1	6	9	5	4	7
4	7	5	3	8	2	9	1	6
9	1	6	4	5	7	8	3	2
3	6	9	2	7	8	1	5	4
1	4	8	6	3	5	2	7	9
5	2	7	9	1	4	6	8	3
6	8	3	7	9	1	4	2	5
2	9	1	5	4	3	7	6	8
7	5	4	8	2	6	3	9	1

HARD # 46

8	6	7	9	5	3	2	4	1
5	1	3	2	4	6	7	8	9
9	2	4	8	7	1	6	5	3
7	9	8	6	1	4	5	3	2
2	5	6	3	9	7	8	1	4
4	3	1	5	8	2	9	7	6
3	7	9	4	6	5	1	2	8
6	4	5	1	2	8	3	9	7
1	8	2	7	3	9	4	6	5

HARD # 47

6	7	3	8	5	9	2	4	1
2	5	4	1	6	7	8	3	9
9	1	8	3	2	4	6	7	5
8	4	6	5	1	2	3	9	7
1	2	7	9	3	8	5	6	4
3	9	5	4	7	6	1	2	8
4	3	2	7	8	5	9	1	6
7	8	1	6	9	3	4	5	2
5	6	9	2	4	1	7	8	3

HARD # 48

3	2	9	1	6	7	8	4	5
5	8	6	3	9	4	2	1	7
4	1	7	8	5	2	3	9	6
9	5	4	2	1	3	7	6	8
1	7	3	5	8	6	9	2	4
2	6	8	7	4	9	5	3	1
8	9	1	6	3	5	4	7	2
6	4	2	9	7	8	1	5	3
7	3	5	4	2	1	6	8	9

HARD # 49

7	5	8	3	6	4	1	9	2
3	9	4	1	8	2	6	5	7
2	1	6	5	9	7	8	4	3
8	7	1	9	4	5	3	2	6
6	3	9	7	2	1	4	8	5
5	4	2	8	3	6	7	1	9
1	8	5	2	7	3	9	6	4
9	6	7	4	5	8	2	3	1
4	2	3	6	1	9	5	7	8

HARD # 50

2	4	1	3	7	5	9	6	8
8	6	9	2	1	4	7	5	3
3	7	5	8	6	9	4	1	2
9	2	8	5	3	1	6	7	4
4	5	7	6	9	2	8	3	1
6	1	3	4	8	7	2	9	5
5	9	2	1	4	6	3	8	7
1	3	6	7	2	8	5	4	9
7	8	4	9	5	3	1	2	6

HARD # 51

6	1	9	7	8	3	4	2	5
7	2	4	6	5	1	9	8	3
5	3	8	4	2	9	6	7	1
9	7	5	1	3	6	2	4	8
2	4	6	8	9	5	1	3	7
1	8	3	2	7	4	5	9	6
4	5	7	3	6	2	8	1	9
3	6	2	9	1	8	7	5	4
8	9	1	5	4	7	3	6	2

HARD # 52

5	8	2	7	4	3	6	9	1
1	6	9	8	2	5	4	7	3
3	4	7	6	1	9	2	5	8
8	9	6	2	7	4	3	1	5
7	1	3	5	8	6	9	4	2
4	2	5	3	9	1	8	6	7
6	7	8	9	5	2	1	3	4
9	5	1	4	3	8	7	2	6
2	3	4	1	6	7	5	8	9

HARD # 53

5	1	7	9	6	4	2	8	3
4	6	3	2	8	5	9	7	1
2	8	9	7	3	1	4	5	6
9	3	1	6	5	2	7	4	8
6	5	4	8	1	7	3	2	9
8	7	2	4	9	3	6	1	5
1	4	6	5	2	9	8	3	7
3	2	8	1	7	6	5	9	4
7	9	5	3	4	8	1	6	2

HARD # 54

9	2	8	5	1	6	4	7	3
6	7	3	4	9	8	1	5	2
5	4	1	2	3	7	6	9	8
4	9	6	7	8	5	3	2	1
8	5	2	1	6	3	9	4	7
1	3	7	9	4	2	5	8	6
3	8	5	6	2	9	7	1	4
2	1	9	3	7	4	8	6	5
7	6	4	8	5	1	2	3	9

HARD # 55

4	9	3	8	2	6	7	1	5
2	5	6	7	3	1	9	8	4
8	1	7	5	9	4	2	3	6
6	8	4	2	1	9	5	7	3
7	2	5	4	8	3	6	9	1
9	3	1	6	7	5	8	4	2
5	6	9	3	4	8	1	2	7
3	7	8	1	5	2	4	6	9
1	4	2	9	6	7	3	5	8

HARD # 56

4	3	2	5	1	7	6	9	8
8	9	1	3	6	4	2	5	7
6	5	7	8	2	9	1	4	3
9	1	4	7	8	5	3	6	2
5	7	6	4	3	2	9	8	1
3	2	8	1	9	6	4	7	5
1	4	5	6	7	3	8	2	9
2	6	3	9	5	8	7	1	4
7	8	9	2	4	1	5	3	6

HARD # 57

1	9	3	4	5	2	6	7	8
2	4	5	7	8	6	9	3	1
6	8	7	1	9	3	4	2	5
4	5	2	8	6	9	3	1	7
3	7	1	5	2	4	8	9	6
9	6	8	3	1	7	5	4	2
7	1	4	6	3	5	2	8	9
5	3	9	2	7	8	1	6	4
8	2	6	9	4	1	7	5	3

HARD # 58

5	2	8	7	4	3	1	9	6
3	4	6	2	1	9	8	7	5
9	1	7	5	8	6	2	4	3
7	8	3	1	2	4	6	5	9
1	5	4	9	6	7	3	2	8
2	6	9	8	3	5	7	1	4
4	7	1	6	9	8	5	3	2
6	3	2	4	5	1	9	8	7
8	9	5	3	7	2	4	6	1

HARD # 59

3	1	2	9	8	7	5	4	6
8	7	6	5	1	4	2	9	3
4	9	5	2	6	3	7	8	1
5	2	7	8	9	1	3	6	4
1	6	8	4	3	2	9	7	5
9	3	4	7	5	6	1	2	8
2	5	9	3	4	8	6	1	7
7	4	1	6	2	5	8	3	9
6	8	3	1	7	9	4	5	2

HARD # 60

2	6	9	5	8	4	3	7	1
1	3	8	2	7	9	6	5	4
7	4	5	3	6	1	9	2	8
9	2	4	7	5	6	8	1	3
5	8	1	4	2	3	7	6	9
3	7	6	9	1	8	2	4	5
8	9	2	1	4	7	5	3	6
4	5	3	6	9	2	1	8	7
6	1	7	8	3	5	4	9	2

HARD # 61

2	9	7	8	1	3	5	6	4
3	8	5	2	6	4	9	1	7
6	4	1	5	7	9	8	2	3
5	2	4	9	8	7	1	3	6
1	6	9	4	3	2	7	5	8
7	3	8	6	5	1	4	9	2
8	5	2	1	4	6	3	7	9
4	7	6	3	9	5	2	8	1
9	1	3	7	2	8	6	4	5

HARD # 62

1	3	4	5	2	6	7	9	8
6	9	2	1	7	8	4	3	5
7	5	8	4	9	3	6	1	2
9	1	6	3	5	7	8	2	4
5	4	7	2	8	1	3	6	9
8	2	3	6	4	9	5	7	1
2	7	5	9	6	4	1	8	3
4	8	1	7	3	2	9	5	6
3	6	9	8	1	5	2	4	7

HARD # 63

5	9	2	1	3	7	6	8	4
6	8	1	4	2	5	3	7	9
4	7	3	9	6	8	5	1	2
9	6	8	5	7	2	1	4	3
1	4	7	3	9	6	2	5	8
3	2	5	8	4	1	9	6	7
7	1	9	2	5	4	8	3	6
8	3	4	6	1	9	7	2	5
2	5	6	7	8	3	4	9	1

HARD # 64

7	1	9	6	4	2	8	3	5
6	3	8	9	1	5	2	4	7
5	4	2	8	3	7	9	1	6
3	8	7	5	6	1	4	2	9
4	9	6	2	8	3	7	5	1
2	5	1	7	9	4	6	8	3
8	2	3	1	7	6	5	9	4
9	7	4	3	5	8	1	6	2
1	6	5	4	2	9	3	7	8

HARD # 65

6	5	1	9	2	8	3	7	4
3	9	4	5	7	6	2	1	8
2	8	7	3	4	1	5	9	6
9	2	5	8	3	4	1	6	7
1	7	8	2	6	5	9	4	3
4	3	6	1	9	7	8	5	2
8	4	9	7	1	2	6	3	5
7	1	2	6	5	3	4	8	9
5	6	3	4	8	9	7	2	1

HARD # 66

7	6	1	8	4	2	3	5	9
5	8	9	6	3	1	2	4	7
2	3	4	5	9	7	8	1	6
8	7	2	4	5	3	9	6	1
9	5	3	7	1	6	4	8	2
4	1	6	2	8	9	7	3	5
3	2	7	1	6	8	5	9	4
6	9	5	3	7	4	1	2	8
1	4	8	9	2	5	6	7	3

HARD # 67

9	3	7	5	6	2	1	8	4
4	2	5	8	1	7	6	3	9
8	1	6	9	4	3	5	2	7
5	9	8	2	7	6	4	1	3
6	7	3	1	9	4	8	5	2
1	4	2	3	8	5	9	7	6
7	6	1	4	2	8	3	9	5
2	5	9	6	3	1	7	4	8
3	8	4	7	5	9	2	6	1

HARD # 68

9	4	7	6	2	8	5	3	1
5	1	3	9	4	7	2	6	8
2	8	6	3	5	1	4	7	9
6	5	9	7	1	3	8	2	4
4	3	2	5	8	9	7	1	6
8	7	1	4	6	2	9	5	3
3	9	4	1	7	5	6	8	2
7	6	8	2	3	4	1	9	5
1	2	5	8	9	6	3	4	7

HARD # 69

4	5	8	1	3	9	2	7	6
7	2	9	5	4	6	8	1	3
3	1	6	7	2	8	5	4	9
1	8	4	9	5	3	6	2	7
2	9	7	8	6	4	1	3	5
5	6	3	2	1	7	4	9	8
8	7	1	6	9	2	3	5	4
9	4	2	3	8	5	7	6	1
6	3	5	4	7	1	9	8	2

HARD # 70

9	6	8	2	3	5	7	1	4
7	2	4	1	8	6	5	9	3
5	3	1	7	4	9	2	6	8
3	1	7	4	6	2	8	5	9
8	4	5	3	9	7	6	2	1
2	9	6	8	5	1	3	4	7
6	8	2	9	1	3	4	7	5
1	5	3	6	7	4	9	8	2
4	7	9	5	2	8	1	3	6

HARD # 71

9	4	2	7	1	3	6	8	5
7	5	3	6	8	4	2	9	1
8	1	6	2	9	5	7	4	3
2	7	5	4	6	8	1	3	9
6	9	4	3	5	1	8	2	7
3	8	1	9	2	7	5	6	4
5	6	7	8	3	9	4	1	2
4	2	9	1	7	6	3	5	8
1	3	8	5	4	2	9	7	6

HARD # 72

4	8	9	6	1	7	2	3	5
6	3	2	8	5	4	1	7	9
5	7	1	2	3	9	6	4	8
2	6	3	4	8	1	9	5	7
1	5	7	9	6	3	8	2	4
9	4	8	7	2	5	3	6	1
3	9	6	5	7	8	4	1	2
7	2	4	1	9	6	5	8	3
8	1	5	3	4	2	7	9	6

HARD # 73

1	3	7	6	9	4	5	2	8
2	6	4	5	7	8	3	9	1
9	5	8	2	3	1	4	6	7
6	9	2	4	1	7	8	3	5
5	7	3	9	8	2	1	4	6
8	4	1	3	5	6	9	7	2
3	2	6	1	4	5	7	8	9
4	8	5	7	6	9	2	1	3
7	1	9	8	2	3	6	5	4

HARD # 74

5	7	3	2	9	8	6	4	1
6	2	4	5	1	3	7	9	8
9	1	8	7	6	4	3	2	5
2	3	9	4	8	7	5	1	6
7	8	6	1	5	9	2	3	4
4	5	1	6	3	2	8	7	9
8	9	2	3	4	6	1	5	7
3	4	5	8	7	1	9	6	2
1	6	7	9	2	5	4	8	3

HARD # 75

3	5	2	6	9	7	1	8	4
6	9	1	8	4	3	5	2	7
7	4	8	5	2	1	6	3	9
1	2	6	3	7	4	8	9	5
5	8	7	2	6	9	4	1	3
9	3	4	1	8	5	7	6	2
8	6	5	7	3	2	9	4	1
2	1	9	4	5	6	3	7	8
4	7	3	9	1	8	2	5	6

HARD # 76

2	1	3	8	9	7	6	4	5
9	5	6	2	4	3	8	7	1
4	8	7	6	5	1	3	2	9
8	2	1	7	6	9	4	5	3
6	9	4	3	1	5	2	8	7
3	7	5	4	8	2	1	9	6
7	6	2	9	3	8	5	1	4
1	3	8	5	7	4	9	6	2
5	4	9	1	2	6	7	3	8

HARD # 77

1	3	7	4	2	6	5	9	8
8	4	6	5	1	9	2	3	7
2	9	5	7	8	3	4	1	6
7	5	1	3	6	8	9	4	2
4	6	3	2	9	7	1	8	5
9	8	2	1	5	4	7	6	3
3	1	4	6	7	5	8	2	9
6	7	9	8	4	2	3	5	1
5	2	8	9	3	1	6	7	4

HARD # 78

2	3	8	7	9	1	5	4	6
1	4	5	3	2	6	7	9	8
9	7	6	5	4	8	3	2	1
3	2	1	4	8	7	9	6	5
7	8	9	2	6	5	1	3	4
5	6	4	9	1	3	2	8	7
4	1	3	8	7	9	6	5	2
8	9	7	6	5	2	4	1	3
6	5	2	1	3	4	8	7	9

HARD # 79

9	2	1	8	7	4	3	5	6
3	6	4	5	1	2	9	7	8
7	8	5	6	3	9	2	4	1
8	4	3	2	5	6	1	9	7
2	1	9	7	4	8	5	6	3
5	7	6	3	9	1	4	8	2
6	3	8	9	2	5	7	1	4
4	5	2	1	6	7	8	3	9
1	9	7	4	8	3	6	2	5

HARD # 80

5	6	4	8	3	1	7	2	9
3	2	1	6	7	9	8	5	4
9	8	7	2	4	5	6	3	1
6	7	3	5	2	4	9	1	8
8	4	5	1	9	6	3	7	2
2	1	9	3	8	7	5	4	6
7	3	6	9	1	2	4	8	5
4	5	2	7	6	8	1	9	3
1	9	8	4	5	3	2	6	7

HARD # 81

2	4	9	6	7	1	8	3	5
5	6	7	8	3	2	1	4	9
3	8	1	9	4	5	6	7	2
4	7	6	5	8	3	9	2	1
8	9	2	1	6	4	3	5	7
1	5	3	2	9	7	4	6	8
6	2	4	7	1	8	5	9	3
7	3	8	4	5	9	2	1	6
9	1	5	3	2	6	7	8	4

HARD # 82

7	5	3	6	9	1	8	2	4
4	2	1	8	5	3	7	9	6
9	6	8	7	2	4	5	3	1
8	9	2	3	4	7	6	1	5
6	1	4	9	8	5	3	7	2
5	3	7	2	1	6	9	4	8
2	8	5	1	7	9	4	6	3
1	7	6	4	3	8	2	5	9
3	4	9	5	6	2	1	8	7

HARD # 83

2	6	1	8	7	5	4	3	9
7	9	5	3	4	1	2	8	6
3	8	4	9	6	2	1	5	7
6	7	2	1	9	3	8	4	5
8	4	9	2	5	6	3	7	1
1	5	3	7	8	4	6	9	2
4	2	8	5	1	9	7	6	3
5	1	7	6	3	8	9	2	4
9	3	6	4	2	7	5	1	8

HARD # 84

8	4	2	6	5	9	3	7	1
5	7	3	4	2	1	6	9	8
9	1	6	3	8	7	2	4	5
4	3	8	5	7	6	1	2	9
7	9	1	8	3	2	5	6	4
6	2	5	1	9	4	8	3	7
3	8	4	9	6	5	7	1	2
1	6	7	2	4	8	9	5	3
2	5	9	7	1	3	4	8	6

HARD # 85

4	9	8	3	6	5	2	1	7
7	6	3	1	2	8	4	9	5
1	2	5	4	7	9	6	3	8
2	4	7	5	1	6	3	8	9
3	1	9	8	4	7	5	2	6
8	5	6	2	9	3	1	7	4
5	3	2	9	8	4	7	6	1
9	7	4	6	3	1	8	5	2
6	8	1	7	5	2	9	4	3

HARD # 86

4	5	1	3	7	6	2	8	9
2	6	7	4	8	9	5	3	1
9	3	8	2	5	1	7	4	6
3	2	6	5	1	4	8	9	7
1	8	9	7	3	2	4	6	5
7	4	5	6	9	8	3	1	2
6	1	3	8	2	5	9	7	4
5	7	4	9	6	3	1	2	8
8	9	2	1	4	7	6	5	3

HARD # 87

4	5	7	9	8	1	2	6	3
8	1	9	6	2	3	4	7	5
2	3	6	7	5	4	9	1	8
1	9	2	4	3	8	6	5	7
3	6	5	1	9	7	8	4	2
7	8	4	2	6	5	3	9	1
6	2	8	5	1	9	7	3	4
9	4	1	3	7	2	5	8	6
5	7	3	8	4	6	1	2	9

HARD # 88

8	3	2	6	1	4	5	7	9
7	5	1	3	9	2	8	6	4
4	9	6	8	5	7	3	2	1
5	6	8	1	3	9	7	4	2
3	1	7	2	4	8	6	9	5
2	4	9	7	6	5	1	8	3
6	2	5	4	8	1	9	3	7
1	7	3	9	2	6	4	5	8
9	8	4	5	7	3	2	1	6

HARD # 89

7	2	6	3	1	9	5	8	4
8	1	5	2	4	6	7	3	9
3	4	9	7	8	5	6	2	1
2	8	7	6	3	1	4	9	5
5	3	4	9	2	7	1	6	8
9	6	1	8	5	4	2	7	3
4	7	2	1	9	8	3	5	6
6	5	8	4	7	3	9	1	2
1	9	3	5	6	2	8	4	7

HARD # 90

5	7	2	4	1	9	8	6	3
9	3	6	5	2	8	4	7	1
4	8	1	6	3	7	5	2	9
6	5	8	3	7	1	2	9	4
2	1	4	9	5	6	7	3	8
7	9	3	2	8	4	6	1	5
3	4	5	1	6	2	9	8	7
1	2	7	8	9	5	3	4	6
8	6	9	7	4	3	1	5	2

HARD # 91

3	1	8	4	5	7	6	2	9
6	2	4	9	1	8	5	3	7
9	7	5	6	3	2	8	4	1
8	6	1	7	2	4	3	9	5
5	3	7	8	9	1	4	6	2
4	9	2	3	6	5	1	7	8
1	8	6	2	7	3	9	5	4
2	5	3	1	4	9	7	8	6
7	4	9	5	8	6	2	1	3

HARD # 92

2	3	1	4	9	5	7	6	8
4	5	8	6	7	1	3	2	9
7	6	9	3	8	2	1	5	4
3	9	4	2	1	7	6	8	5
1	8	7	5	4	6	2	9	3
5	2	6	8	3	9	4	7	1
9	4	5	7	6	3	8	1	2
6	1	3	9	2	8	5	4	7
8	7	2	1	5	4	9	3	6

HARD # 93

2	3	1	6	5	8	4	7	9
6	7	8	4	3	9	2	5	1
4	9	5	1	2	7	8	6	3
1	6	3	7	4	2	9	8	5
8	4	7	5	9	1	6	3	2
5	2	9	8	6	3	1	4	7
3	1	4	9	7	6	5	2	8
7	8	6	2	1	5	3	9	4
9	5	2	3	8	4	7	1	6

HARD # 94

7	2	9	5	6	4	1	3	8
4	3	1	7	9	8	5	2	6
6	5	8	1	3	2	4	7	9
1	6	4	9	8	7	3	5	2
5	9	7	2	1	3	6	8	4
2	8	3	4	5	6	7	9	1
9	7	5	8	4	1	2	6	3
8	4	6	3	2	5	9	1	7
3	1	2	6	7	9	8	4	5

HARD # 95

4	7	1	3	8	5	9	6	2
5	9	3	6	1	2	4	8	7
6	2	8	9	4	7	1	5	3
3	8	7	5	2	1	6	9	4
9	6	5	7	3	4	2	1	8
1	4	2	8	6	9	3	7	5
8	3	9	2	7	6	5	4	1
7	5	4	1	9	3	8	2	6
2	1	6	4	5	8	7	3	9

HARD # 96

1	4	5	8	6	2	7	9	3
3	9	2	1	4	7	6	5	8
6	8	7	3	5	9	4	1	2
8	2	9	4	3	5	1	7	6
7	5	1	2	9	6	8	3	4
4	3	6	7	1	8	5	2	9
9	1	8	5	2	4	3	6	7
2	7	3	6	8	1	9	4	5
5	6	4	9	7	3	2	8	1

HARD # 97

9	1	6	8	5	7	4	2	3
7	2	4	1	9	3	8	5	6
3	8	5	4	6	2	9	1	7
8	9	1	3	4	6	2	7	5
5	7	2	9	1	8	6	3	4
6	4	3	7	2	5	1	8	9
4	5	8	2	3	9	7	6	1
2	6	9	5	7	1	3	4	8
1	3	7	6	8	4	5	9	2

HARD # 98

4	9	1	8	2	5	7	6	3
8	6	5	7	1	3	2	4	9
3	2	7	4	9	6	1	8	5
1	4	6	3	8	2	5	9	7
2	8	3	5	7	9	6	1	4
7	5	9	1	6	4	8	3	2
6	1	4	9	5	7	3	2	8
5	3	8	2	4	1	9	7	6
9	7	2	6	3	8	4	5	1

HARD # 99

9	4	7	8	2	5	6	1	3
5	3	2	9	1	6	7	8	4
1	6	8	7	3	4	5	2	9
8	9	3	4	6	7	1	5	2
7	5	4	2	9	1	8	3	6
2	1	6	5	8	3	9	4	7
3	8	5	6	7	2	4	9	1
6	2	9	1	4	8	3	7	5
4	7	1	3	5	9	2	6	8

HARD # 100

4	8	9	6	2	5	1	7	3
2	5	3	9	1	7	4	6	8
7	6	1	4	3	8	5	9	2
6	4	8	2	7	3	9	1	5
1	9	2	5	4	6	3	8	7
3	7	5	1	8	9	2	4	6
8	1	4	3	6	2	7	5	9
9	3	7	8	5	1	6	2	4
5	2	6	7	9	4	8	3	1

HARD # 101

9	1	3	2	6	4	8	5	7
2	8	5	9	7	1	6	4	3
6	7	4	8	3	5	1	9	2
4	2	6	5	8	9	7	3	1
3	9	7	6	1	2	4	8	5
8	5	1	7	4	3	9	2	6
5	6	2	1	9	8	3	7	4
7	4	8	3	2	6	5	1	9
1	3	9	4	5	7	2	6	8

HARD # 102

9	5	2	6	1	4	3	7	8
3	8	4	2	5	7	9	6	1
1	6	7	9	3	8	2	4	5
4	3	6	8	9	5	7	1	2
2	9	8	7	6	1	4	5	3
5	7	1	4	2	3	8	9	6
6	2	5	3	4	9	1	8	7
8	4	3	1	7	6	5	2	9
7	1	9	5	8	2	6	3	4

HARD # 103

8	4	6	3	2	7	5	9	1
3	2	7	9	5	1	4	6	8
9	5	1	4	6	8	3	2	7
4	7	3	8	1	6	2	5	9
2	1	9	5	4	3	8	7	6
5	6	8	2	7	9	1	3	4
1	3	4	7	9	2	6	8	5
6	9	2	1	8	5	7	4	3
7	8	5	6	3	4	9	1	2

HARD # 104

5	6	7	8	2	1	3	4	9
2	9	3	7	5	4	6	8	1
1	8	4	9	3	6	5	2	7
7	2	6	3	4	8	9	1	5
8	1	5	2	6	9	7	3	4
3	4	9	1	7	5	2	6	8
6	3	8	5	1	7	4	9	2
9	7	2	4	8	3	1	5	6
4	5	1	6	9	2	8	7	3

HARD # 105

7	4	6	3	9	5	8	2	1
8	1	3	2	7	4	5	9	6
9	5	2	8	1	6	7	4	3
3	8	9	6	4	1	2	5	7
2	7	4	5	3	8	1	6	9
5	6	1	7	2	9	3	8	4
1	9	8	4	5	7	6	3	2
6	2	7	9	8	3	4	1	5
4	3	5	1	6	2	9	7	8

HARD # 106

5	6	1	8	3	7	9	2	4
8	7	9	4	1	2	5	3	6
2	4	3	5	6	9	1	8	7
4	5	7	1	2	6	3	9	8
3	8	2	9	5	4	7	6	1
1	9	6	7	8	3	4	5	2
6	3	5	2	4	1	8	7	9
9	1	8	6	7	5	2	4	3
7	2	4	3	9	8	6	1	5

HARD # 107

7	2	4	8	6	3	9	1	5
3	1	5	2	9	7	8	4	6
8	9	6	4	5	1	2	3	7
2	4	8	6	3	5	1	7	9
9	5	3	1	7	8	4	6	2
1	6	7	9	4	2	5	8	3
5	3	2	7	8	4	6	9	1
4	7	9	5	1	6	3	2	8
6	8	1	3	2	9	7	5	4

HARD # 108

7	9	2	3	6	5	1	8	4
6	4	3	1	9	8	2	5	7
5	1	8	2	4	7	3	6	9
3	5	6	9	1	4	8	7	2
8	7	1	5	2	6	9	4	3
9	2	4	8	7	3	6	1	5
1	8	5	4	3	9	7	2	6
2	6	9	7	5	1	4	3	8
4	3	7	6	8	2	5	9	1

HARD # 109

2	3	8	1	7	5	9	4	6
5	4	9	2	6	3	8	1	7
7	1	6	4	8	9	3	2	5
4	5	2	9	1	8	7	6	3
1	8	7	3	5	6	2	9	4
9	6	3	7	4	2	5	8	1
8	2	4	5	3	1	6	7	9
3	9	1	6	2	7	4	5	8
6	7	5	8	9	4	1	3	2

HARD # 110

9	8	1	6	2	7	4	3	5
2	3	6	4	9	5	8	1	7
7	4	5	1	8	3	6	9	2
1	2	4	9	3	6	5	7	8
5	7	8	2	4	1	9	6	3
6	9	3	5	7	8	1	2	4
4	1	7	8	6	2	3	5	9
8	5	2	3	1	9	7	4	6
3	6	9	7	5	4	2	8	1

HARD # 111

2	7	4	1	5	9	3	6	8
9	8	1	6	3	7	5	4	2
3	5	6	4	2	8	1	9	7
1	3	2	9	7	6	4	8	5
5	4	7	2	8	3	6	1	9
6	9	8	5	1	4	7	2	3
4	1	3	8	9	5	2	7	6
8	6	5	7	4	2	9	3	1
7	2	9	3	6	1	8	5	4

HARD # 112

9	6	2	8	7	3	5	4	1
5	8	3	4	9	1	7	6	2
7	4	1	6	5	2	3	9	8
6	5	9	3	2	4	8	1	7
2	1	4	5	8	7	9	3	6
8	3	7	9	1	6	4	2	5
1	7	8	2	4	9	6	5	3
3	9	5	1	6	8	2	7	4
4	2	6	7	3	5	1	8	9

HARD # 113

2	9	4	3	1	7	6	5	8
6	3	5	2	8	4	7	9	1
7	8	1	9	5	6	3	4	2
3	5	2	7	9	1	8	6	4
9	6	8	5	4	3	2	1	7
1	4	7	6	2	8	5	3	9
8	2	3	1	6	9	4	7	5
5	7	9	4	3	2	1	8	6
4	1	6	8	7	5	9	2	3

HARD # 114

4	7	8	3	6	2	1	9	5
2	1	3	9	5	4	7	8	6
9	5	6	1	8	7	2	4	3
7	8	2	4	3	6	9	5	1
3	9	4	7	1	5	8	6	2
1	6	5	2	9	8	4	3	7
8	3	1	5	7	9	6	2	4
6	2	7	8	4	3	5	1	9
5	4	9	6	2	1	3	7	8

HARD # 115

4	5	1	9	3	6	2	8	7
6	8	9	1	2	7	5	4	3
2	7	3	8	4	5	9	6	1
9	2	4	3	7	1	8	5	6
8	1	7	5	6	2	4	3	9
5	3	6	4	9	8	1	7	2
7	9	2	6	5	4	3	1	8
3	4	8	7	1	9	6	2	5
1	6	5	2	8	3	7	9	4

HARD # 116

6	3	1	8	2	7	9	4	5
2	4	8	9	3	5	7	6	1
5	7	9	1	4	6	2	8	3
1	6	7	4	5	2	8	3	9
8	2	3	6	1	9	5	7	4
4	9	5	7	8	3	1	2	6
7	1	2	5	6	4	3	9	8
9	8	6	3	7	1	4	5	2
3	5	4	2	9	8	6	1	7

HARD # 117

2	4	1	3	6	7	5	9	8
5	6	9	2	8	4	3	1	7
7	3	8	5	1	9	4	6	2
3	5	2	9	7	8	1	4	6
1	9	7	4	5	6	2	8	3
4	8	6	1	2	3	7	5	9
9	2	3	6	4	5	8	7	1
6	7	4	8	3	1	9	2	5
8	1	5	7	9	2	6	3	4

HARD # 118

8	6	2	3	9	1	7	5	4
1	5	9	2	7	4	3	8	6
3	7	4	6	5	8	9	2	1
2	4	1	9	8	7	6	3	5
7	9	3	5	4	6	2	1	8
6	8	5	1	3	2	4	7	9
5	2	7	4	1	9	8	6	3
4	1	6	8	2	3	5	9	7
9	3	8	7	6	5	1	4	2

HARD # 119

3	1	5	8	4	2	7	9	6
4	2	9	3	7	6	5	8	1
7	8	6	1	9	5	4	3	2
8	7	4	2	1	3	6	5	9
6	3	1	9	5	7	8	2	4
9	5	2	4	6	8	3	1	7
1	9	7	5	8	4	2	6	3
5	4	3	6	2	1	9	7	8
2	6	8	7	3	9	1	4	5

HARD # 120

8	6	2	5	1	4	9	7	3
5	7	3	2	9	6	8	1	4
9	1	4	7	8	3	6	2	5
7	9	8	3	6	1	5	4	2
1	3	5	4	2	8	7	9	6
2	4	6	9	7	5	3	8	1
3	5	9	1	4	7	2	6	8
4	8	7	6	5	2	1	3	9
6	2	1	8	3	9	4	5	7

HARD # 121

6	5	9	2	1	7	4	3	8
3	2	1	5	4	8	9	7	6
8	7	4	6	9	3	5	2	1
2	9	6	8	3	4	7	1	5
7	3	8	9	5	1	2	6	4
4	1	5	7	2	6	8	9	3
9	6	2	3	8	5	1	4	7
5	4	7	1	6	9	3	8	2
1	8	3	4	7	2	6	5	9

HARD # 122

5	1	3	8	7	2	4	6	9
9	2	6	4	1	5	3	7	8
8	7	4	9	3	6	2	1	5
7	6	8	5	4	3	9	2	1
1	4	9	6	2	8	5	3	7
2	3	5	7	9	1	8	4	6
6	8	7	3	5	4	1	9	2
4	9	2	1	8	7	6	5	3
3	5	1	2	6	9	7	8	4

HARD # 123

2	3	8	1	4	9	7	5	6
9	6	5	7	2	8	1	3	4
1	7	4	6	3	5	9	2	8
6	8	9	2	5	7	3	4	1
7	4	1	9	6	3	5	8	2
3	5	2	8	1	4	6	9	7
8	1	3	5	7	2	4	6	9
4	9	6	3	8	1	2	7	5
5	2	7	4	9	6	8	1	3

HARD # 124

2	6	4	7	8	9	1	5	3
7	1	5	3	2	4	8	9	6
8	9	3	5	6	1	2	4	7
6	7	8	9	4	5	3	2	1
5	2	9	1	3	8	7	6	4
3	4	1	2	7	6	5	8	9
9	5	2	4	1	7	6	3	8
4	8	7	6	5	3	9	1	2
1	3	6	8	9	2	4	7	5

HARD # 125

4	6	1	3	2	7	8	5	9
5	2	7	4	9	8	6	1	3
3	9	8	5	6	1	2	4	7
7	8	3	2	5	9	4	6	1
2	1	5	6	7	4	3	9	8
6	4	9	1	8	3	5	7	2
9	3	2	7	4	5	1	8	6
1	7	4	8	3	6	9	2	5
8	5	6	9	1	2	7	3	4

HARD # 126

1	4	9	5	8	7	3	6	2
6	7	8	4	3	2	1	5	9
5	3	2	9	1	6	8	7	4
8	5	4	1	2	9	7	3	6
7	1	3	8	6	4	9	2	5
9	2	6	3	7	5	4	8	1
4	8	5	6	9	3	2	1	7
2	9	1	7	5	8	6	4	3
3	6	7	2	4	1	5	9	8

HARD # 127

7	3	9	6	1	2	8	5	4
4	8	1	7	3	5	2	9	6
5	2	6	4	8	9	1	3	7
6	7	2	1	9	4	5	8	3
8	5	4	2	7	3	9	6	1
1	9	3	8	5	6	4	7	2
2	1	7	5	6	8	3	4	9
9	6	8	3	4	1	7	2	5
3	4	5	9	2	7	6	1	8

HARD # 128

6	5	1	2	3	9	4	8	7
2	9	7	4	5	8	1	3	6
4	3	8	7	6	1	2	5	9
7	8	2	1	4	3	9	6	5
5	1	4	8	9	6	3	7	2
3	6	9	5	2	7	8	4	1
9	2	6	3	7	4	5	1	8
8	4	5	6	1	2	7	9	3
1	7	3	9	8	5	6	2	4

HARD # 129

2	3	4	5	1	9	7	6	8
8	6	5	7	4	3	2	1	9
1	9	7	2	6	8	3	5	4
7	1	9	3	8	6	4	2	5
5	2	8	1	7	4	6	9	3
6	4	3	9	2	5	8	7	1
9	7	2	4	3	1	5	8	6
3	8	1	6	5	7	9	4	2
4	5	6	8	9	2	1	3	7

HARD # 130

7	8	2	5	1	9	4	6	3
9	1	6	3	7	4	5	2	8
4	5	3	2	6	8	7	1	9
5	6	9	4	2	3	1	8	7
1	4	7	9	8	6	3	5	2
3	2	8	7	5	1	9	4	6
6	3	5	8	4	7	2	9	1
8	9	4	1	3	2	6	7	5
2	7	1	6	9	5	8	3	4

HARD # 131

5	4	2	3	7	6	1	8	9
3	6	8	5	1	9	7	2	4
7	1	9	2	4	8	5	6	3
9	3	7	1	8	5	2	4	6
2	5	1	6	3	4	8	9	7
6	8	4	9	2	7	3	5	1
4	2	3	8	9	1	6	7	5
1	7	6	4	5	2	9	3	8
8	9	5	7	6	3	4	1	2

HARD # 132

8	2	9	4	5	1	6	3	7
5	1	7	9	3	6	8	4	2
3	4	6	7	2	8	5	9	1
1	3	4	2	9	5	7	8	6
6	5	2	3	8	7	9	1	4
9	7	8	6	1	4	2	5	3
2	6	5	1	4	9	3	7	8
4	9	3	8	7	2	1	6	5
7	8	1	5	6	3	4	2	9

HARD # 133

9	2	4	7	5	6	3	1	8
7	3	1	9	4	8	5	6	2
6	5	8	2	3	1	9	4	7
2	9	7	4	8	3	6	5	1
5	1	3	6	7	9	8	2	4
4	8	6	5	1	2	7	3	9
3	7	9	1	2	5	4	8	6
1	6	5	8	9	4	2	7	3
8	4	2	3	6	7	1	9	5

HARD # 134

9	5	6	7	8	2	4	1	3
3	8	1	4	9	5	2	7	6
2	7	4	6	3	1	9	5	8
7	9	3	2	1	6	5	8	4
4	1	5	8	7	9	6	3	2
6	2	8	5	4	3	7	9	1
5	4	7	1	6	8	3	2	9
8	6	9	3	2	7	1	4	5
1	3	2	9	5	4	8	6	7

HARD # 135

6	4	2	8	7	5	3	9	1
7	5	9	2	3	1	6	8	4
8	3	1	9	6	4	7	2	5
3	7	8	1	4	6	2	5	9
4	2	5	7	9	8	1	6	3
1	9	6	5	2	3	4	7	8
5	8	7	3	1	2	9	4	6
2	6	3	4	8	9	5	1	7
9	1	4	6	5	7	8	3	2

HARD # 136

5	8	4	7	1	6	3	2	9
1	3	7	2	9	4	6	5	8
6	2	9	5	8	3	7	1	4
7	5	3	1	4	2	8	9	6
4	1	6	8	7	9	2	3	5
8	9	2	6	3	5	1	4	7
3	7	5	9	6	1	4	8	2
2	4	8	3	5	7	9	6	1
9	6	1	4	2	8	5	7	3

HARD # 137

8	3	2	7	9	5	4	1	6
7	4	6	2	1	3	8	5	9
9	5	1	4	8	6	7	3	2
2	9	8	5	7	1	3	6	4
5	1	3	9	6	4	2	8	7
4	6	7	3	2	8	5	9	1
1	7	5	6	3	2	9	4	8
6	2	4	8	5	9	1	7	3
3	8	9	1	4	7	6	2	5

HARD # 138

1	5	4	6	8	7	3	9	2
6	8	2	3	9	5	7	1	4
3	9	7	4	2	1	8	6	5
4	6	5	8	7	9	1	2	3
2	3	9	1	6	4	5	7	8
7	1	8	5	3	2	9	4	6
5	7	3	2	1	6	4	8	9
9	4	6	7	5	8	2	3	1
8	2	1	9	4	3	6	5	7

HARD # 139

9	8	1	5	6	2	7	3	4
4	7	6	1	3	9	5	2	8
3	5	2	7	4	8	9	6	1
2	1	7	8	5	4	6	9	3
6	3	8	2	9	7	1	4	5
5	9	4	3	1	6	2	8	7
1	2	5	9	8	3	4	7	6
7	6	3	4	2	5	8	1	9
8	4	9	6	7	1	3	5	2

HARD # 140

1	4	9	3	8	2	7	5	6
6	2	5	1	7	9	4	3	8
3	8	7	4	5	6	1	2	9
7	3	4	2	6	8	5	9	1
8	1	2	9	4	5	3	6	7
5	9	6	7	1	3	2	8	4
2	7	3	8	9	4	6	1	5
9	5	1	6	3	7	8	4	2
4	6	8	5	2	1	9	7	3

HARD # 141

9	8	7	1	2	5	3	6	4
3	6	5	7	4	9	2	1	8
1	2	4	8	3	6	5	7	9
5	4	8	3	6	7	1	9	2
7	1	2	9	5	8	4	3	6
6	3	9	4	1	2	7	8	5
8	5	1	6	7	4	9	2	3
2	7	6	5	9	3	8	4	1
4	9	3	2	8	1	6	5	7

HARD # 142

1	6	5	9	8	4	7	3	2
7	9	2	3	6	5	4	8	1
4	8	3	7	2	1	5	6	9
8	5	7	2	4	9	6	1	3
9	2	4	6	1	3	8	5	7
3	1	6	8	5	7	9	2	4
6	7	8	1	9	2	3	4	5
2	4	9	5	3	8	1	7	6
5	3	1	4	7	6	2	9	8

HARD # 143

6	9	7	3	1	2	4	5	8
2	3	8	5	4	9	7	6	1
4	5	1	7	6	8	2	9	3
3	6	4	9	7	5	8	1	2
7	2	5	8	3	1	6	4	9
8	1	9	6	2	4	3	7	5
9	7	3	2	5	6	1	8	4
5	4	6	1	8	3	9	2	7
1	8	2	4	9	7	5	3	6

HARD # 144

1	8	2	5	3	4	7	6	9
9	7	3	8	1	6	4	5	2
4	5	6	7	2	9	3	8	1
8	2	4	3	7	1	5	9	6
5	3	9	4	6	2	8	1	7
7	6	1	9	5	8	2	3	4
2	4	8	6	9	5	1	7	3
3	9	5	1	4	7	6	2	8
6	1	7	2	8	3	9	4	5

HARD # 145

5	4	7	1	9	6	3	2	8
2	6	3	5	8	7	4	1	9
1	9	8	4	3	2	5	6	7
3	5	2	9	6	8	7	4	1
6	1	9	7	5	4	2	8	3
8	7	4	2	1	3	6	9	5
4	2	5	8	7	9	1	3	6
7	8	6	3	2	1	9	5	4
9	3	1	6	4	5	8	7	2

HARD # 146

9	6	3	2	7	8	4	5	1
2	4	5	9	1	6	7	3	8
8	7	1	4	5	3	2	6	9
4	1	2	8	9	5	3	7	6
5	3	6	7	2	1	8	9	4
7	8	9	6	3	4	5	1	2
3	2	4	1	6	7	9	8	5
1	9	7	5	8	2	6	4	3
6	5	8	3	4	9	1	2	7

HARD # 147

6	2	9	3	1	7	4	8	5
3	1	4	8	9	5	7	6	2
7	8	5	6	4	2	3	1	9
8	4	3	2	6	1	9	5	7
1	6	7	9	5	4	2	3	8
9	5	2	7	3	8	6	4	1
2	3	6	1	8	9	5	7	4
4	7	1	5	2	3	8	9	6
5	9	8	4	7	6	1	2	3

HARD # 148

9	4	7	5	3	1	6	2	8
2	1	3	6	9	8	7	5	4
5	6	8	4	2	7	3	1	9
6	9	5	8	1	2	4	7	3
3	7	2	9	4	5	1	8	6
1	8	4	3	7	6	2	9	5
7	5	6	1	8	3	9	4	2
8	2	9	7	6	4	5	3	1
4	3	1	2	5	9	8	6	7

HARD # 149

5	3	7	2	8	4	6	1	9
4	8	2	9	1	6	7	5	3
1	6	9	7	3	5	8	2	4
7	1	6	3	4	9	5	8	2
9	5	8	6	2	1	3	4	7
2	4	3	5	7	8	1	9	6
8	2	1	4	6	3	9	7	5
6	7	5	8	9	2	4	3	1
3	9	4	1	5	7	2	6	8

HARD # 150

9	8	5	4	3	2	1	6	7
2	6	7	9	5	1	8	4	3
1	4	3	7	8	6	9	5	2
7	1	8	5	4	9	2	3	6
4	9	2	8	6	3	5	7	1
5	3	6	2	1	7	4	8	9
3	5	9	6	2	4	7	1	8
8	2	1	3	7	5	6	9	4
6	7	4	1	9	8	3	2	5

HARD # 151

6	3	4	8	2	7	9	1	5
1	9	2	3	6	5	4	7	8
8	5	7	9	4	1	3	6	2
2	4	8	7	1	9	6	5	3
3	7	6	4	5	8	2	9	1
9	1	5	2	3	6	8	4	7
4	2	9	5	7	3	1	8	6
7	8	1	6	9	2	5	3	4
5	6	3	1	8	4	7	2	9

HARD # 152

9	7	8	3	6	4	5	1	2
6	3	2	5	9	1	4	8	7
5	1	4	8	2	7	3	6	9
3	8	9	6	5	2	7	4	1
4	6	7	1	3	8	9	2	5
1	2	5	4	7	9	6	3	8
8	4	3	9	1	5	2	7	6
7	5	1	2	4	6	8	9	3
2	9	6	7	8	3	1	5	4

HARD # 153

5	4	1	7	6	2	3	8	9
8	9	6	1	5	3	4	7	2
2	3	7	4	9	8	6	5	1
1	2	8	6	3	7	9	4	5
3	5	4	9	8	1	7	2	6
7	6	9	5	2	4	1	3	8
6	1	3	8	7	5	2	9	4
4	7	5	2	1	9	8	6	3
9	8	2	3	4	6	5	1	7

HARD # 154

6	4	5	3	7	1	8	9	2
2	7	9	6	8	5	3	4	1
3	8	1	2	4	9	6	5	7
1	5	3	8	9	2	7	6	4
7	9	6	5	3	4	1	2	8
8	2	4	1	6	7	5	3	9
5	3	7	9	2	8	4	1	6
4	6	2	7	1	3	9	8	5
9	1	8	4	5	6	2	7	3

HARD # 155

3	6	7	1	4	8	5	9	2
9	5	4	6	3	2	1	7	8
1	8	2	5	9	7	4	6	3
6	9	1	2	5	3	8	4	7
5	2	3	8	7	4	9	1	6
4	7	8	9	6	1	3	2	5
8	4	6	7	1	5	2	3	9
2	1	9	3	8	6	7	5	4
7	3	5	4	2	9	6	8	1

HARD # 156

7	1	6	3	9	8	2	5	4
8	2	3	5	7	4	9	1	6
4	5	9	2	6	1	7	3	8
3	8	2	1	5	7	4	6	9
6	7	5	9	4	3	8	2	1
9	4	1	6	8	2	3	7	5
5	3	8	7	1	9	6	4	2
1	9	7	4	2	6	5	8	3
2	6	4	8	3	5	1	9	7

HARD # 157

2	9	7	6	3	5	1	4	8
5	1	4	2	9	8	6	3	7
3	8	6	1	4	7	2	5	9
6	3	2	8	7	9	5	1	4
1	5	8	3	2	4	7	9	6
7	4	9	5	6	1	3	8	2
9	6	5	4	1	2	8	7	3
4	2	1	7	8	3	9	6	5
8	7	3	9	5	6	4	2	1

HARD # 158

9	6	7	5	4	8	2	1	3
8	4	3	2	1	6	9	7	5
5	2	1	7	9	3	4	8	6
7	1	8	4	2	5	6	3	9
2	3	6	1	8	9	5	4	7
4	9	5	6	3	7	8	2	1
3	5	2	9	7	4	1	6	8
1	8	9	3	6	2	7	5	4
6	7	4	8	5	1	3	9	2

HARD # 159

8	2	1	3	4	5	9	6	7
3	9	7	6	2	8	5	1	4
6	5	4	9	7	1	8	3	2
1	8	6	4	5	3	7	2	9
9	3	2	8	1	7	6	4	5
4	7	5	2	9	6	1	8	3
2	6	8	5	3	9	4	7	1
5	1	3	7	6	4	2	9	8
7	4	9	1	8	2	3	5	6

HARD # 160

1	6	8	5	3	7	2	9	4
7	4	3	2	9	8	1	6	5
9	5	2	4	6	1	7	3	8
3	9	5	7	1	2	4	8	6
4	7	1	3	8	6	5	2	9
2	8	6	9	5	4	3	7	1
8	3	4	1	7	9	6	5	2
5	2	9	6	4	3	8	1	7
6	1	7	8	2	5	9	4	3

HARD # 161

2	9	6	7	1	4	8	3	5
3	7	4	5	2	8	6	1	9
1	8	5	6	3	9	2	7	4
4	1	3	2	9	6	7	5	8
7	2	8	3	5	1	9	4	6
6	5	9	8	4	7	3	2	1
8	6	1	4	7	2	5	9	3
5	4	7	9	6	3	1	8	2
9	3	2	1	8	5	4	6	7

HARD # 162

7	4	3	9	8	6	5	1	2
9	8	5	1	4	2	3	7	6
1	2	6	3	5	7	9	8	4
5	7	1	4	6	9	2	3	8
3	9	8	2	7	1	4	6	5
2	6	4	5	3	8	7	9	1
4	3	7	6	1	5	8	2	9
6	5	9	8	2	3	1	4	7
8	1	2	7	9	4	6	5	3

HARD # 163

1	7	2	9	4	3	5	8	6
3	4	8	5	1	6	7	2	9
9	6	5	8	7	2	4	3	1
7	5	3	6	8	1	9	4	2
4	8	9	2	3	5	6	1	7
6	2	1	7	9	4	3	5	8
5	3	7	1	2	9	8	6	4
2	9	4	3	6	8	1	7	5
8	1	6	4	5	7	2	9	3

HARD # 164

6	4	8	7	5	2	1	9	3
1	9	2	8	6	3	7	5	4
7	5	3	4	1	9	8	6	2
8	3	6	5	2	7	4	1	9
9	1	7	3	4	8	6	2	5
4	2	5	6	9	1	3	7	8
5	8	1	9	3	6	2	4	7
2	7	4	1	8	5	9	3	6
3	6	9	2	7	4	5	8	1

HARD # 165

6	5	4	1	9	8	3	7	2
9	2	3	7	4	5	1	8	6
7	8	1	6	3	2	4	5	9
3	1	6	8	2	7	5	9	4
4	7	2	9	5	1	8	6	3
5	9	8	3	6	4	2	1	7
1	3	7	4	8	9	6	2	5
2	4	9	5	1	6	7	3	8
8	6	5	2	7	3	9	4	1

HARD # 166

4	1	3	7	9	2	5	8	6
7	6	2	8	3	5	1	9	4
5	8	9	1	6	4	3	2	7
8	2	4	3	5	6	7	1	9
1	9	6	2	8	7	4	3	5
3	5	7	4	1	9	8	6	2
2	4	1	6	7	3	9	5	8
9	7	8	5	2	1	6	4	3
6	3	5	9	4	8	2	7	1

HARD # 167

8	3	9	2	1	4	7	5	6
7	1	5	9	6	8	3	4	2
4	6	2	5	7	3	9	1	8
2	4	1	6	3	9	8	7	5
9	8	6	7	2	5	1	3	4
5	7	3	4	8	1	2	6	9
6	9	7	3	4	2	5	8	1
1	2	4	8	5	7	6	9	3
3	5	8	1	9	6	4	2	7

HARD # 168

9	1	4	3	5	2	6	8	7
8	6	3	1	7	4	9	5	2
2	5	7	9	6	8	3	4	1
6	4	9	8	1	3	7	2	5
3	7	8	5	2	9	1	6	4
1	2	5	6	4	7	8	3	9
4	9	6	7	8	5	2	1	3
5	3	1	2	9	6	4	7	8
7	8	2	4	3	1	5	9	6

HARD # 169

2	6	9	5	4	1	7	3	8
3	7	4	2	8	9	1	5	6
1	8	5	7	6	3	4	2	9
5	4	6	1	3	2	9	8	7
7	1	3	9	5	8	6	4	2
9	2	8	4	7	6	3	1	5
6	5	7	8	1	4	2	9	3
4	3	2	6	9	5	8	7	1
8	9	1	3	2	7	5	6	4

HARD # 170

1	2	7	6	4	5	3	8	9
9	6	8	2	7	3	4	1	5
4	3	5	1	9	8	6	7	2
6	5	1	8	2	4	7	9	3
3	7	4	5	1	9	2	6	8
8	9	2	3	6	7	5	4	1
2	4	6	9	3	1	8	5	7
7	8	9	4	5	2	1	3	6
5	1	3	7	8	6	9	2	4

HARD # 171

7	4	1	9	6	5	8	2	3
9	6	8	2	1	3	7	5	4
5	2	3	8	7	4	1	9	6
4	7	9	1	3	6	2	8	5
8	1	6	5	4	2	3	7	9
2	3	5	7	8	9	4	6	1
1	9	4	6	2	8	5	3	7
6	8	7	3	5	1	9	4	2
3	5	2	4	9	7	6	1	8

HARD # 172

3	7	2	5	6	4	1	8	9
9	6	1	8	7	2	5	3	4
4	8	5	1	9	3	6	2	7
1	2	8	4	5	9	7	6	3
5	9	7	3	8	6	2	4	1
6	3	4	7	2	1	8	9	5
8	5	6	9	3	7	4	1	2
2	4	3	6	1	5	9	7	8
7	1	9	2	4	8	3	5	6

HARD # 173

2	8	5	1	3	9	7	4	6
3	7	6	4	8	5	1	9	2
9	1	4	7	2	6	3	8	5
1	3	8	5	9	2	4	6	7
4	2	9	8	6	7	5	3	1
5	6	7	3	4	1	9	2	8
8	4	1	6	5	3	2	7	9
7	9	3	2	1	8	6	5	4
6	5	2	9	7	4	8	1	3

HARD # 174

7	4	9	8	3	2	5	6	1
2	1	8	9	6	5	7	4	3
3	5	6	7	4	1	2	9	8
8	2	5	6	1	4	9	3	7
4	6	3	5	7	9	1	8	2
9	7	1	2	8	3	4	5	6
5	8	4	3	2	7	6	1	9
6	9	7	1	5	8	3	2	4
1	3	2	4	9	6	8	7	5

HARD # 175

2	3	8	9	4	5	6	1	7
4	9	7	2	1	6	3	5	8
5	1	6	8	3	7	2	4	9
9	7	5	6	8	4	1	2	3
1	6	2	3	7	9	5	8	4
8	4	3	1	5	2	7	9	6
7	5	1	4	6	8	9	3	2
3	8	9	7	2	1	4	6	5
6	2	4	5	9	3	8	7	1

HARD # 176

3	2	5	1	6	8	9	7	4
4	6	9	2	7	3	5	1	8
8	7	1	5	9	4	6	3	2
1	9	8	7	4	6	3	2	5
2	5	6	8	3	1	7	4	9
7	4	3	9	2	5	1	8	6
9	3	7	4	5	2	8	6	1
6	1	2	3	8	9	4	5	7
5	8	4	6	1	7	2	9	3

HARD # 177

4	1	8	9	3	2	6	5	7
5	9	6	8	7	1	4	3	2
7	3	2	4	5	6	9	8	1
8	6	9	7	2	5	1	4	3
3	4	7	6	1	8	5	2	9
2	5	1	3	9	4	8	7	6
9	8	5	2	6	7	3	1	4
6	7	4	1	8	3	2	9	5
1	2	3	5	4	9	7	6	8

HARD # 178

5	8	2	3	9	7	1	4	6
9	6	7	4	1	5	8	2	3
1	3	4	2	6	8	9	7	5
2	1	3	9	7	4	5	6	8
7	9	8	5	2	6	4	3	1
4	5	6	1	8	3	2	9	7
3	4	1	6	5	2	7	8	9
8	2	5	7	3	9	6	1	4
6	7	9	8	4	1	3	5	2

HARD # 179

8	6	9	5	4	3	7	2	1
2	3	4	1	7	9	8	5	6
5	1	7	8	2	6	4	9	3
7	8	3	2	6	5	1	4	9
4	5	2	7	9	1	3	6	8
1	9	6	4	3	8	5	7	2
3	7	8	9	5	2	6	1	4
6	2	5	3	1	4	9	8	7
9	4	1	6	8	7	2	3	5

HARD # 180

6	9	4	7	1	8	5	3	2
2	1	5	3	6	4	7	9	8
3	8	7	9	5	2	1	4	6
7	6	1	8	4	3	9	2	5
9	3	8	5	2	7	4	6	1
4	5	2	6	9	1	3	8	7
8	7	6	1	3	9	2	5	4
5	4	3	2	7	6	8	1	9
1	2	9	4	8	5	6	7	3

HARD # 181

7	6	8	9	3	1	5	2	4
9	4	3	5	2	7	1	6	8
2	5	1	6	8	4	7	9	3
1	3	7	2	9	6	4	8	5
6	8	9	4	5	3	2	1	7
5	2	4	1	7	8	9	3	6
8	9	6	7	4	2	3	5	1
4	1	5	3	6	9	8	7	2
3	7	2	8	1	5	6	4	9

HARD # 182

7	3	5	9	4	6	1	2	8
4	2	9	1	8	5	7	6	3
1	6	8	7	3	2	5	9	4
9	1	2	4	7	3	6	8	5
6	7	4	5	2	8	9	3	1
5	8	3	6	9	1	4	7	2
2	9	1	8	5	7	3	4	6
3	5	7	2	6	4	8	1	9
8	4	6	3	1	9	2	5	7

HARD # 183

5	6	1	4	7	2	9	3	8
9	2	8	1	3	6	7	4	5
7	4	3	9	5	8	1	2	6
1	5	4	2	8	3	6	7	9
6	9	7	5	1	4	3	8	2
3	8	2	6	9	7	5	1	4
2	1	6	7	4	5	8	9	3
4	3	9	8	6	1	2	5	7
8	7	5	3	2	9	4	6	1

HARD # 184

7	8	5	9	4	3	2	1	6
9	4	3	1	2	6	7	5	8
1	6	2	5	8	7	9	3	4
5	9	6	4	7	8	3	2	1
8	3	7	2	9	1	4	6	5
2	1	4	3	6	5	8	7	9
6	5	9	8	3	2	1	4	7
3	7	8	6	1	4	5	9	2
4	2	1	7	5	9	6	8	3

HARD # 185

7	4	2	1	8	5	9	6	3
3	9	5	4	7	6	2	1	8
1	6	8	9	3	2	5	7	4
8	5	1	2	4	7	6	3	9
9	3	6	5	1	8	4	2	7
4	2	7	6	9	3	8	5	1
6	8	4	3	5	1	7	9	2
2	1	9	7	6	4	3	8	5
5	7	3	8	2	9	1	4	6

HARD # 186

8	5	1	2	9	6	4	3	7
7	2	9	3	5	4	1	6	8
6	4	3	1	8	7	5	9	2
5	6	2	9	7	3	8	4	1
9	7	4	6	1	8	2	5	3
3	1	8	4	2	5	9	7	6
2	9	5	7	3	1	6	8	4
1	3	6	8	4	9	7	2	5
4	8	7	5	6	2	3	1	9

HARD # 187

1	4	5	3	6	8	9	2	7
8	3	9	1	7	2	5	4	6
2	6	7	5	9	4	1	3	8
6	1	4	2	8	9	3	7	5
5	2	3	4	1	7	6	8	9
9	7	8	6	5	3	2	1	4
4	5	6	8	2	1	7	9	3
3	9	1	7	4	6	8	5	2
7	8	2	9	3	5	4	6	1

HARD # 188

2	5	6	1	8	9	3	4	7
9	8	4	3	7	5	1	2	6
1	3	7	6	4	2	9	8	5
4	7	5	8	6	1	2	3	9
3	6	1	2	9	4	5	7	8
8	9	2	5	3	7	6	1	4
5	4	8	9	2	3	7	6	1
6	1	3	7	5	8	4	9	2
7	2	9	4	1	6	8	5	3

HARD # 189

5	8	2	4	9	3	1	7	6
1	3	7	2	8	6	4	9	5
9	4	6	1	5	7	3	8	2
3	7	9	8	6	5	2	4	1
2	6	4	7	3	1	9	5	8
8	5	1	9	2	4	6	3	7
4	2	3	5	1	8	7	6	9
7	9	8	6	4	2	5	1	3
6	1	5	3	7	9	8	2	4

HARD # 190

2	1	9	3	8	6	7	5	4
8	3	6	7	5	4	1	2	9
5	4	7	2	9	1	3	8	6
1	6	2	4	3	7	8	9	5
3	8	4	9	6	5	2	1	7
7	9	5	1	2	8	4	6	3
6	7	3	5	1	2	9	4	8
9	2	8	6	4	3	5	7	1
4	5	1	8	7	9	6	3	2

HARD # 191

9	7	5	1	3	8	6	2	4
2	6	8	7	5	4	1	3	9
1	3	4	6	2	9	5	8	7
7	5	2	8	6	1	9	4	3
8	9	1	3	4	2	7	5	6
6	4	3	9	7	5	2	1	8
5	2	7	4	9	3	8	6	1
4	1	9	5	8	6	3	7	2
3	8	6	2	1	7	4	9	5

HARD # 192

5	1	7	8	2	9	3	4	6
3	8	6	1	5	4	9	7	2
9	2	4	3	6	7	8	1	5
6	5	3	9	4	1	2	8	7
8	4	1	2	7	6	5	3	9
2	7	9	5	3	8	4	6	1
4	6	8	7	9	2	1	5	3
7	3	2	4	1	5	6	9	8
1	9	5	6	8	3	7	2	4

HARD # 193

3	9	1	7	2	5	6	4	8
8	2	7	6	1	4	9	3	5
4	6	5	3	9	8	1	7	2
5	3	6	8	7	2	4	1	9
7	4	2	1	3	9	5	8	6
1	8	9	5	4	6	3	2	7
6	7	4	9	8	1	2	5	3
2	5	8	4	6	3	7	9	1
9	1	3	2	5	7	8	6	4

HARD # 194

8	2	9	3	4	1	7	6	5
1	5	6	9	7	8	2	4	3
3	7	4	2	5	6	8	9	1
9	8	7	1	2	4	5	3	6
2	3	5	6	9	7	4	1	8
6	4	1	8	3	5	9	2	7
7	9	8	4	1	3	6	5	2
4	6	3	5	8	2	1	7	9
5	1	2	7	6	9	3	8	4

HARD # 195

6	4	2	8	7	5	3	9	1
7	9	5	3	2	1	6	8	4
3	1	8	9	6	4	7	2	5
8	6	3	4	9	2	1	5	7
9	5	7	6	1	8	2	4	3
1	2	4	7	5	3	8	6	9
5	7	9	1	8	6	4	3	2
2	3	6	5	4	7	9	1	8
4	8	1	2	3	9	5	7	6

HARD # 196

4	7	3	8	5	2	1	6	9
2	6	9	1	3	7	8	5	4
8	5	1	6	4	9	2	3	7
1	4	6	9	7	3	5	2	8
3	2	7	5	8	6	4	9	1
5	9	8	2	1	4	3	7	6
6	3	5	4	9	8	7	1	2
9	1	4	7	2	5	6	8	3
7	8	2	3	6	1	9	4	5

HARD # 197

7	6	4	9	1	3	8	2	5
9	1	5	8	2	7	4	3	6
8	2	3	4	6	5	1	7	9
1	3	6	2	5	4	9	8	7
4	7	8	3	9	1	6	5	2
2	5	9	7	8	6	3	4	1
6	4	2	5	3	9	7	1	8
3	8	1	6	7	2	5	9	4
5	9	7	1	4	8	2	6	3

HARD # 198

7	6	3	4	1	5	9	8	2
2	9	8	7	6	3	4	5	1
4	5	1	8	9	2	3	6	7
3	1	4	6	2	7	5	9	8
6	2	9	5	3	8	7	1	4
5	8	7	9	4	1	6	2	3
1	4	6	2	7	9	8	3	5
9	3	5	1	8	4	2	7	6
8	7	2	3	5	6	1	4	9

HARD # 199

2	5	1	8	3	6	9	4	7
8	6	9	5	7	4	3	2	1
4	3	7	1	9	2	6	8	5
1	8	5	6	2	3	4	7	9
9	2	3	7	4	8	5	1	6
6	7	4	9	1	5	2	3	8
3	1	8	4	6	9	7	5	2
5	9	2	3	8	7	1	6	4
7	4	6	2	5	1	8	9	3

HARD # 200

6	9	7	3	5	4	8	2	1
8	3	5	6	2	1	9	4	7
2	1	4	8	9	7	5	6	3
7	5	6	2	4	8	3	1	9
4	8	9	5	1	3	2	7	6
3	2	1	9	7	6	4	5	8
9	4	8	7	6	2	1	3	5
5	7	2	1	3	9	6	8	4
1	6	3	4	8	5	7	9	2

www.ingramcontent.com/pod-product-compliance
Lightning Source LLC
Chambersburg PA
CBHW080545220526
45466CB00010B/3046
* 9 7 9 8 5 5 9 4 1 1 4 9 1 *